# 钢筋连接方法与技巧

## （第三版）

上官子昌　　张　建　主编

张之骁　郭　颖　张隆博　副主编

化学工业出版社

·北京·

## 内容简介

本书在第二版的基础上，依据现行规范、标准和制图规则，紧密结合工程实际进行编写，全面介绍了钢筋连接方法，在相关章节还增加了视频并配套电子课件，实用性强，且便于查阅和携带。本书共分为7章，分别为钢筋材料、混凝土结构对钢筋连接的要求、钢筋连接机具、钢筋绑扎搭接、钢筋机械连接、钢筋焊接连接、钢筋连接施工安全技术。

本书可供广大施工技术人员使用，也可供技工学校、大专院校相关专业师生参考。

**图书在版编目（CIP）数据**

钢筋连接方法与技巧/上官子昌，张建主编．—3版．—北京：化学工业出版社，2023.10
ISBN 978-7-122-43884-3

Ⅰ.①钢… Ⅱ.①上…②张… Ⅲ.①钢筋-连接技术 Ⅳ.①TU755.3

中国国家版本馆 CIP 数据核字（2023）第 138649 号

---

责任编辑：徐　娟 　　　　　　装帧设计：张　辉
责任校对：宋　夏

---

出版发行：化学工业出版社（北京市东城区青年湖南街 13 号　邮政编码 100011）
印　　装：大厂聚鑫印刷有限责任公司
880mm×1230mm　1/32　印张 9¾　字数 286 千字
2023 年 11 月北京第 3 版第 1 次印刷

---

购书咨询：010-64518888　　　　　售后服务：010-64518899
网　　址：http://www.cip.com.cn
凡购买本书，如有缺损质量问题，本社销售中心负责调换。

---

定　　价：49.80 元

# 前　言

　　钢筋工程是主体结构的一个重要分项工程。平法钢筋、钢筋连接等技术发展很快，涌现出很多的新方法，工艺也在不断改善。而从事钢筋工程的设计、施工人员，他们工作忙，时间有限，需要短时间内系统提高。

　　本书自第一版以来深受读者喜爱，进而再版，多次重印，鉴于图集《混凝土结构施工图平面整体表示方法制图规则和构造详图（现浇混凝土框架、剪力墙、梁、板）》（22G101—1）、《混凝土结构施工图平面整体表示方法制图规则和构造详图（现浇混凝土板式楼梯）》（22G101—2）、《混凝土结构施工图平面整体表示方法制图规则和构造详图（独立基础、条形基础、筏形基础、桩基础）》（22G101—3）以及国家标准《工程结构通用规范》（GB 55001—2021）、《建筑与市政地基基础通用规范》（GB 55003—2021）、《混凝土结构通用规范》（GB 55008—2021）等规范进行了修改，因此第二版的相关内容已经不能适应发展的需要了，故本书亟待修订。并且本书在相关的章节还增加了视频及 PPT，使之轻松易读，简洁易懂。

　　本书由上官子昌、张建主编，张之骁、郭颖、张隆博副主编，参加编写的还有赵春娟、赵慧、马文颖、于涛、夏欣、陶红梅、赵蕾、吕文静、姜媛、罗娜、齐丽娜、张超、董慧、王红微、何影、张黎黎、孙丽娜、李东。

　　由于编者的经验与学识有限，加之当今我国建设工程飞速发展，尽管编者尽心尽力编写，但内容难免有疏漏或未尽之处，敬请专家和广大读者批评指正。另外，也非常感谢大连职业技术学院提供数字化资源。

编者

2023 年 4 月

# 第一版前言

改革开放以来，随着国民经济的快速、持续发展，各种钢筋混凝土建筑结构大量建造，钢筋连接技术也得到了较好的发展，人们对钢筋连接技术的要求也越来越高，钢筋连接方法的选择与连接技巧的运用直接关系到施工进度的控制与施工质量的好坏。因此，推广应用先进的钢筋连接技术，对于提高建筑工程质量、加快施工进度、降低施工成本，具有重要的意义。为了使广大施工技术人员熟练地掌握、运用钢筋连接方法与技巧，我们组织编写了《钢筋连接方法与技巧》一书。

本书运用最简单、最直接的手法进行编写，重点突出、详略得当，在介绍钢筋材料与钢筋连接机具相关知识的前提下，系统地阐述了钢筋绑扎搭接、钢筋机械连接、钢筋焊接连接与钢筋连接施工安全技术等内容。在编写原则上，本书不仅注意了知识间的融贯性，而且突出了整合性的原则。

由于编者的经验与学识有限，加之当今我国建设工程飞速发展，尽管编者尽心尽力编写，但内容难免有疏漏或未尽之处，敬请专家和广大读者批评指正。

编　者
2012 年 1 月

# 第二版前言

　　《钢筋连接方法与技巧》一书自 2012 年出版以来，受到了广大读者的关注。承蒙广大读者的关心和厚爱，不少读者对本书的内容进行了意见反馈。《钢筋连接方法与技巧》一书为施工技术人员熟练地掌握、运用钢筋连接方法与技巧提供了便利条件，对推广先进的钢筋连接技术、提高建设工程质量、加快施工进度、降低施工成本等，均具有着重要的意义。

　　近年来，为了适应行业发展的需要，国家对钢筋机械连接、钢筋焊接等相关行业规范进行了修订。为了适应建筑行业新形势发展和读者的需要，我们依据《钢筋机械连接技术规程》（JGJ 107—2016）、《钢筋焊接及验收规程》（JGJ 18—2012）、《钢筋焊接接头试验方法标准》（JGJ/T 27—2014）、《优质碳素结构钢》（GB/T 699—2015）、《混凝土结构工程施工质量验收规范》（GB 50204—2015）等国家现行的标准和行业规范对原书内容进行细致的修改、补充和完善，并秉持一贯原则，运用最简单、最直接的手法进行编写，重点突出、详略得当，在介绍钢筋材料与钢筋连接机具基础知识的前提下，新增了"混凝土结构对钢筋连接的要求"的相关内容，而且系统地阐述了钢筋绑扎搭接、钢筋机械连接、钢筋焊接连接与钢筋连接施工安全技术等内容。

　　本书由上官子昌主编，参加编写的还有赵春娟、赵慧、马文颖、于涛、夏欣、陶红梅、赵蕾、吕文静、姜媛、罗娜、齐丽娜、张超、董慧、王红微、何影、张黎黎、孙丽娜、李东。

　　修订后的《钢筋连接方法与技巧》一书，不仅保持了原书的编写特点，而且更加体现了现代钢筋连接技术准则的精神，具有更强的科学性、实用性和可操作性。不仅适合施工技术人员使用，同时也适合技工学校、大专院校相关专业师生参考。

由于编者的经验与学识有限，加之当今我国建设工程飞速发展，尽管编者尽心尽力编写，但内容难免有疏漏或未尽之处，敬请专家和广大读者批评指正。

编者
2017 年 1 月

# 目 录

## 1 钢筋材料

## 2 混凝土结构对钢筋连接的要求

## 3 钢筋连接机具

## 4 钢筋绑扎搭接

## 5 钢筋机械连接

# 6　钢筋焊接连接

# 7　钢筋连接施工安全技术

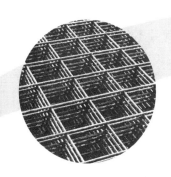

# 1 钢筋材料

## 1.1 钢筋

### 1.1.1 钢筋分类及牌号

钢筋是由轧钢厂把炼钢厂生产的钢锭经专用设备及工艺制成的条状材料。在钢筋混凝土和预应力混凝土中，钢筋属于隐蔽材料，其品质优劣对工程有较大影响。钢筋抗拉能力强，在混凝土中加钢筋，使钢筋与混凝土黏结成整体，构成钢筋混凝土构件，就能弥补混凝土的不足。

按钢筋的牌号分类，钢筋主要可分为 HRB335、HRBF335（335 级已停产）、HRB400、HRBF400、HRB500、HRBF500、HPB300、CRB550 等。牌号的意义见表 1-1。

表 1-1　钢筋牌号的意义

| 钢筋牌号 | 字母的意义 | 数字的意义 |
|---|---|---|
| HRB335、HRB400、HRB500 | HRB 分别为热轧、带肋、钢筋三个词的英文首位字母 | 钢筋的屈服强度最小值 |
| HRBF335、HRBF400、HRBF500 | HRBF 分别为热轧、带肋、钢筋、细晶粒四个词的英文首位字母 | |
| HPB300 | HPB 分别为热轧、光圆、钢筋三个词的英文首位字母 | |
| CRB550 | CRB 分别为冷轧、带肋、钢筋三个词的英文首位字母 | 钢筋的抗拉强度最小值 |

工程图纸中，牌号为 HPB300 的钢筋混凝土用热轧光圆钢筋常用符号"φ"表示；牌号为 HRB335 的钢筋混凝土用热轧带肋钢筋常用符号"Φ"表示；牌号为 HRB400 的钢筋混凝土用热轧带肋钢筋常用

符号"⇕"表示。

钢筋的牌号是人们给钢筋取的名字，牌号不仅表明了钢筋的品种，而且还可以大致判断其质量。

### 1.1.2 工程中常用的钢筋

#### 1.1.2.1 钢筋混凝土用热轧带肋钢筋

钢筋混凝土用热轧带肋钢筋，是最常用的一种钢筋，俗称螺纹钢，是用低合金高强度结构钢轧制成的条形钢筋，一般带有 2 道纵肋与沿长度方向均匀分布的横肋，根据肋纹的形状又分为月牙肋与等高肋。由于表面肋的作用，钢筋与混凝土有较大的黏结能力，因此能更好地承受外力的作用，适合用作非预应力筋、箍筋以及构造钢筋。热轧带肋钢筋通过冷拉后还可用作预应力筋。热轧带肋钢筋牌号的构成及含义见表 1-2。热轧带肋钢筋直径范围是 6～50mm。推荐的公称直径（与该钢筋横截面面积相等的圆所对应的直径）有 6mm、8mm、10mm、12mm、14mm、16mm、18mm、20mm、22mm、25mm、28mm、32mm、36mm、40mm、50mm。如图 1-1 所示为月牙肋钢筋表面及截面形状。

表 1-2 热扎带肋钢筋牌号的构成及含义

| 类别 | 牌号 | 牌号构成 | 英文字母含义 |
|---|---|---|---|
| 普通热轧钢筋 | HRB400 | 由 HRB＋屈服强度特征值构成 | HRB 为热轧带肋钢筋的英文 (Hot rolled Ribbed Bars)缩写 |
|  | HRB500 |  |  |
|  | HRB600 |  |  |
| 细晶粒热轧钢筋 | HRBF400 | 由 HRBF＋屈服强度特征值构成 | HRBF 为热轧带肋钢筋的英文缩写加"细"的英文(Fine)首位字母 |
|  | HRBF500 |  |  |

#### 1.1.2.2 钢筋混凝土用热轧光圆钢筋

热轧光圆钢筋是通过热轧成型并自然冷却而成的横截面为圆形并且表面光滑的钢筋混凝土配筋用钢筋，钢种为碳素结构钢，牌号为 HPB300。热轧光圆钢筋的直径范围是 6～22mm。推荐的公称直径有 6mm、8mm、10mm、12mm、16mm、20mm。适合于用作非预应力筋、箍筋、构造钢筋以及吊钩等。

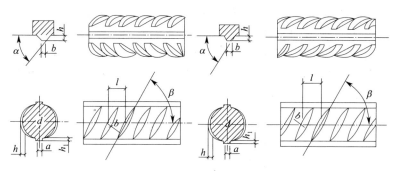

(a) 种类(1)(图中从左到右、从上到下：月牙肋横切面、钢筋形状、钢筋横切面、钢筋表面)

(b) 种类(2)(图中从左到右、从上到下：月牙肋横切面、钢筋形状、钢筋横切面、钢筋表面)

图 1-1　月牙肋钢筋表面及截面形状

$d$—钢筋内径；$\alpha$—横肋斜角；$h$—横肋高度；$\beta$—横肋与轴线夹角；
$h_1$—纵肋高度；$a$—纵肋顶宽；$l$—横肋间距；$b$—横肋顶宽

### 1.1.2.3　低碳钢热轧圆盘条

低碳钢热轧圆盘条为热轧型钢中截面尺寸最小的一种，大多通过卷线机卷成盘卷供应，故叫作盘条或盘圆。低碳钢热轧圆盘条是目前用量最大、使用最广的线材，由屈服强度较低的碳素结构钢轧制，适用于非预应力筋、箍筋、构造钢筋以及吊钩等。热轧圆盘条又是冷拔低碳钢丝的主要原材料，通过热轧圆盘条冷拔而成的冷拔低碳钢丝可作为预应力钢丝，用于小型预应力构件（如多孔板等）或其他构造钢筋、网片等。热轧圆盘条的直径范围是 5.5～14.0mm。常用的公称直径有 5.5mm、6.0mm、6.5mm、7.0mm、8.0mm、9.0mm、10.0mm、11.0mm、12.0mm、13.0mm、14.0mm。

### 1.1.2.4　冷轧带肋钢筋

冷轧带肋钢筋是以碳素结构钢或者低合金热轧圆盘条为母材，通过冷轧（通过轧钢机轧成表面有规律变形的钢筋）或者冷拔（通过冷拔机上的孔模，拔成一定截面尺寸的细钢筋）减径后在其表面冷轧成三面（或两面）有肋的钢筋，提高了钢筋与混凝土之间的黏结力。冷轧带肋钢筋按延性高低分为两类：冷轧带肋钢筋（CRB）与高延性冷轧带肋钢筋（CRB＋抗拉强度特征值＋H）。有 CRB550、CRB650、CRB800、CRB600H、CRB680H 以及 CRB800H 六个牌号。其中

CRB550、CRB600H 是普通混凝土用钢筋，CRB650、CRB800、CRB800H 是预应力混凝土用钢筋，CRB680H 既可作为普通钢筋混凝土用钢筋，也可作为预应力混凝土用钢筋使用。相比于热轧圆盘条，冷轧带肋钢筋的强度提高了 17% 左右。冷轧带肋钢筋的直径范围是 4～12mm。如图 1-2 所示为三面肋钢筋表面及截面形状。

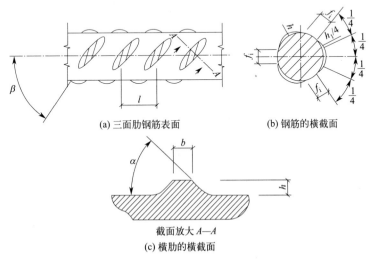

(a) 三面肋钢筋表面　　　(b) 钢筋的横截面

截面放大 $A—A$

(c) 横肋的横截面

图 1-2　三面肋钢筋表面及截面形状

$\alpha$—横肋斜角；$\beta$—横肋与钢筋轴线的夹角；$h$—横肋中点高；$l$—横肋间距；$b$—横肋顶宽；$f_i$—横肋间隙；$h_1/4$—横肋长度四分之一处高

### 1.1.2.5　钢筋混凝土用余热处理钢筋

钢筋混凝土用余热处理钢筋指的是低合金高强度结构钢经热轧后立即穿水，进行表面控制冷却，然后借助自身芯部余热完成回火处理所得的成品钢筋，性能均匀，晶粒细小，在确保良好塑性、焊接性能的条件下，屈服点约提高 10%，可用作钢筋混凝土结构的非预应力筋、箍筋、构造钢筋，能够节约材料并提高构件的安全可靠性。余热处理钢筋根据屈服强度特征值分为 400 级、500 级，牌号是 RRB400、RRB500 及 RRB400W。余热处理钢筋的公称直径范围是 8～50mm。推荐的公称直径有 8mm、10mm、12mm、16mm、20mm、25mm、32mm、40mm、50mm。

## 1.1.3 预应力用钢筋

### 1.1.3.1 预应力钢丝

预应力钢丝分类及其应用见表1-3。

表1-3 预应力钢丝分类及其应用

| 分类依据 | 分类 | | 特点 | 应用 |
|---|---|---|---|---|
| 深加工要求 | 冷拉钢丝 | | 通过冷拔后直接用于预应力混凝土的钢丝。其盘径基本等于拔丝机卷筒的直径,开盘后钢丝呈螺旋状,没有良好的伸长值 | 存在残余应力,屈强比低,伸长率小,仅用于铁路轨枕、压力水管以及电杆等 |
| | 消除应力钢丝(按应力松弛性能) | 普通松弛钢丝 | 是冷拔后经高速旋转的矫直辊筒矫直,并经回火(350~400℃)处理的钢丝,其盘径不小于1.5m。钢丝经矫直、回火后,可消除钢丝冷拔中产生的残余应力,提高钢丝的比例极限、屈强比和弹性模量,并改善塑性;同时获得良好的伸直性,施工方便 | 以往广泛应用,由于技术进步,已逐步向低松弛方向发展 |
| | | 低松弛钢丝 | 冷拔后在张力状态下经回火处理的钢丝。经稳定化处理的钢丝,弹性极限和屈服强度提高,应力松弛率大大降低,但单价稍高;考虑到构件的抗裂性能提高、钢材用量减少等因素,其综合经济效益较好 | 已逐步在房屋、桥梁、市政、水利等大型工程中推广应用,具有较强的生命力 |
| 按表面形状 | 光圆钢丝 | | 光圆钢丝具有较高的抗拉强度,适用于需要承受大荷载或高张力的应用。由于采用了特殊的防腐处理,光圆钢丝表面具有良好的耐腐蚀性能,适用于在恶劣环境下的使用。光圆钢丝具有一定程度的柔韧性,易于弯曲和安装。光圆钢丝的材料和工艺使其具有长时间的使用寿命 | 光圆钢丝广泛用于制造缆索和钢丝绳,例如吊车、桥梁、船舶等领域的起重设备。由于其高强度和耐腐蚀性能,光圆钢丝常用于制作导线和电缆的芯线。光圆钢丝经过绝缘处理后,可用于架空输电线路的强化和支撑。在地质工程领域,光圆钢丝常被用作地质锚杆,用于固定岩体或土壤,增加稳定性。光圆钢丝还可用于制作机械零件、弹簧、弹簧床、护栏等 |

| 分类依据 | 分类 | 特点 | 应用 |
|---|---|---|---|
| 按表面形状 | 刻痕钢丝 | 用冷轧或冷拔方法使钢丝表面产生周期变化的凹痕或凸纹的钢丝 | 钢丝表面凹痕或凸纹可增加与混凝土的握裹力。这种钢丝可用于先张法预应力混凝土构件 |
| | 螺旋肋钢丝 | 通过专用拔丝模冷拔方法使钢丝表面沿长度方向上产生规则间隔的肋条的钢丝，钢丝表面螺旋肋可增加与混凝土的握裹力 | 可用于先张法预应力混凝土构件 |

### 1.1.3.2 预应力钢绞线

预应力钢绞线由多根冷拉钢丝在绞线机上呈螺旋形绞合，并通过回火处理消除应力而成。钢绞线整根破断力大，施工方便，柔性好，具有非常广阔的发展前景。

预应力钢绞线根据捻制结构不同可分为 $1 \times 2$ 钢绞线、$1 \times 3$ 钢绞线以及 $1 \times 7$ 钢绞线等（图1-3）。$1 \times 7$ 钢绞线由6根外层钢丝围绕着一根中心钢丝（直径加大 2.5%）绞成，用途广泛。$1 \times 2$ 钢绞线与 $1 \times 3$ 钢绞线仅用于先张法预应力混凝土构件。

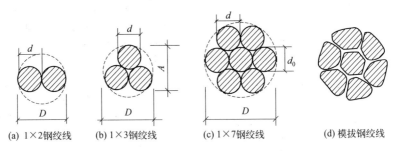

(a) $1 \times 2$钢绞线　　(b) $1 \times 3$钢绞线　　(c) $1 \times 7$钢绞线　　(d) 模拔钢绞线

图1-3　预应力钢绞线

$D$—钢绞线公称直径；$A$—$1 \times 3$ 钢绞线测量尺寸；$d$—钢丝直径；$d_0$—中心钢丝直径

预应力钢绞线的捻距是钢绞线公称直径的 $12 \sim 16$ 倍，模拔钢绞线的捻距应为钢绞线公称直径的 $14 \sim 18$ 倍。钢绞线的捻向，若没有特殊规定，则为左（S）捻，需加右（Z）捻应在合同中注明。个别钢丝在拉拔之前允许焊接，但在拉拔中或拉拔后不应进行焊接。成品钢绞线切断后应是不松散的或可不困难地捻正到原来的位置。

### 1.1.3.3 精轧螺纹钢筋

精轧螺纹钢筋外形如图 1-4 所示。精轧螺纹钢筋是一种用热轧方法在整根钢筋表面上轧出不带纵肋，而横肋为不连续的梯形螺纹的直条钢筋。该钢筋在任意截面处均能拧上带内螺纹的连接器进行接长，或者拧上特制的螺母进行锚固，不需要冷拉及焊接，施工方便，主要用作房屋、桥梁以及构筑物等的直线筋。

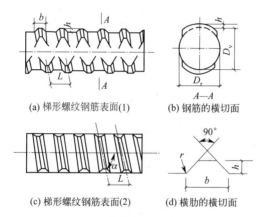

(a) 梯形螺纹钢筋表面(1)　　(b) 钢筋的横切面

(c) 梯形螺纹钢筋表面(2)　　(d) 横肋的横切面

图 1-4　精轧螺纹钢筋外形

$b$—螺纹底宽；$h$—螺纹高；$L$—螺距；$D_v$，$D_r$—基圆直径；$\alpha$—导角；$r$—螺纹根弧

### 1.1.3.4 镀锌钢丝和钢绞线

镀锌钢丝是通过热镀方法在钢丝表面镀锌制成的。镀锌钢绞线的热镀锌应在捻制钢绞线前进行。镀锌钢丝及钢绞线的抗腐蚀能力强，主要用于缆索、体外索及环境条件恶劣的工程结构等。镀锌钢丝应符合国家标准《桥梁缆索用热镀锌或锌铝合金钢丝》（GB/T 17101—2019）的规定，镀锌钢绞线应符合行业标准《高强度低松弛预应力热镀锌钢绞线》（YB/T 152—1999）的规定。

（1）单位面积的镀锌层质量应是 190～350g，相当于锌层的平均厚度是 27～50μm。

（2）锌层附着力依据镀锌钢丝或者成品镀锌钢绞线中心钢丝的缠绕试验来检验。缠绕用芯杆的直径是钢丝直径的 5 倍，紧密缠绕 8 圈之后，螺旋圈的锌层外面应无剥落。

（3）锌层均匀性是把镀锌钢丝试件两次（每次时间为 60s）浸入硫酸铜溶液之后，未出现光亮沉积层与橙红色铜的黏附。

（4）锌层表面应光滑均匀，具有连续的锌层，不得有局部脱锌及露铁等缺陷，但允许有不影响锌层质量的局部轻微刻痕。

### 1.1.3.5　无黏结预应力钢绞线

无黏结预应力钢绞线是用防腐润滑油脂涂敷在钢绞线表面上，并外包塑料护套制成的，如图 1-5 所示。主要用于后张预应力混凝土结构中的无黏结预应力筋，也可用于暴露或者腐蚀环境中的体外索及拉索等。应符合行业标准《无粘结预应力钢绞线》（JG/T 161—2016）的规定。

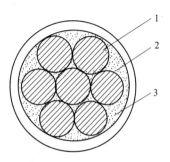

图 1-5　无黏结预应力钢绞线
1—钢绞线；2—油脂；3—塑料护套

（1）钢绞线规格，选用 1×7 结构，直径有 9.5mm、12.7mm、15.2mm、15.7mm 等。质量应符合国家标准《预应力混凝土用钢绞线》（GB/T 5224—2014）的要求。

（2）防腐润滑油脂应具有良好的化学稳定性，对周围材料无侵蚀作用；不吸湿、不透水；抗腐蚀性能强，润滑性能好，摩擦阻力小；在规定温度范围内高温不流淌、低温不变脆，并有一定的韧性。其质量应符合行业标准《无粘结预应力筋用防腐润滑脂》（JG/T 430—2014）的要求。

（3）护套材料应当采用高密度聚乙烯树脂，质量应符合国家标准《聚乙烯（PE）树脂》（GB/T 11115—2009）的规定。

护套颜色宜采用黑色，也可采用其他颜色，但添加的色母材料不能损伤护套的性能。

### 1.1.3.6 环氧涂层钢绞线

环氧涂层钢绞线是借助静电喷涂使每根钢丝周围形成一层环氧保护膜。此保护膜对各种腐蚀环境均具有优良的耐蚀性，同时该新型防腐钢绞线具有相同于母材的强度特性及混凝土黏结强度，且其柔软性与喷涂前相同，还具有与普通钢绞线共用锚具及张拉设备的优点，适用于腐蚀环境下的先张法或后张法构件、海洋构造物、港湾构造物、斜拉索以及吊索等。

如图1-6所示，环氧涂层钢绞线主要有两种类型：环氧涂层有黏结钢绞线、环氧涂层无黏结钢绞线。

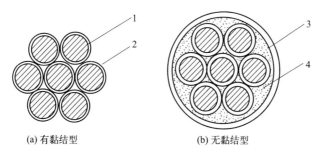

(a) 有黏结型　　　　　　　(b) 无黏结型

图 1-6　环氧涂层钢绞线

1—钢绞线；2—环氧树脂涂层；3—聚乙烯护套；4—油脂

## 1.1.4 钢筋进场验收与保管

### 1.1.4.1 钢筋进场验收的基本要求

（1）订货与发货资料应与实物一致。检查发货单和质量证明书内容是否同建筑用钢筋标牌标志上的内容相符。钢筋混凝土用热轧带肋钢筋、冷轧带肋钢筋以及预应力混凝土用钢筋（钢丝、钢棒和钢绞线）必

钢筋进场验收
与保管

须检查其有无由国家市场监督管理总局颁发的全国工业产品生产许可证，证书上带有国徽，一般有效期不超过5年。符合生产许可证申报要求的企业，由各省或直辖市的工业产品生产许可证办公室先发放行政许可申请受理决定书，并自受理企业申请之日起60日内，做出是否准予许可的决定。为了打假治劣，确保重点建筑用钢筋的质量，国

家把热轧带肋钢筋、冷轧带肋钢筋以及预应力混凝土用钢筋（钢丝、钢棒和钢绞线）划为重要工业产品，实行了生产许可证管理制度。其他类型的建筑用钢筋国家目前未发放全国工业产品生产许可证。

① 预应力混凝土用钢筋（钢丝、钢棒和钢绞线）生产许可证编号。

例：XK05—114—×××××。

XK——许可；

05——冶金行业编号；

114——预应力混凝土用钢筋（钢丝、钢棒和钢绞线）产品编号；

×××××——某一特定企业生产许可证编号。

② 热轧带肋钢筋生产许可证编号。

例：XK05—205—×××××。

XK——许可；

05——冶金行业编号；

205——热轧带肋钢筋产品编号；

×××××——某一特定企业生产许可证编号。

③ 冷轧带肋钢筋生产许可证编号。

例：XK05—322—×××××。

XK——许可；

05——冶金行业编号；

322——冷轧带肋钢筋产品编号；

×××××——某一特定企业生产许可证编号。

施工单位、监理单位可通过国家市场监督管理总局网站进行带肋钢筋等产品生产许可证获证企业的查询，以防施工现场带肋钢筋等产品的全国工业产品生产许可证和产品质量证明书造假。

（2）检查包装。除大中型型钢外，不论是钢筋还是型钢，均必须成捆交货，且每捆必须用钢带、盘条或钢丝均匀捆扎结实，端面要求平齐，不得有异类钢筋混装现象。

每一捆扎件上通常都拴有两个标牌，上面注明生产企业名称或厂标、规格、牌号、炉罐号、生产日期、带肋钢筋生产许可证标志和编号等内容。《钢筋混凝土用钢　第2部分：热轧带肋钢筋》（GB/T 1499.2—2018）规定，带肋钢筋生产企业均应在自己生产的热轧带肋钢筋表面轧上明显的牌号标志，并依次轧上生产企业序号（许可证后3位数字）和直径（mm）数字。钢筋牌号通过阿拉伯数字表示，HRB400、HRB500、HRB600对应的阿拉伯数字分别是4、5、6。厂名以汉语拼音字头表示。直径（mm）用阿拉伯数字表示。直径不大于10mm的钢筋，可采用挂标牌方法。

施工及监理单位应加强施工现场热轧带肋钢筋生产许可证、产品质量证明书、产品表面标志以及产品标牌一致性的检查。对所购热轧带肋钢筋委托复检时，必须截取带有产品表面标志的试件送检，并如实在委托检验单上填写生产企业名称和产品表面标志等内容，建材检验机构应复核产品表面标志及送检单位出示的生产许可证复印件和质量证明书。对于不合格热轧带肋钢筋，加倍复检所抽检的产品，其表面标志必须与企业之前送检的产品一致。

（3）对建筑用钢筋质量证明书内容进行审核。质量证明书字迹必须清楚，证明书中应注明供方名称或厂标、需方名称、发货日期、合同号、标准号及水平等级、牌号、炉罐（批）号、交货状态、加工用途、重量、支数或件数、品种名称、规格尺寸（型号）及级别、标准中所规定的各项试验结果（包括参考性指标）、技术监督部门印记等。

钢筋混凝土用热轧带肋钢筋的产品质量证明书上应当印有生产许可证编号及该企业产品标志；冷轧带肋钢筋的产品质量证明书上应当印有生产许可证编号。质量证明书应加盖生产单位公章或者质检部门检验专用章。如果建筑用钢筋是通过中间供应商购买的，质量证明书复印件上应将购买时间、供应数量、买受人名称以及质量证明书原件存放单位等内容注明，在建筑用钢筋质量证明书复印件上必须加盖中间供应商的红色印章，并有送交人的签名。

（4）建立材料台账。施工单位在建筑用钢筋进场之后，应及时建立"建设工程材料采购验收检验使用综合台账"。监理单位可设立"建设工程材料监理监督台账"。其内容包括材料名称、规格品种、生产单位、供应单位、实收数量、进货日期、送货单编号、生产许可证编号、质量证明书编号、产品标志、外观质量情况、材料检验日期、检验报告编号、材料检测结果、工程材料报审表签认日期、使用部位以及审核人员签名等。

### 1.1.4.2 钢筋实物的质量验收

建筑用钢筋的实物质量验收主要考虑以下几个方面：一是所送检的钢筋是否符合规范及相关标准要求；二是现场检测的建筑用钢筋尺寸偏差是否符合产品标准规定；三是外观缺陷是否在标准规定的范围内。同时，对于建筑用钢筋的锈蚀现象，验收方也应予以重视。

（1）钢筋混凝土用热轧带肋钢筋。钢筋混凝土所使用的热轧带肋钢筋，其力学性能和冷弯性能必须符合相关标准。检验应按批进行，并且每批钢筋应由同一牌号、同一炉罐号以及同一规格组成，每批质量不得超过 60t。拉伸试验和冷弯试验为力学性能检验项目，如有需要还应进行反复弯曲试验。外观质量的检查也应按照规定进行批次检查，钢筋表面不允许有裂纹、结疤以及折叠，凸块高度不能超过横肋高度，其他缺陷的深度和高度也不能超过所在部位的尺寸偏差。

根据规定应按批检查热轧带肋钢筋的尺寸偏差。钢筋的内径尺寸及其允许偏差应符合表 1-4 的规定。测量精确至 0.1mm。

**表 1-4 热轧带肋钢筋内径尺寸及其允许偏差** 单位：mm

| 公称直径 | 6 | 8 | 10 | 12 | 14 | 16 | 18 | 20 | 22 | 25 | 28 | 32 | 36 | 40 | 50 |
|---|---|---|---|---|---|---|---|---|---|---|---|---|---|---|---|
| 内径尺寸 | 5.8 | 7.7 | 9.6 | 11.5 | 13.4 | 15.4 | 17.3 | 19.3 | 21.3 | 24.2 | 27.2 | 31.0 | 35.0 | 38.7 | 48.5 |
| 允许偏差 | ±0.3 | ±0.4 | | | | | | ±0.5 | | | ±0.6 | | | ±0.7 | ±0.8 |

（2）钢筋混凝土用热轧光圆钢筋。钢筋混凝土用热轧光圆钢筋，需要符合相关标准的力学和冷弯性能要求，且每批检验应由同一批次、品牌、规格、交货状态的钢筋组成，每批质量不得超过 60t。检查项目包括拉伸试验和冷弯试验，外观质量要求表面无裂纹、结疤或折叠，凸块和其他缺陷的深度及高度不得超过所在部位的尺寸允许偏差。钢筋直径允许偏差为 ±0.4mm，不圆度不大于 0.4mm，弯曲度不大于 4mm/m，总弯曲度不得超过钢筋总长度的 0.4%，测量精确到 0.1mm。

（3）低碳钢热轧圆盘条。低碳钢热轧圆盘条在建筑中应符合相关标准的力学和冷弯性能要求。直径大于 12mm 的盘条的冷弯性能按供需双方协商确定。每一盘低碳钢热轧圆盘条都需要根据规定进行外观质量检查，表面应光滑，无裂纹、折叠、耳子或结疤等缺陷，不得有夹杂物或其他有害缺陷。此外，规定钢筋直径的允许偏差为 $\pm 0.45$ mm，同一截面上直径最大值和最小值之差不大于 0.45mm。

（4）冷轧带肋钢筋。钢筋应满足相关标准的力学性能和工艺性能要求。冷轧带肋钢筋的力学和冷弯性能检验应按批进行，每批由相同品牌、规格和等级的钢筋组成，每批质量不超过 50t，并包括拉伸试验和冷弯试验。按照规定，应批量检查冷轧带肋钢筋的外观质量，表面不能有任何影响使用的缺陷，但可以有浮锈而不能有锈皮和麻坑等腐蚀现象。另外，根据标准规定，冷轧带肋钢筋的尺寸和质量偏差应在规定范围内。

（5）钢筋混凝土用余热处理钢筋。余热处理钢筋在力学和冷弯性能方面必须符合相关标准。按规定，应对其外观质量进行批量检查。表面上不允许有裂纹、结疤或折叠，但允许有凸块，高度不得超过横肋。任何其他缺陷的深度和高度都不能超过所在部位的尺寸允许偏差的范围。

根据规定应当按批检查余热处理钢筋的尺寸偏差。钢筋混凝土用余热处理钢筋的内径尺寸及其允许偏差应符合表 1-5 的规定。测量精确到 0.1mm。

表 1-5　钢筋混凝土用余热处理钢筋内径尺寸及其允许偏差

单位：mm

| 公称直径 | 8 | 10 | 12 | 14 | 16 | 18 | 20 | 22 | 25 | 28 | 32 | 36 | 40 |
|---|---|---|---|---|---|---|---|---|---|---|---|---|---|
| 内径尺寸 | 7.7 | 9.6 | 11.5 | 13.4 | 15.4 | 17.3 | 19.3 | 21.3 | 24.2 | 27.2 | 31.0 | 35.0 | 38.7 |
| 允许偏差 | $\pm 0.4$ | | | | | | $\pm 0.5$ | | | $\pm 0.6$ | | | $\pm 0.7$ |

### 1.1.4.3　建筑用钢筋的运输、储存

必须了解建筑用钢筋的长度和单捆质量，以便于安排合适的运输车辆和起重机。

建筑用钢筋应按不同的品种、规格分别堆放。条件允许的话，建筑用钢筋应尽可能存放在库房或料棚内（尤其是有精度要求的冷拉、冷拔钢筋等），若露天存放，料场应选择地势较高而又平坦的地面，

经平整、夯实、预设排水沟道、安排好垛底之后才能使用。雨、雪季节建筑用钢筋要用防雨材料覆盖。

施工现场堆放的建筑用钢筋应当注明"合格""不合格""在检"以及"待检"等产品质量状态，注明钢筋生产企业名称、品种规格、进场日期及数量等内容，并要通过醒目标志标明，由专人负责建筑用钢筋收货及发料。

### 1.1.4.4　预应力筋存放与保管

预应力筋强度高、塑性差，在无应力状态下对腐蚀作用比普通钢筋更为敏感。预应力筋在运输与存放过程中如遭受雨淋、湿气或腐蚀介质的侵蚀，易发生锈蚀，不仅降低质量，且会出现腐蚀坑，有时甚至会导致钢材脆断。

成盘的预应力筋在存放过程中外部纤维就有拉应力存在。其外部纤维应力可按下式估算。

$$F = \frac{dE_s}{D}$$

式中，$F$ 为外部纤维应力，$N/mm^2$；$d$ 为预应力筋直径，$mm$；$D$ 为卷盘直径，$mm$；$E_s$ 为预应力筋的弹性模量，$N/mm^2$。

预应力筋运输与储存时，应满足以下要求。

（1）成盘卷的预应力筋，防潮纸及麻布等材料包装宜在出厂前加。

（2）装卸无轴包装的钢绞线、钢丝时，宜采用 C 形钩或者三根吊索，也可以采用叉车。每次吊运一件，避免碰撞而损害钢绞线。

（3）在室外存放时，不得直接堆放于地面上，必须采取垫枕木并覆盖等有效措施。避免雨、露和各种腐蚀性气体、介质的影响。

（4）若长期存放应设置干燥、防潮、通风良好、无腐蚀气体和介质的仓库。

（5）若储存时间过长，宜用乳化防锈剂喷涂预应力筋表面。

## 1.2　钢筋工程用辅助材料

### 1.2.1　绑扎钢筋用钢丝

（1）钢丝的规格要求。绑扎钢筋用的钢丝主要是规格为 20～22 号的镀锌钢丝或者绑扎钢筋专用的火烧丝。22 号钢丝宜用于绑扎直径

12mm 以下的钢筋，而绑扎直径 12～25mm 钢筋时，宜用 20 号钢丝。

（2）钢丝的需用长度。钢筋绑扎需用钢丝长度可参考表 1-6 的数值采用。

表 1-6　钢筋绑扎钢丝长度参考表　　单位：mm

| 钢筋 1 直径 | 钢筋 2 直径 | | | | | | | |
|---|---|---|---|---|---|---|---|---|
| | 6～8 | 10～12 | 14～16 | 18～20 | 22 | 25 | 28 | 32 |
| 6～8 | 150 | 170 | 190 | 220 | 250 | 270 | 290 | 320 |
| 10～12 | — | 190 | 220 | 250 | 270 | 290 | 310 | 340 |
| 14～16 | — | — | 250 | 270 | 290 | 310 | 330 | 360 |
| 18～20 | — | — | — | 290 | 310 | 330 | 350 | 380 |
| 22 | — | — | — | — | 330 | 350 | 370 | 400 |

## 1.2.2　控制钢筋及钢筋保护用品

（1）水泥砂浆垫块。水泥砂浆垫块的厚度应与保护层厚度相等。当保护层厚度≤20mm 时，垫块的平面尺寸是 30mm×30mm；＞20mm 时，为 50mm×50mm。当在垂直方向使用垫块时，可在垫块中埋入 20 号钢丝。

（2）塑料卡。塑料卡有塑料垫块和塑料环圈两种，如图 1-7 所示。塑料垫块用于水平构件（如梁、板），在两个方向均有凹槽，以便于适应两种保护层厚度。塑料环圈用于垂直构件（如柱、墙），使用时钢筋从卡嘴进入卡腔。因为塑料环圈有弹性，所以可使卡腔的大小适应钢筋直径的变化。

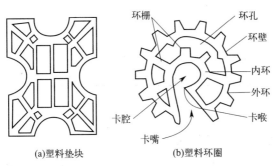

(a)塑料垫块　　　　　　(b)塑料环圈

图 1-7　控制混凝土保护层用的塑料卡

（3）钢筋马凳与钢筋撑脚。钢筋马凳主要用来控制楼板钢筋上下钢筋网片的间距。钢筋马凳的选用可参考表 1-7，楼板钢筋马凳位置如图 1-8 所示。

**表 1-7　楼板钢筋马凳一览表**　　单位：mm

| 序号 | 板厚（$H$） | 上钢筋 | 下钢筋 | 上保护层 | 下保护层 | 凳高 $h=H-(\phi_1+\phi_2+\phi_3+\phi_4+a_1+a_2)$ | 形式 |
|---|---|---|---|---|---|---|---|
| 1 | 130 | $\phi_1 8$、$\phi_2 10$ | $\phi_3 10$、$\phi_4 12$ | 15 | 15 | $H_1=90$ | 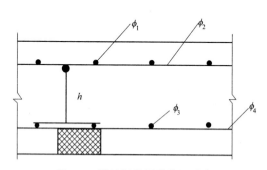 |
| 2 | | $\phi_1 12$、$\phi_2 14$ | $\phi_3 14$、$\phi_4 14$ | 15 | 15 | $H_2=46$ | |
| 3 | 150 | $\phi_1 10$、$\phi_2 12$ | $\phi_3 14$、$\phi_4 16$ | 15 | 15 | $H_3=68$ | |
| 4 | 600 | $\phi_1 16$、$\phi_2 18$ | $\phi_3 14$、$\phi_4 16$ | 20 | 50 | $H_4=466$ | |

注：当 $\phi_3$ 在 $\phi_4$ 之上时，$h=H-(\phi_1+\phi_2+\phi_3+\phi_4+a_1+a_2)$，另应计算加工数量，$a_1$、$a_2$ 分别为上、下保护层厚度。

如图 1-9 所示为钢筋撑脚的形式与尺寸，每隔 1m 放置一个。直径选用：板厚 $h<30$mm 时为 $8\sim10$mm；板厚 $30$mm$\leqslant h\leqslant50$mm 时为 $12\sim14$mm；板厚 $h>50$mm 时为 $16\sim18$mm。

图 1-8　楼板钢筋马凳位置示意

### 1.2.3　钢筋锥螺纹连接套

如图 1-10 所示，建议使用 45 号优质碳素结构钢或经试验确认符

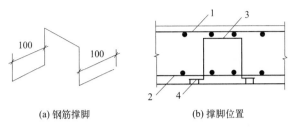

(a) 钢筋撑脚　　　　(b) 撑脚位置

图 1-9　钢筋撑脚（单位：mm）

1—上层钢筋网；2—下层钢筋网；3—撑脚；4—水泥垫块

合要求的其他材料来制造钢筋锥螺纹连接套。所提供的连接套必须有产品合格证，并在两端锥孔处装有密封盖，套筒表面应标注规格。施工单位在进场时应进行复检，可用锥螺纹塞规拧入连接套，如果连接套的大端边缘在锥螺纹塞规大端缺口范围内，则为合格。

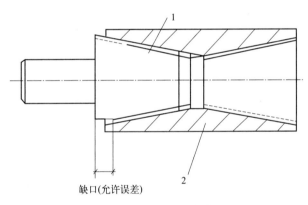

缺口(允许误差)

图 1-10　锥螺纹连接套

1—锥螺纹塞规；2—连接套

（1）套筒的材质：HRB335 级钢筋采用 30～40 号钢；HRB400级钢筋采用 45 号钢。

（2）套筒的规格尺寸：应同钢筋锥螺纹相匹配，承载力应略高于钢筋母材。

（3）锥螺纹套筒的加工：为保证产品质量，宜在专业工厂进行。套筒加工后，经检验合格的产品，两端锥孔应采用塑料密封盖封严。

套筒的外表面应标有明显的钢筋级别及规格标记。

连接套为连接钢筋的重要部件。它可连接 $\phi16\sim40$mm 同径或者异径钢筋。连接套宜选用 45 号优质碳素结构钢或通过试验确认符合要求的其他钢材制作。连接套的受拉承载力不应小于被连接钢筋的受拉承载力标准值的 1.1 倍。

连接套的锥度、螺距和牙形角平分线垂直方向与钢筋锥螺纹丝头的技术参数必须相同。加工时，只有达到良好的精度才能保证连接套与钢筋丝头的连接质量。

### 1.2.4 可调连接器

采用可调接头时，必须采用可调连接器。应当选用 45 号优质碳素结构钢或者其他经试验确认符合要求的钢材制作。可调连接器分为单向与双向两种，如图 1-11 和图 1-12 所示。

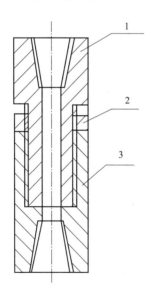
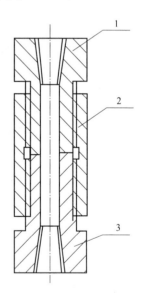

图 1-11　单向可调连接器　　　　图 1-12　双向可调连接器
　1—可调连接器（右旋）；　　　　　1—可调连接器（右旋）；
　2—锁母；3—连接套　　　　　　　2—连接套（左、右旋）；
　　　　　　　　　　　　　　　　　3—可调连接器（左旋）

## 1.2.5 钢筋直螺纹接头的连接套筒

进场时，连接套筒必须有产品合格证；套筒的几何尺寸应符合产品设计图纸要求，与机械连接工艺技术配套选用，套筒表面不得有裂缝、折叠以及结疤等缺陷。套筒应有保护盖，有明显的规格标记；并应分类包装、存放，不得混淆。

（1）材质要求。对 HRB335 级钢筋，采用 45 号优质碳素钢；对 HRB400 级钢筋，采用经调质处理的 45 号优质碳素钢，或者采用性能不低于 HRB400 级钢筋性能的其他钢材。

（2）型号及尺寸

① 同径连接套筒分为右旋与左右旋两种，如图 1-13 所示，其型号与尺寸分别见表 1-8 和表 1-9。

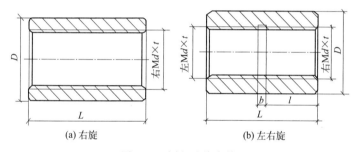

(a) 右旋　　　　　　　(b) 左右旋

图 1-13　同径连接套筒

**表 1-8　同径右旋连接套筒型号与尺寸**

| 型号与标记 | $Md \times t$ | $D/\text{mm}$ | $L/\text{mm}$ |
|---|---|---|---|
| A20S-G | M24×2.5 | 36 | 50 |
| A22S-G | M26×2.5 | 40 | 55 |
| A25S-G | M29×2.5 | 43 | 60 |
| A28S-G | M32×3 | 46 | 65 |
| A32S-G | M36×3 | 52 | 72 |
| A36S-G | M40×3 | 58 | 80 |
| A40S-G | M44×3 | 65 | 90 |

注：$Md \times t$ 为套筒螺纹尺寸；$D$ 为套筒外径；$L$ 为套筒长度。

表 1-9　同径左右旋连接套筒型号与尺寸

| 型号与标记 | M$d \times t$ | $D$/mm | $L$/mm | $l$/mm | $b$/mm |
|---|---|---|---|---|---|
| A20SLR-G | M24×2.5 | 38 | 56 | 24 | 8 |
| A22SLR-G | M26×2.5 | 42 | 60 | 26 | 8 |
| A25SLR-G | M29×2.5 | 45 | 66 | 29 | 8 |
| A28SLRG | M32×3 | 48 | 72 | 31 | 10 |
| A32SLR-G | M36×3 | 54 | 80 | 35 | 10 |
| A36SLR-G | M40×3 | 60 | 86 | 38 | 10 |
| A40SLR-G | M44×3 | 67 | 96 | 43 | 10 |

② 异径连接套筒型号与尺寸见表 1-10。

表 1-10　异径连接套筒型号与尺寸

| 简图 | 型号与标记 | M$d_1 \times t$ | M$d_2 \times t$ | $b$/mm | $D$/mm | $l$/mm | $L$/mm |
|---|---|---|---|---|---|---|---|
| | AS20-22 | M26×2.5 | M24×2.5 | 5 | 42 | 26 | 57 |
| | AS22-25 | M29×2.5 | M26×2.5 | 5 | 45 | 29 | 63 |
| | AS25-28 | M32×3 | M29×2.5 | 5 | 48 | 31 | 67 |
| | AS28-32 | M36×3 | M32×3 | 6 | 54 | 35 | 76 |
| | AS32-36 | M40×3 | M36×3 | 6 | 60 | 38 | 82 |
| | AS36-40 | M44×3 | M40×3 | 6 | 67 | 43 | 92 |

③ 可调节连接套筒型号与尺寸见表 1-11。

表 1-11　可调节连接套筒型号与尺寸

| 简图 | 型号和规格 | 钢筋直径/mm | $D_0$/mm | $L_0$/mm | $L$/mm | $L_1$/mm | $L_2$/mm |
|---|---|---|---|---|---|---|---|
| | DSJ-22 | 22 | 40 | 73 | 52 | 35 | 35 |
| | DSJ-25 | 25 | 45 | 79 | 52 | 40 | 40 |
| | DSJ-28 | 28 | 48 | 87 | 60 | 45 | 45 |
| | DSJ-32 | 32 | 55 | 89 | 60 | 50 | 50 |
| | DSJ-36 | 36 | 64 | 97 | 66 | 55 | 55 |
| | DSJ-40 | 40 | 68 | 121 | 84 | 60 | 60 |

## 1.2.6　焊条

### 1.2.6.1　焊条的组成材料及其作用

（1）焊芯。焊芯为焊条中的钢芯，在电弧高温作用下同母材熔化在一起，形成焊缝。规格一般用焊芯的直径来表示。常用焊芯的直径包括 2.0mm、2.5mm、3.2mm、4.0mm、5.0mm、5.8mm。焊条长度取决于焊芯的直径、材料以及焊条药皮类型等。随着直径的增加，焊条长度也会相应增加。

（2）焊条药皮。药皮的作用和组成分别见表 1-12 和表 1-13。

表 1-12　药皮的作用

| 项目 | 内容 |
| --- | --- |
| 稳定燃烧 | 保证电弧稳定燃烧，使焊接过程正常进行 |
| 保护 | 通过药皮熔化后产生的气体保护电弧和熔池，防止空气中的氮、氧进入熔池；药皮熔化之后形成的熔渣覆盖在焊缝表面，以保护焊缝金属，使它缓慢冷却；有助于气体逸出，防止气孔的产生，改善焊缝的组织和性能 |
| 冶金反应 | 进行各种冶金反应，如脱氧、还原、去硫以及去磷等，从而提高焊缝质量，减少合金元素烧损 |
| 改进和控制 | 利用药皮把所需要的合金元素掺入到焊缝金属中，改进和控制焊缝金属的化学成分，以获得所希望的性能 |
| 形成套筒 | 药皮在焊接时形成套筒，保证熔滴较好过渡到熔池，利于全位置焊接，同时使电弧热量集中，减少飞溅，提高焊缝金属熔敷效率 |

表 1-13　药皮的组成

| 组成 | 内容 |
| --- | --- |
| 稳弧剂 | 一些容易电离的物质，多采用含钾、钠、钙的化合物，如碳酸钾、长石、白垩、水玻璃等，能够使电弧燃烧的稳定性得到提高，并使电弧易于引燃 |
| 造渣剂 | 都是矿物质，如大理石、锰矿、赤铁矿、金红石、高岭土、花岗石、长石、石英砂等。形成的熔渣，主要是一些氧化物，其中有酸性的 $SiO_2$、$TiO_2$、$P_2O_5$ 等，也有碱性的 $CaO$、$MnO$、$FeO$ 等 |
| 造气剂 | 分为有机物与无机物两种，有机物，如糊精、淀粉、木屑等；无机物，如 $CaCO_3$ 等。这些物质在焊条熔化时能产生大量的一氧化碳、二氧化碳以及氢气等包围电弧，保护金属不被氧化和氮化 |

| 组成 | 内容 |
|---|---|
| 脱氧剂 | 常用的有锰铁、硅铁以及钛铁等 |
| 合金剂 | 常用的有锰铁、铬铁、钼铁以及钒铁等铁合金 |
| 稀渣剂 | 常用萤石或二氧化钛来稀释熔渣，以使其活性增强 |
| 胶黏剂 | 常用的有水玻璃，作用是使药皮各组成物黏结起来并黏结于焊芯周围 |

### 1.2.6.2 焊条分类

（1）根据焊条药皮熔化后的熔渣特性分：酸性焊条与碱性焊条。

① 酸性焊条。药皮的主要成分为氧化锰、氧化铁、氧化钛以及其他在焊接时易释放氧气的物质，药皮里的有机物是造气剂，在焊接时产生保护气体。适用于一般钢筋工程。

② 碱性焊条。药皮的主要成分为大理石及萤石，并含有较多的铁合金，可作为脱氧剂和合金剂。焊缝金属性能良好，主要用于重要的钢筋工程中。

采用碱性焊条必须非常注意保持干燥与接头对口附近的清洁，保管时不要使焊条受潮生锈，使用之前按规定烘干。接头对口附近10～15mm范围内，要清理至露出纯净的金属光泽，不得存在任何有机物及其他污垢等。焊接时，必须采用短弧，防止产生气孔。

碱性焊条在焊接过程中会产生 HF 气体，有害焊工健康，所以需加强焊接场所的通风。

（2）焊条根据用途来分有 10 种，对钢筋工程来说，都采用结构钢焊条。现行国家标准《非合金钢及细晶粒钢焊条》（GB/T 5117—2012）和《热强钢焊条》（GB/T 5118—2012）中，焊条型号根据熔敷金属的抗拉强度、焊接位置、药皮类型、电流类型、熔敷金属化学成分以及焊后状态等进行划分。一般碳钢焊条规格表示为 E×××××，E（Electrode 的首字母）表示焊条；前两位数字表示熔敷金属抗拉强度的最小值；第三位数字表示焊条的焊接位置："0"或"1"表示焊条适用于全位置焊接，"2"表示焊条适用于平焊及平角焊，"4"表示焊条适用于向下立焊；第三位与第四位数字组合时，表示焊接电流种类和药皮类型。碳钢及低合金钢焊条型号见表1-14。

# 1 钢筋材料

### 表 1-14 碳钢及低合金钢焊条型号

| 焊条型号 | 药皮类型 | 焊接位置 | 电流种类 |
|---|---|---|---|
| E43 系列——熔敷金属抗拉强度大于 420MPa(43kgf/mm²) | | | |
| E4303 | 钛型 | 平、立、仰、横 | 交流或直流正、反接 |
| E4310 | 纤维素型 | | 直流反接 |
| E4311 | 高纤维素钾型 | | 交流或直流反接 |
| E4312 | 金红石 | | 交流或直流正接 |
| E4313 | 金红石 | | 交流或直流正、反接 |
| E4314 | 金红石+铁粉 | | 交流或直流正、反接 |
| E4315 | 碱性 | | 直流反接 |
| E4316 | 碱性 | | 交流或直流反接 |
| E4318 | 碱性+铁粉 | | 交流或直流反接 |
| E4320 | 氧化铁 | 平 | 交流或直流正、反接 |
| | | 平角焊 | 交流或直流正接 |
| E4324 | 金红石+铁粉 | 平、平角焊 | 交流或直流正、反接 |
| E4327 | 氧化铁+铁粉 | 平 | 交流或直流正、反接 |
| | | 平角焊 | 交流或直流正接 |
| E4328 | 碱性+铁粉 | 平、平角焊 | 交流或直流反接 |
| E50 系列——熔敷金属抗拉强度大于 490MPa(50kgf/mm²) | | | |
| E5003 | 钛型 | 平、立、仰、横 | 交流或直流正、反接 |
| E5010 | 高纤维素钠型 | | 直流反接 |
| E5011 | 高纤维素钾型 | | 交流或直流反接 |
| E5014 | 金红石+铁粉 | | 交流或直流正、反接 |
| E5015 | 碱性 | 平、立、仰、横 | 直流反接 |
| E5016 | 碱性 | | 交流或直流反接 |
| E5018 | 碱性+铁粉 | | 直流反接 |
| E5018M | 碱性+铁粉 | | 交流或直流正、反接 |
| E5024 | 铁粉钛型 | 平、平角焊 | 交流或直流正、反接 |
| E5027 | 氧化铁+铁粉 | | 交流或直流正接 |
| E5028 | 碱性+铁粉 | 平、立、仰向下 | 交流或直流反接 |
| E5048 | 碱性 | | |

碳钢焊条的强度等级有 43、50 两种；低合金钢焊条的强度等级有 50、55、60、70、75、85、90、100，共 8 种。

低合金钢焊条中属于 E50 等级的还有 E5010 高纤维素钠型，直流反接；E5020 高氧化铁型，平角焊时交流或者直流正接，平焊时交流或者直流正、反接。E55 等级的有 E5500、E5503、E5510、E5511、E5513、E5515、E5516、E5518 等型号。E60 等级的有 E6000、E6010、E6011、E6013、E6015、E6016、E6018 等型号，后两个字为00 的属于特殊型，其他后两个字的含义均与表 1-14 相同。

### 1.2.6.3　焊条的选用

详细内容参见 6.2.2 节。

### 1.2.6.4　焊条的保管与使用

（1）焊条的保管

① 必须分类、分牌号存放，以免混乱。

② 必须存放于通风良好、干燥的仓库内，需垫高并离墙 0.3m 以上，使上下、左右空气流通。

（2）焊条的使用

① 应有制造厂的合格证，凡无合格证或对其质量有怀疑时，应按批抽查试验，合格之后方可使用。存放多年的焊条应当通过工艺性能试验后才能使用。

② 如发现焊条内部有锈迹，需试验合格后方可使用。若焊条受潮严重，已发现药皮脱落者，一概予以报废。

③ 使用焊条前，通常应按说明书规定的烘焙温度进行烘干。碱性焊条的烘焙温度通常为 350℃，时间 1～2h。酸性焊条要依据受潮情况，在 70～150℃ 温度下烘焙 1～2h。如果储存时间短且包装完好，使用前也可不再烘焙。在烘焙时，温度应当徐徐升高，避免将冷焊条放入高温烘箱内或者突然冷却，防止药皮开裂。

## 1.2.7　焊接焊剂

### 1.2.7.1　焊剂的作用与要求

（1）焊剂的作用

① 焊剂熔化之后产生气体及熔渣，可保护电弧及熔池，保护焊缝金属，更好地防止氧化及氮化。

② 可使焊缝金属中元素的蒸发及烧损减少。

③ 使焊接过程稳定。

④ 具有脱氧及掺合剂的作用，使焊缝金属获得所需要的化学成分与力学性能。

⑤ 包托住被挤出的液态金属及熔渣，使接头成型良好。

⑥ 焊剂熔化之后形成渣池，电流通过渣池产生大量的电阻热。

⑦ 渣壳对接头有保温、缓冷作用，所以焊剂非常重要。

（2）对焊剂的基本要求

① 保证焊缝金属获得所需要的化学成分与力学性能。

② 确保电弧燃烧稳定。

③ 在高温状态下要有合适的熔点和黏度以及一定的熔化速度，以确保焊缝成型良好，焊后有良好的脱渣性。

④ 对锈、油及其他杂质的敏感性要小，硫、磷含量要低，以确保焊缝中不产生裂纹及气孔等缺陷。

⑤ 焊剂的吸潮性要小。

⑥ 焊剂在焊接过程中不应析出有毒气体。

⑦ 焊剂应具有合适的粒度，焊剂的颗粒要具有足够的强度，以确保焊剂能多次使用。

### 1.2.7.2　常用焊剂及其组成成分

常用焊剂及其组成成分见表 1-15。

表 1-15　常用焊剂及其组成成分　　　单位：%

| 焊剂牌号 | $SiO_2$ | $CaF_2$ | CaO | MgO | $Al_2O_3$ | MnO | FeO | $K_2O+Na_2O$ | S | P |
|---|---|---|---|---|---|---|---|---|---|---|
| HJ 330 | 44～48 | 3～6 | ≤3 | 16～20 | ≤4 | 22～26 | ≤1.5 | — | ≤0.08 | ≤0.08 |
| HJ 350 | 30～35 | 14～20 | 10～18 | — | 13～18 | 14～19 | ≤1.0 | — | ≤0.06 | ≤0.06 |
| HJ 430 | 38～45 | 5～9 | ≤6 | — | ≤5 | 38～47 | ≤1.8 | — | ≤0.10 | ≤0.10 |
| HJ 431 | 40～44 | 3～6.5 | ≤5.5 | 5～7.5 | ≤4 | 34～38 | ≤1.8 | — | ≤0.08 | ≤0.08 |

HJ330 和 HJ350 是两种熔炼型中锰焊剂，前者为棕红色的玻璃状颗粒，粒度为 0.4～3mm；后者为棕色至浅黄色的玻璃状颗粒，粒度

为 0.4～3mm 及 0.25～1.6mm。HJ431 和 HJ430 都是熔炼型高锰焊剂，前者的颗粒呈棕色至褐绿色，粒度为 0.4～3mm；后者的颗粒呈棕色至褐绿色，粒度为 0.4～3mm 及 0.25～1.6mm。这四种焊剂均可用于交、直流焊接，而在施工中常使用 HJ431。如果焊剂受潮，则必须在使用前进行烘焙，以防止产生气孔等缺陷。常规的烘焙温度为250℃，保温 1～2h。

### 1.2.7.3 焊剂使用的一般要求

焊剂应有出厂合格证，性能应满足《埋弧焊用非合金钢及细晶粒钢实心焊丝、药芯焊丝和焊丝-焊剂组合分类要求》（GB/T 5293—2018）的要求。焊剂型号为 HJ431，常用的为熔炼型高锰高硅低氟焊剂或者锰高硅低氟焊剂。应存放在干燥的库房内，若受潮，使用前需经 250～300℃烘焙。使用回收的焊剂时，应将熔渣及杂物除去，并应与新焊剂混合均匀后使用。

## 1.3 钢筋、焊接件及连接件的检测试件制备

### 1.3.1 钢筋检测取样

#### 1.3.1.1 热轧钢筋检测取样

（1）组批规则。同一牌号、同一炉罐号、同一规格、同一交货状态，不超过 60t 为一批。

（2）取样方法。拉伸检验：任选两根钢筋切取两个试样，试样长500mm。冷弯检验：任选两根钢筋切取两个试样，试样长度根据下式计算：

$$L = 1.55(a+d) + 140\text{mm}$$

式中　$L$——试样长度；

　　　$a$——钢筋公称直径；

　　　$d$——钢筋弯曲试验的弯心直径，按表 1-16 取用。

表 1-16　钢筋弯曲试验的弯心直径

| 钢筋牌号（强度等级） | HPB300 | HRB335 | HRB400 | HRB500 |
|---|---|---|---|---|
| 公称直径 $a$/mm | 6～22 | 6～25,28～50 | 6～25,28～50 | 6～25,28～50 |
| 弯心直径 $d$ | $a$ | $3a,4a$ | $4a,5a$ | $6a,7a$ |

在切取试样时，应去掉钢筋端头的 500mm 后再切取。

#### 1.3.1.2 低碳钢热轧圆盘条检测取样

（1）组批规则。同一牌号、同一品种、同一炉罐号、同一尺寸、同一交货状态，不超过 60t 为一批。

（2）取样方法。拉伸检验：任选一盘，从该盘的任一端切取一个试样，试样长为 500mm。

弯曲检验：任选两盘，从每盘的任一端各切取一个试样，试样长为 200mm。在切取试样时，应将端头的 500mm 去掉之后再切取。

#### 1.3.1.3 冷轧带肋钢筋检测取样

（1）应逐盘检验冷轧带肋钢筋的力学性能及工艺性能，从每盘任一端截去 500mm 以后，取两个试样，拉伸试样长 500mm，冷弯试样长 200mm。

（2）应逐捆检验成捆供应的 CRB550 级冷轧带肋钢筋。从每捆中同一根钢筋上截取两个试样，拉伸试样长 500mm，冷弯试样长 250mm。如果检验结果有一项达不到标准规定，应从该捆钢筋中取双倍试样进行复验。

### 1.3.2 钢筋焊接试件制备

在正式焊接之前，参与该项施焊的人员应进行现场条件下的焊接工艺试验，试验合格后，方可正式生产。试验结果应符合质量检验与验收时的要求。试件制备尺寸详见表 1-17。

表 1-17　试件制备尺寸

| 焊接方法 | 接头形式 | 试样尺寸/mm | |
| --- | --- | --- | --- |
| | | $l_s$ | $L \geqslant$ |
| 电阻点焊 | | $\geqslant 20d$，且 $\geqslant 180$ | $l_s + 2l_j$ |
| 闪光对焊 | | $8d$ | $l_s + 2l_j$ |

续表

| 焊接方法 | | 接头形式 | 试样尺寸/mm | |
|---|---|---|---|---|
| | | | $l_s$ | $L \geqslant$ |
| 电弧焊 | 双面帮条焊 | | $8d + l_h$ | $l_s + 2l_j$ |
| | 单面帮条焊 | | $5d + l_h$ | $l_s + 2l_j$ |
| | 双面搭接焊 | | $8d + l_h$ | $l_s + 2l_j$ |
| | 单面搭接焊 | | $5d + l_h$ | $l_s + 2l_j$ |
| | 熔槽帮条焊 | | $8d + l_h$ | $l_s + 2l_j$ |
| | 坡口焊 | | $8d$ | $l_s + 2l_j$ |
| | 窄间隙焊 | | $8d$ | $l_s + 2l_j$ |

# 1 钢筋材料

| 焊接方法 | | 接头形式 | 试样尺寸/mm | |
|---|---|---|---|---|
| | | | $l_s$ | $L \geqslant$ |
| | 电渣压力焊 | | $8d$ | $l_s + 2l_j$ |
| | 气压焊 | | $8d$ | $l_s + 2l_j$ |
| 预埋件 | 电弧焊、埋弧压力焊、埋弧螺柱焊 | | — | 200 |

注：1. 接头形式是根据行业标准《钢筋焊接及验收规程》（JGJ 18—2012）而定。
2. 预埋件锚板尺寸随钢筋直径变大应适当增大。

### 1.3.3　钢筋机械连接试件制备

试件加载前，应在其套筒两侧的钢筋表面（图 1-14）分别用细划线 A、B 和 C、D 标出测量标距为 $L_{01}$ 的标记线，$L_{01}$ 不应小于 100mm，标距长度应用最小刻度值不大于 0.1mm 的量具测量。

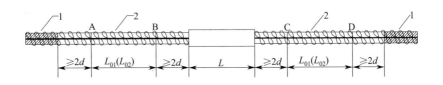

图 1-14　钢筋机械连接试件

1—夹持区；2—测量区

$L$—机械接头长度；$L_{01}$—加载前 A、B 或 C、D 的实测长度；

$d$—钢筋直径；$L_{02}$—卸载后 A、B 或 C、D 的实测长度

### 1.3.4　钢筋焊接骨架和焊接网试件制备

（1）应从每批成品中切取检验力学性能的试件，切取过试件的制品，应补焊同牌号、同直径的钢筋，每边的搭接长度不应小于 2 个孔格的长度；当焊接骨架所切取试件的尺寸小于规定的试件尺寸，或受力钢筋直径大于 8mm 时，可在生产过程中制作模拟焊接试验网片[图 1-15(a)]，从中切取试件。

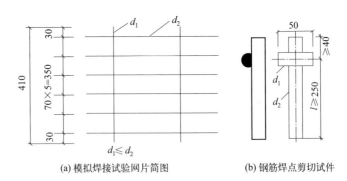

(a) 模拟焊接试验网片简图　　　(b) 钢筋焊点剪切试件

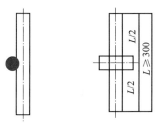

(c)钢筋焊点拉伸试件

图 1-15　钢筋焊接骨架和焊接网试件（单位：mm）

（2）由几种直径钢筋组合的焊接骨架或者焊接网，应当对每种组合的焊点做力学性能检验。

（3）热轧钢筋的焊点应进行剪切试验，试件应是 3 个；冷轧带肋钢筋焊点除做剪切试验外，还应对纵向与横向冷轧带肋钢筋做拉伸试验，试件应各是 1 件。剪切试件纵筋长度应大于或等于 290mm，横筋长度应大于或等于 50mm ［图 1-15（b）］；拉伸试件纵筋长度应大于或等于 300mm ［图 1-15（c）］。

（4）焊接网剪切试件应当沿同一横向钢筋切取。

（5）当切取剪切试件时，应使制品中的纵向钢筋成为试件的受拉钢筋。

## 1.3.5　预埋件钢筋 T 形接头试件制备

（1）预埋件钢筋 T 形接头进行力学性能检验时，应当以 300 件同类型预埋件作为一批，一周内连续焊接时，可累计计算。当不足 300 件时，也应当按一批计算。

（2）进行拉伸试验，应从每批预埋件中随机切取 3 个接头，试件的钢筋长度应大于或等于 200mm，钢板的长度及宽度均应大于或等于 60mm。

（3）预埋件钢筋 T 形接头试件制备尺寸，如图 1-16 所示。

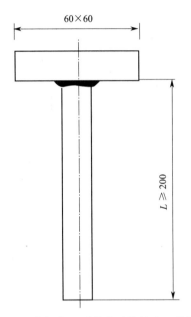

图 1-16　预埋件钢筋 T 形接头试件尺寸（单位：mm）

## 1.4　钢筋的加工

### 1.4.1　钢筋调直

#### 1.4.1.1　人工调直

　　直径在 12mm 以下的钢筋可以在工作台上用锤子敲直，也可采用绞磨拉直。直径在 12mm 以上的粗钢筋，通常情况下，仅出现一些慢弯，常用人工在工作台上调直。调直工作台的两端都有底盘，底盘上有几种扳柱。调直钢筋时，将钢筋放在底盘扳柱间，把有弯的地方对着扳柱，然后用手扳动或者用扳子扳动钢筋，就可使钢筋调直，如图 1-17 所示。

#### 1.4.1.2　机械调直

　　（1）机具设备

　　① 钢筋调直机。图 1-18 所示为 GT3-8 型钢筋调直机。钢筋调直机的技术性能见表 1-18。

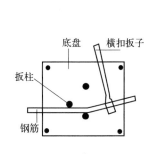 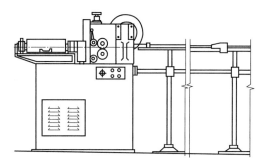

图 1-17  粗钢筋人工调直          图 1-18  GT3-8 型钢筋调直机

**表 1-18  钢筋调直机技术性能**

| 机械型号 | 钢筋直径/mm | 调直速度/（m/min） | 断料长度/mm | 电动机功率/kW | 外形尺寸（长×宽×高）/mm×mm×mm | 机重/kg |
|---|---|---|---|---|---|---|
| GT3-8 | 3～8 | 40、65 | 300～6500 | 9.25 | 1854×741×1400 | 1280 |
| GT6-12 | 6～12 | 36、54、72 | 300～6500 | 12.6 | 1770×535×1457 | 1230 |

注：表中所列的钢筋调直机断料长度误差均≤3mm。

② 卷扬机拉直设备。图 1-19 所示为卷扬机拉直设备。两端采用地锚承力。冷拉滑轮组回程采用荷重架，标尺量伸长。该法设备简单，常用于施工现场或小型构件厂。

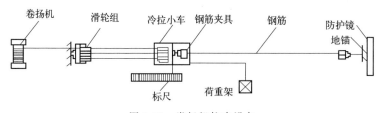

图 1-19  卷扬机拉直设备

（2）工艺要求

①采用钢筋调直机调直冷拔钢丝和细钢筋，应当根据钢筋的直径选用调直模和传送压辊，并且要正确掌握调直模的偏移量及压辊的压紧程度。

调直模的偏移量应当根据其磨耗程度及钢筋品种通过试验确定。

调直筒两端的调直模一定要在调直前后导孔的轴心线上，这是钢筋能否调直的关键。如果发现钢筋调得不直就要从以上两方面查找原因，并及时调整调直模的偏移量，如图 1-20 所示。

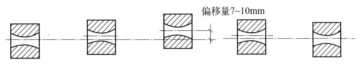

图 1-20　调直模的安装

② 用卷扬机拉直钢筋时，应当注意控制冷拉率。HPB235 级钢筋不宜大于 4%；HRB335、HRB400 级钢筋及不准采用冷拉钢筋的结构，不宜大于 1%，用调直机调直粗钢筋，表面伤痕不应使截面积减少 5% 以上。

③ 调直后的钢筋应当平直，无局部曲折。冷拔低碳钢丝表面不得有明显擦伤。冷拔低碳钢丝经调直机调直后，其抗拉强度常常要降低 10%～15%，使用前要加强检查，根据调直后的抗拉强度选用。

④ 已调直的钢筋应根据级别、直径、长短、根数分扎成小扎，分区整齐堆放。

### 1.4.2　钢筋除锈

钢筋的油渍、漆污以及用锤敲击时能剥落的浮皮、铁锈等应当在使用前清除干净。焊接前，应清除焊点处的水锈。

钢筋除锈主要通过两个途径：一个是在钢筋加工的某一工序同时进行钢筋除锈；另一个是用机械方法除锈。除此以外，还有人工除锈与酸洗除锈工艺等。

#### 1.4.2.1　调直中除锈

直径在 12mm 以下的钢筋在轧制过程中均卷成圆盘状，以便于运输、存放以及使用。盘圆钢筋在使用前，必须经过一道放圈、调直工序。因此直径在 12mm 以下的钢筋在采用机械调直或冷拔过程中一般均可将钢筋表面的锈斑除去，这种方法最合理、最经济。

#### 1.4.2.2　电动除锈机除锈

图 1-21 所示为电动除锈机。圆盘钢丝刷有成品供应，也可用废钢丝绳头拆开编成，其直径为 20～30cm、厚度为 5～15cm、转速为

1000r/min 左右，电动机功率为 1.0～1.5kW。应装设排尘罩及排尘管道，以减少除锈时灰尘飞扬。

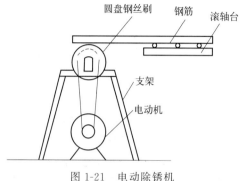

图 1-21　电动除锈机

### 1.4.2.3　人工除锈

（1）钢丝刷除锈。刷时用力不宜过猛，否则钢丝会打卷失去作用。此方法效率低，仅适用于少量钢筋或者钢筋上只有个别局部锈痕的除锈。

（2）砂盘除锈。方法比较简单。砂盘高度约为 90cm，长 5～6m，盘内存放干燥的粗砂和小石子。钢筋除锈时，将生锈的钢筋穿入砂盘中来回抽拉即可除掉锈。

### 1.4.2.4　酸洗除锈

钢筋需进行冷拔加工时，用酸洗除锈。酸洗液可用硫酸或者盐酸配制，浸洗时间为 10～30 min。取出后再放入碱性溶液中，中和残存于钢筋表面的酸液，最后用清水反复冲洗、晾干。为了避免再氧化生锈，应立即进行下道工序。

硫酸溶液的配合比（体积比）为：硫酸（合成浓度 65.9%）：水＝1：10。

盐酸溶液的配合比（体积比）为：盐酸（合成浓度 30.24%）：水＝1：4。

碱性溶液可用石灰肥皂浆，其配比为：石灰水 100kg；动物油 15～20kg；肥皂粉 3～4kg；水 350～400kg。

除锈过程中，如果发现钢筋表面的氧化铁皮脱落现象严重并已损伤钢筋截面，或者在除锈后钢筋表面有严重的麻坑、斑点伤及截面，应当降级使用或剔除不用。

### 1.4.3　钢筋切断

钢筋切断是钢筋加工过程中相当重要的一道工序，由于任何出厂钢筋的长度都很难恰好与工程需要相符，因此都要经过一道切断或接长的工序。

#### 1.4.3.1　机具设备

（1）钢筋切断机。钢筋切断机的技术性能见表1-19。GQ40型钢筋切断机与DYQ32B电动液压切断机分别如图1-22和图1-23所示。

**表 1-19　钢筋切断机技术性能**

| 机械型号 | 钢筋直径/mm | 切断次数/(次/min) | 切断力/kN | 工作压力/MPa | 电动机功率/kW | 外形尺寸（长×宽×高）/mm×mm×mm | 质量/kg |
|---|---|---|---|---|---|---|---|
| GQ40 | 6～40 | 40 | — | — | 3.0 | 1150×430×750 | 600 |
| GQ40B | 6～40 | 40 | — | — | 3.0 | 1200×490×570 | 450 |
| GQ50 | 6～50 | 30 | — | — | 5.5 | 1600×690×915 | 950 |
| DYQ32B | 6～32 | — | 320 | 45.5 | 3.0 | 900×340×380 | 145 |

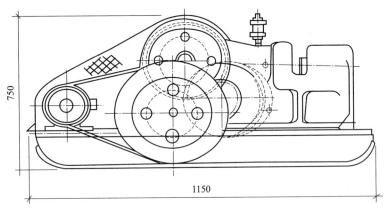

图 1-22　GQ40 型钢筋切断机（单位：mm）

（2）手动液压切断器。手动液压切断器重量轻，体积小，操作简单，便于携带，如图1-24所示。

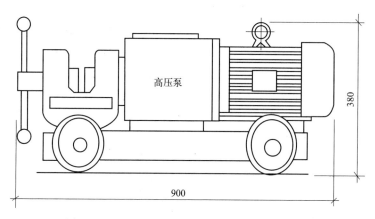

图 1-23 DYQ32B电动液压切断机（单位：mm）

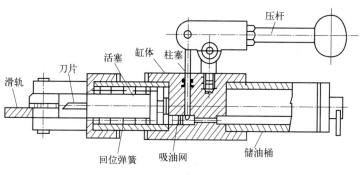

图 1-24 手动液压切断器

### 1.4.3.2 钢筋切断的准备工作

（1）根据钢筋配料单检查核对钢筋种类、直径、尺寸、根数正确与否。

（2）根据原材料长度，把同规格的钢筋按不同长度进行长短搭配，统筹排料，先截长料，后截短料，尽量减少短头，降低损耗。

（3）断料时，应当尽量避免用短尺量长料，防止在量料中产生累计误差。应在工作台上标出尺寸刻度线并设置控制断料尺寸用的挡板。

### 1.4.3.3　钢筋切断的工艺要求

（1）钢筋切断机的刀片，应由工具钢通过热处理制成。安装刀片时，螺钉要紧固，刀口要密合（间隙不大于 0.5mm）。固定刀片与冲切刀片刀口的距离：对直径≤20mm 的钢筋宜重叠 1～2mm；对直径＞20mm 的钢筋宜留 5mm 左右。

（2）使用前应当加足润滑油，检查电气设备是否有异常，经空车试运转正常后，才能投入使用。

（3）被切钢筋应先矫直后切断。断料时，必须握紧被切钢筋，以防钢筋末端摆动或弹出伤人。在切断过程中，如果发现钢筋有劈裂、缩头或严重的弯头等必须切除；若发现钢筋的硬度与该钢种有较大的出入，及时向有关人员反映，并查明情况。

（4）机器运转时，不得进行任何修理、校正或取下防护罩，不得触及运转部位。严禁切断规定范围外的材料、烧红的钢筋及超过刀刃硬度的材料。

（5）手动液压切断器使用前应及时检查油位和电动机的旋转方向正常与否。接着松开放油阀，空载运转 2min，排掉缸体内空气，然后拧紧，就可进行剪切工作。

（6）手动液压切断器使用前应将放油阀按顺时针方向旋紧。切断完毕后立即按照逆时针方向旋开。准备工作完成之后，拔出柱销，拉开滑轮轨，把钢筋放在滑轨圆槽中，合上滑轨，即可剪切。工作中，手要持稳切断器，并戴好绝缘手套。

### 1.4.3.4　钢筋切断的质量要求

（1）钢筋的断口不得有马蹄形、起弯以及劈裂等现象。

（2）钢筋的断料尺寸应准确，其允许偏差为±10mm。

## 1.4.4　钢筋镦粗

钢筋镦粗是将钢筋或钢丝的端头，加工成灯笼形圆头，作为预应力钢筋的锚固头，设 $d$ 为钢筋直径，镦粗直径为（1.5～2）$d$，粗头厚度为（1～1.3）$d$。镦粗锚固具有使用方便、锚固可靠、不滑移以及加工简单等优点。

### 1.4.4.1　镦粗机械

钢筋镦粗在钢筋镦头机上进行。钢筋镦头机是用于镦粗的专用设备，有热镦与冷镦两种。

（1）热镦机有电热镦头机（也可利用对焊机进行热镦），热镦机通常用于粗钢筋的镦粗。

（2）冷镦机有手动、电动以及液压三种形式。液压式钢筋镦头机适用于高强钢丝、冷轧余热处理钢丝的镦粗，因为这类钢丝采用电动镦头机镦粗难以成形，而采用热镦粗又会因钢筋受热导致其强度大幅度下降。

#### 1.4.4.2 质量要求

（1）镦粗时，钢筋或者钢丝的直径应符合镦粗机性能要求。

（2）在钢筋（丝）镦粗部分的 120～130mm 范围内需调直及除锈；同时，钢筋的端头应磨平以保证镦粗机械连接或锚固头的形状正确。

（3）钢筋镦粗后，需经拉力试验，以检验机械连接或者锚固头强度是否足够。

### 1.4.5 钢筋弯曲成形

钢筋的弯曲成形是把已调直、切断后的钢筋，弯曲成设计规定要求的形状及尺寸。弯曲钢筋的方法有手工弯曲与机械弯曲两种。钢筋弯曲成形的步骤为：画线—试弯—弯曲成形。

#### 1.4.5.1 手工弯曲

（1）手工弯曲工具。在缺少机具设备的条件下，也可以采用手摇扳手弯制细钢筋，卡盘与扳头弯制粗钢筋。如图 1-25 所示为手摇扳手的形状，尺寸见表 1-20。卡盘与扳头形状如图 1-26 所示，尺寸见表 1-21。

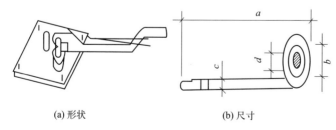

(a) 形状　　　　　　　(b) 尺寸

图 1-25　手摇扳手

$a$—扳手长度；$b$—内径 1；$c$—手柄宽度；$d$—内径 2

表 1-20　手摇扳手主要尺寸　　　　单位：mm

| 项次 | 钢筋直径 | $a$ | $b$ | $c$ | $d$ |
|------|---------|-----|-----|-----|-----|
| 1 | $\phi 6$ | 500 | 18 | 16 | 16 |
| 2 | $\phi 8 \sim 10$ | 600 | 22 | 18 | 20 |

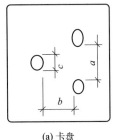
(a) 卡盘

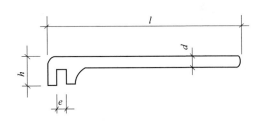
(b) 扳头(横口扳手)

图 1-26　卡盘与扳头（横口扳手）

$a$，$b$—扳柱间距；$c$—扳柱直径；$d$—手柄直径；
$e$—扳口宽度；$h$—扳口高度；$l$—扳手长度

表 1-21　卡盘与扳头（横口扳手）主要尺寸　　　单位：mm

| 项次 | 钢筋直径 | 卡盘 | | | 扳头 | | | |
|------|---------|-----|-----|-----|-----|-----|-----|-----|
| | | $a$ | $b$ | $c$ | $d$ | $e$ | $h$ | $l$ |
| 1 | $\phi 12 \sim 16$ | 50 | 80 | 20 | 22 | 18 | 40 | 1200 |
| 2 | $\phi 18 \sim 22$ | 65 | 90 | 25 | 28 | 24 | 50 | 1350 |
| 3 | $\phi 25 \sim 32$ | 80 | 100 | 30 | 38 | 34 | 76 | 2100 |

（2）手工弯曲操作要求

① 手工弯曲直径 12mm 以下细钢筋可用手摇扳手，弯曲粗钢筋可用铁板扳柱与横口扳手。

② 弯曲粗钢筋及形状较为复杂的钢筋时，如弯起钢筋、牛腿钢筋，必须在钢筋弯曲前，根据钢筋料牌上标明的尺寸，用石笔把各弯曲点位置画出。画线时应当依据不同的弯曲角度扣除弯曲调整值，其扣法是从相邻两段长度中各扣一半。钢筋端部带半圆弯钩时，设 $d$ 为钢筋直径，该段长度画线时应增加 $0.5d$，画线工作宜在工作台上从钢筋中线开始向两边进行，不宜用短尺接量，防止产生积累误差。

③ 弯曲细钢筋（如架立钢筋、分布钢筋、箍筋）时，可不画线，而在工作台上按各段尺寸要求，钉上若干标志，按标志进行操作。

④ 在弯起钢筋混凝土配筋较密的钢筋时，对每种钢筋弯曲成形之后，应当进行试配，安装合适之后再成批生产。

#### 1.4.5.2 机械弯曲

（1）钢筋弯曲机。钢筋弯曲机是将已切断好的钢筋，根据要求弯曲成所需要的形状和尺寸的专用设备。其规格有 GW12、GW20、GW25、GW32、GW40、GW50、GW65，钢筋弯曲机主要技术性能见表 1-22。

表 1-22　钢筋弯曲机主要技术性能

<table>
<tr><td rowspan="2">参数</td><td colspan="5">型号</td></tr>
<tr><td>GW32</td><td>GW32A</td><td>GW40</td><td>GW40A</td><td>GW50</td></tr>
<tr><td>弯曲钢筋直径/mm</td><td>6～32</td><td>6～32</td><td>6～40</td><td>6～40</td><td>25～50</td></tr>
<tr><td>钢筋抗拉强度/MPa</td><td>450</td><td>450</td><td>450</td><td>450</td><td>450</td></tr>
<tr><td>弯曲速度/(r/min)</td><td>10/20</td><td>8.8/16.7</td><td>5</td><td>9</td><td>2.5</td></tr>
<tr><td>工作盘直径/mm</td><td>360</td><td>—</td><td>350</td><td>350</td><td>320</td></tr>
<tr><td rowspan="3">电动机</td><td>型号</td><td>YEJ100<br>L1-4</td><td>柴油机、<br>电动机</td><td>YL100<br>L2-4</td><td>YEJ100<br>L2-4</td><td>Y112<br>M-4</td></tr>
<tr><td>功率/kW</td><td>2.2</td><td>—</td><td>3</td><td>3</td><td>4</td></tr>
<tr><td>转速/(r/min)</td><td>1420</td><td>—</td><td>1420</td><td>1420</td><td>1420</td></tr>
<tr><td rowspan="3">外形尺寸</td><td>长/mm</td><td>875</td><td>1220</td><td>870</td><td>1050</td><td>1450</td></tr>
<tr><td>宽/mm</td><td>615</td><td>1010</td><td>760</td><td>760</td><td>800</td></tr>
<tr><td>高/mm</td><td>945</td><td>865</td><td>710</td><td>828</td><td>760</td></tr>
</table>

（2）弯曲机使用要点

① 钢筋在弯曲机上成形时，芯轴直径应是钢筋直径的 2.5 倍，成形轴宜加偏心轴套，以适应不同直径的钢筋弯曲需要。

② 第一根钢筋弯曲成形之后应与配料表进行复核，待符合要求之后再成批加工；对于较为复杂的弯曲钢筋，宜先弯一根，经过试组装之后，方可成批弯制，如预制柱牛腿及屋架节点等。成形后的钢筋要求形状正确，平面上无凹曲现象，在弯曲处不得有裂纹。

③ 弯曲机要有地线接地，电源安装在闸刀开关上。

④ 每次工作完毕，要将工作盘及插座内的铁屑及杂物等及时清除掉。

#### 1.4.5.3 螺旋形钢筋成形

螺旋形钢筋，除小直径的螺旋形钢筋已有专门机械生产之外，一般可用手摇滚筒成形。由于钢筋有弹性，滚筒直径应比螺旋筋内径略小。

# 2 混凝土结构对钢筋连接的要求

## 2.1 钢筋在混凝土结构中的作用

钢筋在建筑工程中的重要作用是通过钢筋混凝土体现出来的。

钢筋混凝土是由钢筋和混凝土两种力学性能不同的材料组成的。我们知道混凝土是一种人造石，其抗压强度较高，可以抗拉的强度却很低，而钢筋的抗拉强度很高。为了充分利用材料的力学性能，可以在混凝土中加入钢筋，让它们结合在一起共同工作，使混凝土主要承受压力，而钢筋主要承受拉力，以满足工程结构的不同要求。

在工程的结构中，钢筋混凝土构件的类型较多，它们的受力和作用也各不相同，因此构件内钢筋的组成及作用也不尽相同。

### 2.1.1 钢筋混凝土梁内钢筋的组成和作用

钢筋混凝土梁内主要配有纵向受力钢筋、弯起钢筋、架立钢筋和箍筋四种钢筋，如图 2-1 所示。

（1）纵向受力钢筋的作用。纵向受力钢筋的作用主要是承受由外力在梁内产生的拉应力，因此这种钢筋应当放在梁的受拉一侧。

（2）弯起钢筋的作用。弯起钢筋是由纵向受力钢筋弯起形成的，其作用是除了在跨中承受由弯矩产生的拉应力外，在靠近支座的弯起段还用来承受剪应力。

（3）架立钢筋的作用。架立钢筋的主要作用是固定钢筋的正确位置，并形成有一定刚度的钢筋骨架。此外，架立钢筋还可以承受由于温度变化和混凝土收缩而产生的应力，防止产生裂缝。这种钢筋一般

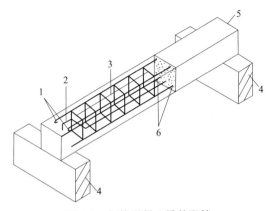

图 2-1  钢筋混凝土梁的配筋

1—架立钢筋；2—弯起钢筋；3—箍筋；4—砖墙；5—梁；6—受力钢筋

布置在梁的受压区外边缘两侧，与纵向受力钢筋平行。

（4）箍筋的作用。箍筋的主要作用是承受剪力，固定受力钢筋的位置，同时，通过绑扎或是焊接使箍筋与其他钢筋形成一个整体性好的空间骨架。

## 2.1.2  钢筋混凝土板内钢筋的组成和作用

钢筋混凝土板内主要配有受力钢筋和分布钢筋或是架立钢筋，如图 2-2 所示。

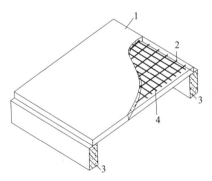

图 2-2  钢筋混凝土板的配筋

1—板；2—受力钢筋；3—梁；4—分布钢筋

（1）受力钢筋的作用。板的受力钢筋与梁的纵向受力钢筋作用相同，主要承受由弯矩产生的拉应力，它通常沿板的跨度方向在受拉区布置。

（2）分布钢筋或是架立钢筋的作用。分布钢筋的作用是将板上的外力更有效地传递到受力钢筋上，防止因温度变化和混凝土收缩而产生裂缝，并固定受力钢筋的正确位置。

### 2.1.3　钢筋混凝土柱内钢筋的组成和作用

钢筋混凝土柱根据外力作用方式不同，可以分为轴心受压柱和偏心受压柱。轴心受压柱内配有对称的纵向受力钢筋和箍筋，如图 2-3 所示。

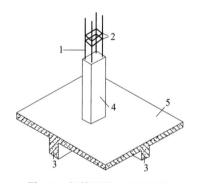

图 2-3　钢筋混凝土柱的配筋
1—纵向受力钢筋；2—箍筋；3—梁；4—柱；5—板

（1）纵向受力钢筋的作用。纵向受力钢筋的作用是与混凝土共同承担中心荷载在截面内产生的压应力。当柱受偏心荷载作用时，纵向受力钢筋还承受由偏心荷载引起的拉应力。

（2）箍筋的作用。箍筋的作用是确保纵向受力钢筋的位置正确，防止纵向受力钢筋被压弯曲，提高柱子的承载能力。在柱子及其他受压构件中，箍筋是做成封闭式的。

### 2.1.4　钢筋混凝土墙内钢筋的组成和作用

在钢筋混凝土墙内，根据设计要求可以配置单层或双层钢筋网片。钢筋网片主要由竖筋和横筋组成，在采用双层钢筋网片时，在两层钢筋网片之间还设置拉筋，如图 2-4 所示。

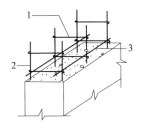

图 2-4　钢筋混凝土墙体的配筋
1—拉筋；2—竖筋；3—横筋

竖筋的作用是承受水平荷载对墙体产生的拉应力。横筋的作用是固定竖筋位置，并承受一定的剪力。

## 2.2　混凝土结构中钢筋连接构造要求

### 2.2.1　混凝土构件中的常用钢筋

钢筋按其在构件中所起作用的不同，会加工成不同的形状。构件中常见的钢筋可以分为主钢筋（纵向受力钢筋）、弯起钢筋（斜钢筋）、架立钢筋、分布钢筋、腰筋、拉筋和箍筋几种类型，如图 2-5 所示。各种钢筋在构件中的作用如下。

（1）主钢筋。主钢筋又称"纵向受力钢筋"，分为受拉钢筋和受压钢筋两类。受拉钢筋配置在受弯构件的受拉区和受拉构件中承受拉力；受压钢筋配置在受弯构件的受压区和受压构件中，与混凝土共同承担压力。在受弯构件受压区配置主钢筋一般是不经济的，只有在受压区混凝土不足以承受压力时，才在受压区配置受压主钢筋以补强。受拉钢筋在构件中的位置如图 2-6 所示。

受压钢筋是通过计算用以承受压力的钢筋，通常配置在受压构件当中，例如各种柱子、桩或是屋架的受压腹杆内，受弯构件的受压区内也需配置受压钢筋。虽然混凝土的抗压强度较大，然而钢筋的抗压强度远大于混凝土的抗压强度，在构件的受压区配置受压钢筋，帮助混凝土承担压力，就可减小受压构件或受压区的截面尺寸。受压钢筋在构件中的位置如图 2-7 所示。

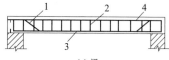

(a) 梁

1—弯起钢筋；2—箍筋；3—受拉钢筋；4—架立钢筋

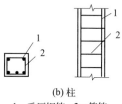

(b) 柱

1—受压钢筋；2—箍筋

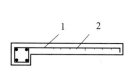 

(c) 悬臂板

1—受拉钢筋；2—分布钢筋

图 2-5　钢筋在构件中的种类

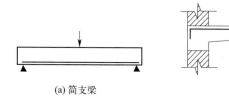

(a) 简支梁　　　　　　　　　　　　　　(b) 雨篷

图 2-6　受拉钢筋在构件中的位置

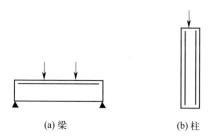

(a) 梁　　　　　　　　　　　　(b) 柱

图 2-7　受压钢筋在构件中的位置

（2）弯起钢筋。弯起钢筋是受拉钢筋的一种变化形式。在简支梁当中，为了抵抗支座附近由于受弯和受剪而产生的斜向拉力，就将受拉钢筋的两端弯起来，承受这部分斜拉力，称之为"弯起钢筋"。但在连续梁和连续板当中，经试验证明受拉区是变化的：跨中受拉区在连续梁、板的下部；到接近支座的部位时，受拉区主要移到梁、板的上部。为了适应这种受力的情况，受拉钢筋到一定位置就需弯起。弯起钢筋在构件中的位置如图 2-8 所示。斜钢筋通常由主钢筋弯起，当主钢筋长度不够弯起时，也可以采用吊筋，如图 2-9 所示，但不得采用浮筋。

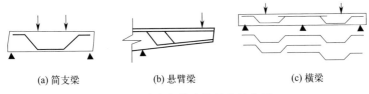

(a) 简支梁　　　　(b) 悬臂梁　　　　(c) 横梁

图 2-8　弯起钢筋在构件中的位置

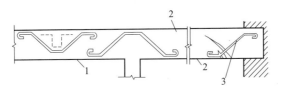

图 2-9　吊筋布置图

1—吊筋；2—拉区；3—浮筋

（3）架立钢筋。架立钢筋能够固定箍筋，并与主筋等一起连成钢筋骨架，确保受力钢筋的设计位置，使其在浇筑混凝土的过程中不发生移动。

架立钢筋的作用是使受力钢筋和箍筋保持正确位置，以形成骨架。但当梁的高度小于 150mm 时，可以不设箍筋，在这种情况下，梁内也不设架立钢筋。架立钢筋的直径通常为 8～12mm。架立钢筋在钢筋骨架中的位置，如图 2-10 所示。

（4）分布钢筋。分布钢筋是指在垂直于板内主钢筋方向上布置的构造钢筋。其作用是将板面上的荷载更均匀地传递给受力钢筋，也可

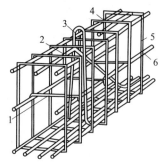

图 2-10　架立钢筋、腰筋等在钢筋骨架中的位置

1—拉筋；2—弯起钢筋；3—吊环钢筋；4—架立钢筋；5—箍筋；6—腰筋

以在施工中通过绑扎或点焊以固定主钢筋位置，还可以抵抗温度应力和混凝土收缩应力。分布钢筋在构件中的位置如图 2-11 所示。

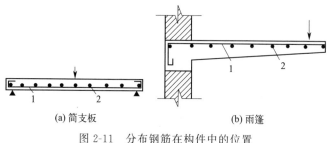

(a) 简支板　　　　　　　　　　　(b) 雨篷

图 2-11　分布钢筋在构件中的位置

1—受力钢筋；2—分布钢筋

（5）腰筋与拉筋。当梁的截面高度超过 700mm 时，为了确保受力钢筋与箍筋整体骨架的稳定，以及承受构件中部混凝土收缩或温度变化所产生的拉力，在梁的两侧面沿高度每隔 300～400mm 设置一根直径不小于 10mm 的纵向构造钢筋，称之为"腰筋"。腰筋要用拉筋连系，拉筋直径采用 6～8mm，如图 2-12 所示。

腰筋的作用是防止梁太高时因混凝土收缩和温度变化导致梁变形而产生的竖向裂缝，同时可以加强钢筋骨架的刚度。

因安装钢筋混凝土构件的需要，在预制构件当中，根据构件体形和质量，在一定位置设置有吊环钢筋。在构件和墙体连接处，部分还预埋有锚固筋等。腰筋、拉筋、吊环钢筋在钢筋骨架中的位置如图 2-12 所示。

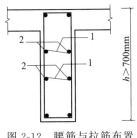

图 2-12　腰筋与拉筋布置

1—拉筋；2—腰筋

（6）箍筋。箍筋的构造形式如图 2-13 所示。

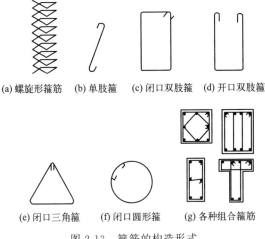

(a) 螺旋形箍筋　(b) 单肢箍　(c) 闭口双肢箍　(d) 开口双肢箍

(e) 闭口三角箍　(f) 闭口圆形箍　(g) 各种组合箍筋

图 2-13　箍筋的构造形式

箍筋的主要作用是固定受力钢筋在构件中的位置，并使钢筋形成坚固的骨架，同时箍筋还可以承担部分拉力及剪力等。

箍筋除了可以满足斜截面抗剪强度之外，还有使连接的受拉主钢筋和受压区的混凝土共同工作的作用。此外，也可以用于固定主钢筋的位置而使梁内各种钢筋构成钢筋骨架。

箍筋的形式主要包括开口式和闭口式两种。闭口式箍筋有三角形、圆形和矩形等多种形式。单个矩形闭口式箍筋也称"双肢箍"；两个双肢箍拼在一起称为"四肢箍"。在截面较小的梁中可以使用单肢箍；在圆形或一些矩形的长条构件中也有使用螺旋形箍筋的。

### 2.2.2 框架柱纵向钢筋连接构造

（1）KZ 纵向钢筋连接构造

① 柱相邻纵向钢筋连接接头相互错开。在同一连接区段内钢筋接头面积百分率不宜大于 50％。

② 图 2-14、图 2-15 中 $h_c$ 为柱截面长边尺寸（圆柱为截面直径），$H_n$ 为所在楼层的柱净高。

③ 轴心受拉及小偏心受拉柱内的纵向钢筋不得采用绑扎搭接接头，设计者应在柱平法结构施工图中注明其平面位置及层数。

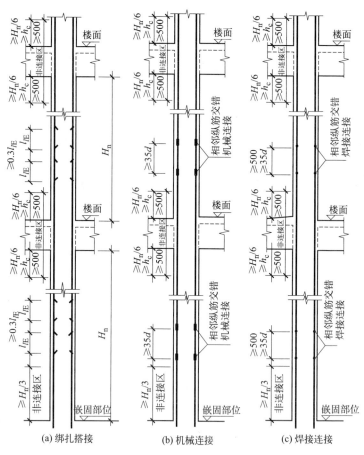

图 2-14 KZ 纵向钢筋连接（单位：mm）

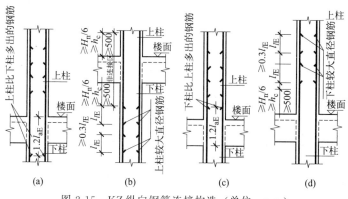

图 2-15　KZ 纵向钢筋连接构造（单位：mm）

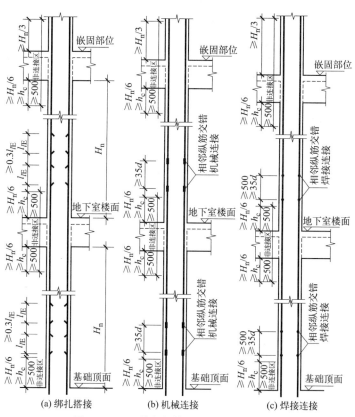

图 2-16　KZ 纵向钢筋连接（单位：mm）

④ 上柱钢筋比下柱多时见图 2-15(a)，上柱钢筋直径比下柱钢筋直径大时见图 2-15(b)，下柱钢筋比上柱多时见图 2-15(c)，下柱钢筋直径比上柱钢筋直径大时见图 2-15(d)。图 2-15 中为绑扎搭接，也可采用机械连接和焊接连接。

（2）地下室 KZ 纵向钢筋连接构造

① 图 2-16～图 2-18 中钢筋连接构造及柱箍筋加密区范围用于嵌固部位不在基础顶面情况下地下室部分（基础顶面至嵌固部位）的柱。

② 图 2-16～图 2-18 中 $h_c$ 为柱截面长边尺寸（圆柱为截面直径），$H_n$ 为所在楼层的柱净高。

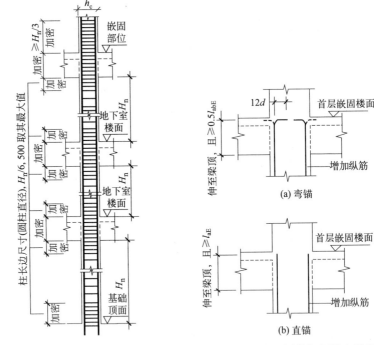

图 2-17　箍筋加密区范围（单位：mm）

图 2-18　地下一层增加钢筋在嵌固部位的锚固构造

### 2.2.3　剪力墙竖向分布钢筋连接构造

（1）剪力墙竖向钢筋构造

① 剪力墙竖向分布钢筋连接构造，如图 2-19 所示。端柱竖向钢

筋和箍筋的构造与框架柱相同。矩形截面独立墙肢，当截面高度不大于截面厚度的 4 倍时，其竖向钢筋和箍筋的构造要求与框架柱相同或按设计要求设置。

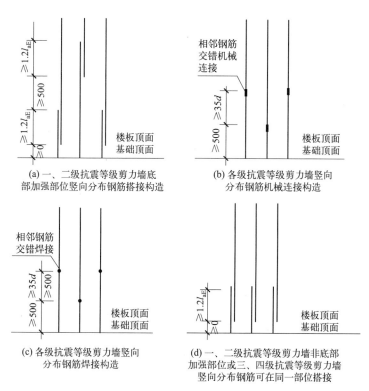

图 2-19　剪力墙竖向分布钢筋连接构造（单位：mm）

　　② 剪力墙边缘构件纵向钢筋连接构造，如图 2-20 所示。约束边缘构件阴影部分、构造边缘构件、扶壁柱及非边缘暗柱的纵筋搭接长度范围内，箍筋直径应不小于纵向搭接钢筋最大直径的 0.25 倍，箍筋间距不大于 100mm。

　　③ 剪力墙分布钢筋配置若多于两排，水平分布筋宜均匀放置，竖向分布钢筋在保持相同配筋率条件下外排筋直径宜大于内排筋直径。

　　（2）剪力墙竖向钢筋顶部构造及施工缝处抗剪用钢筋连接构造。剪力墙层高范围最下一排拉结筋位于底部板顶以上第二排水平分布钢筋位置处，最上一排拉结筋位于层顶部板底（梁底）以下第一排水平

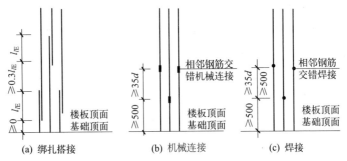

图 2-20　剪力墙边缘构件纵向钢筋连接构造（单位：mm）

注：适用于约束边缘构件阴影部分和构造边缘构件的纵向钢筋。

分布钢筋位置处。

① 剪力墙竖向钢筋顶部构造如图 2-21 所示。

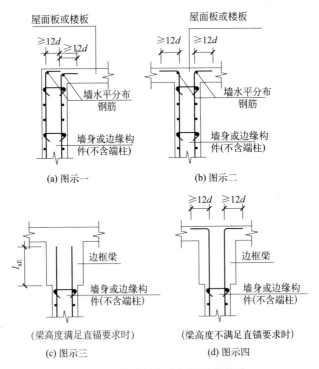

图 2-21　剪力墙竖向钢筋顶部构造

② 施工缝处抗剪用钢筋连接构造如图 2-22 所示。

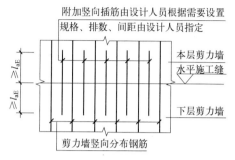

图 2-22　施工缝处抗剪用钢筋连接构造

## 2.2.4　框架梁纵向钢筋搭接构造

（1）中间层中间节点梁下部筋在节点外搭接。中间层中间节点梁下部筋在节点外搭接，如图 2-23 所示。梁下部钢筋不能在柱内锚固时，可在节点外搭接。相邻跨钢筋直径不同时，搭接位置位于较小直径一跨。

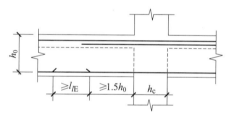

图 2-23　中间层中间节点梁下部筋在节点外搭接

① 图 2-23 中 $h_c$ 为柱截面沿框架方向的高度。

② 当上柱截面尺寸小于下柱截面尺寸时，梁上部钢筋的锚固长度起算位置应为上柱内边缘，梁下纵筋的锚固长度起算位置为下柱内边缘。

（2）屋面框架梁 WKL 纵向钢筋构造。屋面框架梁 WKL 纵向钢筋构造如图 2-24 所示。

① 跨度值 $l_n$ 为左跨 $l_{ni}$ 和右跨 $l_{ni+1}$ 之较大值，其中 $i = 1$，2，3，…

② 图 2-24 中 $h_c$ 为柱截面沿框架方向的高度。

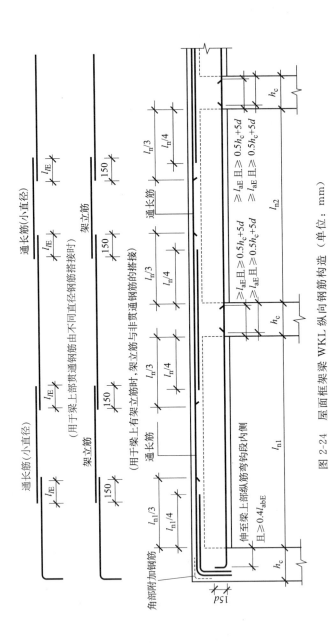

图 2-24 屋面框架梁 WKL 纵向钢筋构造（单位：mm）

③ 梁上部通长钢筋与非贯通钢筋直径相同时，连接位置宜位于跨中 $l_{ni}/3$ 范围内；梁下部钢筋连接位置宜位于支座 $l_{ni}/3$ 范围内；且在同一连接区段内连接钢筋接头面积百分率不宜大于 $50\%$。

## 2.2.5 板上部贯通纵筋连接构造

有梁楼盖不等跨板上部贯通纵筋连接构造，如图 2-25 ～ 图 2-27 所示。$l'_{nX}$ 是轴线 A 左右两跨的较大净跨度值；$l'_{nY}$ 是轴线 C 左右两跨的较大净跨度值。

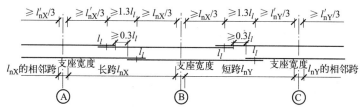

图 2-25　不等跨板上部贯通纵筋连接构造（一）

注：当钢筋足够长时能通则通。

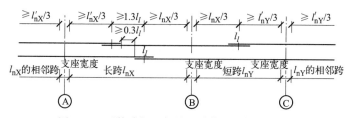

图 2-26　不等跨板上部贯通纵筋连接构造（二）

注：当钢筋足够长时能通则通。

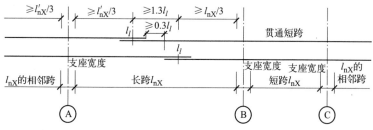

图 2-27　不等跨板上部贯通纵筋连接构造（三）

注：当钢筋足够长时能通则通。

### 2.2.6 纵向钢筋非接触搭接构造

板纵向钢筋的连接可采用绑扎搭接、机械连接或焊接。当板纵向钢筋采用非接触方式的绑扎搭接连接时（图 2-28），其搭接部位的钢筋净距不宜小于 30mm，且钢筋中心距不应大于 $0.2l_l$ 及 150mm 的较小者。

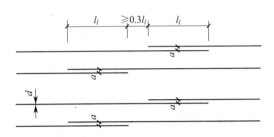

图 2-28 纵向钢筋非接触搭接构造

注：非接触搭接使混凝土能够与搭接范围内所有钢筋的全表面充分粘接，
可以提高搭接钢筋之间通过混凝土传力的可靠度。

（1）在搭接范围内，相互搭接的纵筋与横向钢筋的每个交叉点均应进行绑扎。

（2）抗裂构造钢筋、抗温度筋自身及其与受力主筋搭接长度为 $l_l$。

（3）板上下贯通筋可兼作抗裂构造筋和抗温度筋。当下部贯通筋兼作抗温度钢筋时，其在支座的锚固由设计确定。

（4）分布筋自身及与受力主筋、构造钢筋的搭接长度为 150mm；当分布筋兼作抗温度筋时，其自身及与受力主筋、构造钢筋的搭接长度为 $l_l$，其在支座的锚固按受拉要求考虑。

## 2.3 混凝土结构对钢筋连接性能的要求

### 2.3.1 强度要求

钢筋的连接接头作为受力钢筋的一部分，在混凝土结构中也要承担全部内力（拉力或压力），因此其抗拉（或抗压）强度，也是连接接头最重要的力学性能。混凝土对钢筋连接接头强度的要求共包括以下三种。

（1）屈服强度。钢筋的连接接头应具有不小于其屈服强度的传力性能，才能够确保具有设计要求承载力的传力性能。这是所有钢筋接头的起码要求。

（2）极限强度。钢筋连接接头达到最大拉力后断裂，连接接头达到最大力相应的应力为极限强度。钢筋的连接接头达到极限强度之后，就会使传力中断，引起构件解体，甚至还可能造成结构倒塌的严重后果。但是如果钢筋连接接头强度过高，可能造成塑性铰转移，并不有利，后面将会详述。

（3）疲劳强度。吊车梁中受力钢筋的连接接头在疲劳荷载作用下也可能发生疲劳破坏。相应的疲劳强度也会影响吊车梁的结构性能。由于目前实际工程中吊车梁多已采用钢结构的形式，钢筋接头的疲劳强度已经不常应用了。

## 2.3.2　延性要求

钢筋连接接头同样具有延性要求，延性表明钢筋连接接头在断裂前的变形能力和耗能能力。钢筋连接接头的延性对混凝土构件在地震或其他偶然作用下的破坏形态（过程很长的柔性破坏或是突发性的脆性破坏）有着重大的影响。延性是综合评价钢筋连接接头的最重要的力学性能之一，其重要性完全不亚于强度。钢筋接头的延性包括下述内容。

（1）均匀伸长率（最大力下的总伸长率）。根据设计规范要求，现在已经采用钢筋连接区段的均匀伸长率（$\delta_{gt}$），即最大力下的总伸长率（$A_{gt}$），作为其延性的指标。例如，要在抗震结构中重要部位使用的"抗震钢筋"，就应当具有不低于 9% 的均匀伸长率。而作为机械连接"高性能"的Ⅰ级、Ⅱ级接头，就应具有相应的性能。

（2）超强比。通常钢筋的强度越高，延性就越差，强度太高往往蕴含着非延性断裂破坏的可能。因此，设计规范中以强制性条文的形式限制抗震钢筋的"超强比"，即钢筋的实测强度不得超过其标准强度太多。

对钢筋的连接接头也应当有同样的要求。这一方面是为了确保其延性；另一方面如果连接接头超强过多，就可能会造成塑性铰转移。根据抗震结构的延性设计要求，在应该形成塑性铰的区域，如果不能按照要求屈服，就会影响到结构抗震强柱弱梁和强剪弱弯的延性设计效果。

地震中，梁端钢筋（或接头）超强过多，造成强梁弱柱而在柱端形成了塑性铰。在柱端形成的塑性铰，会造成结构倒塌的严重后果。所以在地震或其他偶然作用下，延性是结构最为重要的性能。片面追求接头的高强甚至超高强，绝对不是钢筋连接应有的发展方向。

### 2.3.3　变形性能要求

钢筋在拉力的作用下会发生伸长变形，钢材的弹性模量为确定值，由于是通过套筒的间接传力，钢筋连接接头的变形模量就可能有不同程度的减小，可以称为"割线模量"。这种变形模量的减小（割线模量）就可能引起在同一截面中，整体钢筋与钢筋连接接头之间的受力不均匀，从而造成构件受力性能的蜕化。所以对钢筋连接接头的变形性能也应当加以控制，以满足构件正常受力的要求。

（1）弹性模量。除光面钢筋的变形模量与钢材的弹性模量相同之外，所有变形钢筋由于基圆面积率和自重负偏差的影响，弹性模量均有不同程度的减小。

（2）割线模量。除了焊接钢筋通过熔融金属直接传力之外，由于绑扎搭接连接钢筋之间的相对滑移，以及机械连接接头通过套筒间接传力，界面之间的剪切变形和螺纹之间负公差配合的影响，接头的变形性能都会减小，所以钢筋连接接头伸长变形的数值不可避免地都会小于相应被连接钢筋的弹性模量，即钢筋连接接头的割线模量都会有不同程度的降低。其结果会造成整体钢筋与连接接头之间受力不均匀，从而影响到其承载受力性能。

### 2.3.4　恢复性能要求

（1）结构的恢复性能。地震（实际是一种强迫位移）或其他的偶然作用，虽然加速度峰值、频率成分等数值巨大但都带有瞬时的性质。只要能够承受这短暂的瞬时作用而不倒塌，结构就有较好的抗灾性能。而且在这类瞬时作用之后，混凝土结构构件的变形还应当有一定的恢复能力。即在偶然作用过去以后，不希望留下太多不可恢复的变形及破坏。因此，对混凝土结构中受力钢筋的连接接头，也提出了"恢复性能"的要求。

（2）性能蜕化。经历过巨大的偶然作用之后，结构构件及其中的钢筋连接接头，在再度受力时，其性能将发生变化——性能蜕化。从构件受力的要求，应当将这种性能的蜕化控制在一定的范围内。

（3）残余变形。遭受地震或其他偶然作用之后，恢复性能的最明显标志是残余变形。这部分不可恢复的残余变形往往表现为残余的裂缝宽度。整体钢筋或是焊接接头的恢复性能比较好，只要受力不超过屈服强度，就基本不会形成残余变形，即使有受力裂缝，也可能闭合或宽度很小。而绑扎搭接和机械连接的接头，因为间接传力造成恢复性能较差，就不可避免地会形成残余变形，并在连接区段两端形成明显的残余裂缝。

## 2.3.5 连接施工的适应性要求

不同钢筋的连接接头，在施工时的适应性不同，下面分别介绍。

（1）绑扎搭接的操作。钢筋在施工现场绑扎搭接连接的操作比较容易实现，不需专门的设备和技术，但是劳动强度较大。而对于比较粗的大直径钢筋，绑扎搭接连接的操作就很困难，并且施工质量也不容易得到保证。

（2）焊接连接的可焊性。低碳钢筋很容易焊接，随着含碳量增加，可焊性就会变差。不仅焊接操作的难度增加，焊接质量也难以保证。碳当量 0.55 以上的高碳钢筋不可焊。此外，大直径的粗钢筋，焊接操作的难度增加，而且焊接的质量更不易得到保证。

（3）机械加工的适应性。不同钢筋机械连接的加工工艺的适应性差别很大。不同牌号钢筋的表面硬度对镦粗和螺纹加工的反应不同：表面硬度很大的余热处理（RRB）钢筋很容易在镦粗时劈裂；并且螺纹加工困难。自重不足的钢筋（钢筋标准规定最大可以达到－7%）以及外形偏差（不圆度、错半圆，如图 2-29 所示）太大的钢筋，难以在钢筋端头加工成完整的螺纹，因此也会影响钢筋连接接头的传力性能。

## 2.3.6 质量稳定性要求

不同的钢筋连接接头，施工质量的稳定性不同，会影响其传力性能。

（1）绑扎搭接。钢筋搭接接头的绑扎连接操作简便；搭接长度以

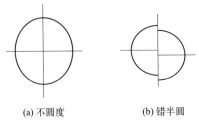

(a) 不圆度          (b) 错半圆

图 2-29　钢筋外形偏差的不圆度和错半圆

及连接区域的配箍约束条件很容易观察、检查，所以连接质量通常能够得到保证。但是粗钢筋的施工操作困难，连接质量不太容易控制。

（2）焊接连接。钢筋的焊接连接受到操作条件（环境、温度、位置、方向等）以及人为因素（素质、技能、心理、情绪等）的影响，不确定性很大，所以焊接接头的质量不易得到保证。尤其是在施工现场的原位焊接，质量波动就可能比较大。

此外，焊接质量抽样检验的比例也很小；有些缺陷（如虚焊、内裂缝、夹渣等）难以控制，并且很难通过检查发现。这些质量隐患，往往只有在结构遭遇意外的偶然作用时（如地震等）才暴露出来。另外，焊接还会造成金相组织的变化，并引起温度应力。因此，焊接连接的质量稳定性不易保证，这是焊接连接的最大弱点。

（3）机械连接。通常情况下，钢筋之间的机械连接施工操作比较简便，连接质量的检查手段也相对可靠，因此一般情况下施工质量的波动比较小，质量也容易得到保证。但是机械连接的质量在很大程度上也还取决于施工时工人的操作水平。

挤压过度造成连接套筒的劈裂；锥螺纹容易发生"自锁""倒牙"造成的连接滑脱；镦粗引起金相组织变化、劈裂并容易引起接头脆断；钢筋的外形偏差（自重不足、不圆度、错半圆等）会引起钢筋接头滚轧加工缺陷以及不完整螺纹；套筒内填充介质的施工比较麻烦，且质量和密实性也可能存在问题……这些因素均可能影响钢筋机械连接的质量。所以钢筋的机械连接也同样存有质量稳定性的问题，不能认为采用机械连接的形式质量就能够万无一失了。

## 2.3.7　接头的尺寸要求

钢筋连接接头的尺寸决定了钢筋的保护层厚度，所以会影响混凝土结构的耐久性。此外，连接接头的尺寸还影响到钢筋的间距和构件中钢筋的布置。不同钢筋连接接头尺寸的影响介绍如下。

（1）绑扎搭接。重叠绑扎的钢筋搭接连接接头尺寸比较大，影响钢筋的间距，在配筋密集的区域还可能会引起钢筋布置的不便。尤其是大直径的粗钢筋，搭接连接还可能会引起更大的施工困难。

（2）焊接连接。焊接连接的尺寸很小，基本与整体钢筋相同。因此基本不会影响保护层的变化，不会造成配筋布置的困难。只是如果在现场原位焊接，施工操作不便，造成焊接质量难以保证。所以，应当尽量避免手工焊接，尽可能实现工厂化的半自动或自动化的焊接工艺。

（3）机械连接。机械连接通过连接套筒传力，而套筒的直径都大于钢筋，这就会减小保护层的厚度，影响混凝土结构的耐久性和构件中配筋的间距。尤其是镦粗钢筋的螺纹连接和套筒灌浆连接的直径均较大，这种影响更为明显。

### 2.3.8　经济性要求

（1）绑扎搭接。钢筋的搭接连接比较简单，用细钢丝对连接区段的钢筋绑扎就可以了，所以这种施工比较经济。但是绑扎操作比较费工，劳动条件也较差。当采用高强度钢筋时，钢筋重叠的搭接长度较大，这就会引起钢筋用量和工程价格的上升。

（2）焊接连接。钢筋的焊接连接也较为经济，但比较费工、费时，劳动条件也比较差。避免手工焊接，实现工厂化的半自动或是自动化的焊接工艺，情况就可以得到改善。

（3）机械连接。机械连接成本低、施工效率高、可重复使用和耐久性好。这意味着选择成本合理的连接方式，能够快速、方便地进行连接操作，并且连接件能够在长期使用中保持稳定性和强度，以降低成本并提高工程效率。

## 2.4　钢筋连接接头性能分析与试验

### 2.4.1　绑扎搭接接头性能分析

如果钢筋的搭接长度足够，并在搭接区段有相应的配箍约束措施，则钢筋的绑扎搭接接头也能够达到规定的强度值，满足承载力的要求。但由于搭接钢筋之间的相对滑移，在搭接长度范围内的相对伸长变形就会增加，所以连接接头变形的割线模量就会小于钢筋的弹性模量（图 2-30）。而且卸载以后还会留下残余变形，表现为搭接接头两端不能闭合的残余裂缝（图 2-31）。通常情况下，钢筋搭接接头的破坏有很长的发展过程，所以连接接头的破坏也是延性的。而且只要互相搭接的钢筋不分离，就不会发生承载力突然丧失的非延性破坏。

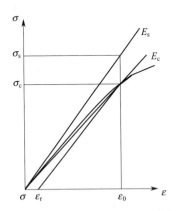

图 2-30　钢筋及接头的弹性模量及割线模量

$E_c$—连接接头割线模量；$E_s$—钢筋弹性模量；$\varepsilon_r$—残余变形；

$\varepsilon_0$—应变值；$\sigma_s$—整体筋中引起的应力，$\sigma_s = E_s \varepsilon_0$；

$\sigma_c$—连接钢筋中的应力，$\sigma_c = E_c \varepsilon_0$

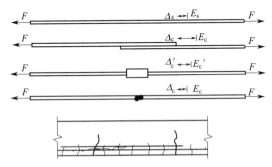

图 2-31　钢筋连接接头的性能蜕化

$E_c$—连接接头割线模量；$E_c'$—有配箍约束措施下的连接接头割线模量；

$E_s$—钢筋弹性模量；$F$—拉伸载荷；$\Delta_s$—连接接头变形的弹性模量；

$\Delta_c$—连接接头变形的割线模量；$\Delta_c'$—有配箍约束措施下的连接接头变形的割线模量

## 2.4.2　钢筋机械连接接头性能要求与接头型式检验

（1）接头性能要求

① 接头设计应满足强度及变形性能的要求。

② 钢筋连接用套筒应符合现行行业标准《钢筋机械连接用套筒》（JG/T 163—2013）的有关规定；套筒原材料采用 45 号钢冷拔或冷轧精密无缝钢管时，钢管应进行退火处理，并应满足 JG/T 163—2013 对钢管强度限值和断后伸长率的要求。不锈钢钢筋连接套筒原材料宜采用与钢筋母材同材质的棒材或无缝钢管，其外观及力学性能应符合现行国家标准《不锈钢棒》（GB/T 1220—2007）、《结构用不锈钢无缝钢管》（GB/T 14975—2012）的规定。

③ 接头性能应包括单向拉伸、高应力反复拉压、大变形反复拉压和疲劳性能，应根据接头的性能等级和应用场合选择相应的检验项目。

④ 接头应根据极限抗拉强度、残余变形、最大力下总伸长率以及高应力和大变形条件下反复拉压性能，分为Ⅰ级、Ⅱ级、Ⅲ级三个等级，其性能应分别符合以下第⑤条～第⑦条的规定。

⑤ Ⅰ级、Ⅱ级、Ⅲ级接头的极限抗拉强度必须符合表 2-1 的规定。

表 2-1　接头极限抗拉强度

| 接头等级 | Ⅰ级 | | Ⅱ级 | Ⅲ级 |
|---|---|---|---|---|
| 极限抗拉强度 | $f^{\mathrm{o}}_{\mathrm{mst}} \geq f_{\mathrm{stk}}$　钢筋拉断 或 $f^{\mathrm{o}}_{\mathrm{mst}} \geq 1.10 f_{\mathrm{stk}}$　连接件破坏 | | $f^{\mathrm{o}}_{\mathrm{mst}} \geq f_{\mathrm{stk}}$ | $f^{\mathrm{o}}_{\mathrm{mst}} \geq 1.25 f_{\mathrm{yk}}$ |

注：1. 钢筋拉断指断于钢筋母材、套筒外钢筋丝头和钢筋镦粗过渡段。

2. 连接件破坏指断于套筒、套筒纵向开裂或钢筋从套筒中拔出以及其他连接组件破坏。

3. $f^{\mathrm{o}}_{\mathrm{mst}}$ 为接头试件实测极限抗拉强度，$f_{\mathrm{stk}}$ 为钢筋极限抗拉强度标准值。

⑥ Ⅰ级、Ⅱ级、Ⅲ级接头应能经受规定的高应力和大变形反复拉压循环，且在经历拉压循环后，其极限抗拉强度仍应符合第⑤条的规定。

⑦ Ⅰ级、Ⅱ级、Ⅲ级接头变形性能应符合表 2-2 的规定。

表 2-2 接头变形性能

| 接头等级 | | Ⅰ级 | Ⅱ级 | Ⅲ级 |
|---|---|---|---|---|
| 单向拉伸 | 残余变形/mm | $u_0 \leq 0.10(d \leq 32)$<br>$u_0 \leq 0.14(d > 32)$ | $u_0 \leq 0.14(d \leq 32)$<br>$u_0 \leq 0.16(d > 32)$ | $u_0 \leq 0.14(d \leq 32)$<br>$u_0 \leq 0.16(d > 32)$ |
| | 最大力下总伸长率/% | $A_{sgt} \geq 6.0$ | $A_{sgt} \geq 6.0$ | $A_{sgt} \geq 3.0$ |
| 高应力反复拉压 | 残余变形/mm | $u_{20} \leq 0.3$ | $u_{20} \leq 0.3$ | $u_{20} \leq 0.3$ |
| 大变形反复拉压 | 残余变形/mm | $u_4 \leq 0.3$ 且<br>$u_8 \leq 0.6$ | $u_4 \leq 0.3$ 且<br>$u_8 \leq 0.6$ | $u_4 \leq 0.6$ |

注：$u_0$——接头试件加载至 $0.6f_{yk}$ 并卸载后在规定标距内的残余变形；

$A_{sgt}$——接头试件的最大力下总伸长率；

$u_{20}$——接头试件按《钢筋机械连接技术规程》（JGJ 107—2016）附录 A 加载制度经高应力反复拉压 20 次后的残余变形；

$u_4$——接头试件按《钢筋机械连接技术规程》（JGJ 107—2016）附录 A 加载制度经大变形反复拉压 4 次后的残余变形；

$u_8$——接头试件按《钢筋机械连接技术规程》（JGJ 107—2016）附录 A 加载制度经大变形反复拉压 8 次后的残余变形。

⑧ 对直接承受重复荷载的结构构件，设计应当根据钢筋应力幅提出接头的抗疲劳性能要求。当设计无专门要求时，剥肋滚轧直螺纹钢筋接头、镦粗直螺纹钢筋接头和带肋钢筋套筒挤压接头的疲劳应力幅限值不应小于现行国家标准《混凝土结构设计规范》（2015 年版）（GB 50010—2010）中普通钢筋疲劳应力幅限值的 80%。

⑨ 钢筋套筒灌浆连接应符合行业标准《钢筋套筒灌浆连接应用技术规程》（JGJ 355—2015）的有关规定。

（2）接头型式检验

① 下列情况应进行型式检验：

a. 确定接头性能等级时；

b. 套筒材料、规格、接头加工工艺改动时；

c. 型式检验报告超过 4 年时。

② 接头型式检验试件应符合的规定

a. 对每种类型、级别、规格、材料、工艺的钢筋机械连接接头，型式检验试件不应少于 12 个；其中钢筋母材拉伸强度试件不应少于 3 个，单向拉伸试件不应少于 3 个，高应力反复拉压试件不应少于 3

个，大变形反复拉压试件不应少于 3 个。

b. 全部试件的钢筋均应在同一根钢筋上截取。

c. 接头试件应按《钢筋机械连接技术规程》（JGJ 107—2016）第 6.3 节的要求进行安装。

d. 型式检验试件不得采用经过预拉的试件。

③ 接头的型式检验应按 JGJ 107—2016 附录 A 的规定进行，当试验结果符合下列规定时应评为合格：

a. 强度检验：每个接头试件的强度实测值均应符合 JGJ 107—2016 表 3.0.5 中相应接头等级的强度要求；

b. 变形检验：3 个试件残余变形和最大力下总伸长率实测值的平均值应符合 JGJ 107—2016 表 3.0.7 的规定。

④ 型式检验应详细记录连接件和接头参数，宜按 JGJ 107—2016 附录 B 的格式出具检验报告和评定结论。

⑤ 接头用于直接承受重复荷载的构件时，接头的型式检验应按表 2-3 的要求和 JGJ 107—2016 附录 A 的规定进行疲劳性能检验。

表 2-3　HRB400 钢筋接头疲劳性能检验的应力幅值和最大应力

| 应力组别 | 最小与最大应力比值 $\rho$ | 应力幅值/MPa | 最大应力/MPa |
|---|---|---|---|
| 第一组 | 0.70～0.75 | 60 | 230 |
| 第二组 | 0.45～0.50 | 100 | 190 |
| 第三组 | 0.25～0.30 | 120 | 165 |

⑥ 接头的疲劳性能型式检验应符合下列规定。

a. 应取直径不小于 32mm 钢筋做 6 根接头试件，分为 2 组，每组 3 根。

b. 可任选表 2-3 中的 2 组应力进行试验。

c. 经 200 万次加载后，全部试件均未破坏，该批疲劳试件型式检验应评为合格。

## 2.4.3　钢筋焊接接头试验方法

（1）钢筋焊接接头拉伸试验方法

① 钢筋焊接接头的母材应符合国家标准《钢筋混凝土用钢　第 1 部分：热轧光圆钢筋》（GB/T 1499.1—2017）、《钢筋混凝土用钢

第 2 部分：热轧带肋钢筋》（GB/T 1499.2—2018）、《钢筋混凝土用钢　第 3 部分：钢筋焊接网》（GB/T 1499.3—2022）、《钢筋混凝土用余热处理钢筋》（GB 13014—2013）、《冷轧带肋钢筋》（GB 13788—2017）或《冷拔低碳钢丝应用技术规程》（JGJ 19—2010）的规定，并应按钢筋（丝）公称横截面积计算。试验前可采用游标卡尺复核试样的钢筋直径和钢板厚度。有争议时，应按国家标准《混凝土结构工程施工质量验收规范》（GB 50204—2015）规定执行。

②　对试样进行轴向拉伸试验时，加载应连续平稳，试验速率应符合国家标准《金属材料　拉伸试验　第 1 部分：室温试验方法》（GB/T 228.1—2021）中的有关规定，将试样拉至断裂（或出现颈缩），自动采集最大力或从测力盘上读取最大力，也可从拉伸曲线图上确定试验过程中的最大力。

③　当试样断口上出现气孔、夹渣、未焊透等焊接缺陷时，应在试样记录中注明。

④　抗拉强度应按下式计算：

$$R_m = \frac{F_m}{S_0}$$

式中，$R_m$ 为抗拉强度，MPa；$F_m$ 为最大力，N；$S_0$ 为原始试样的钢筋公称横截面积，$mm^2$。

试验结果数值应修约到 5MPa，并应按《数值修约规则与极限数值的表示和判定》（GB/T 8170—2008）执行。

（2）钢筋焊接接头弯曲试验方法

①　试样

a. 钢筋焊接接头弯曲试样的长度宜为两支辊内侧距离加 150mm；两支辊内侧距离 Z 应按下式确定，两支辊内侧距离 $l$ 在试验期间应保持不变（图 2-32）。

$$l = (D + 3a) \pm a/2$$

式中，$l$ 为两支辊内侧距离，mm；$D$ 为弯曲压头直径，mm；$a$ 为弯曲试样直径，mm。

b. 试样受压面的金属毛刺和镦粗变形部分宜去除至与母材外表面

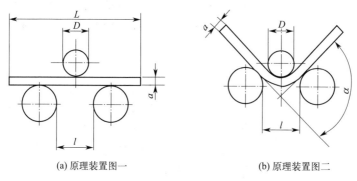

(a) 原理装置图一　　　　　　　(b) 原理装置图二

图 2-32　支辊式弯曲试验

齐平。

② 试验方法

a. 钢筋焊接接头进行弯曲试验时，试样应放在两支点上，并应使焊缝中心与弯曲压头中心线一致，应缓慢地对试样施加荷载，以使材料能够自由地进行塑性变形；当出现争议时，试验速率应为 $(1\pm0.2)$mm/s，直至达到规定的弯曲角度或出现裂纹、破断为止。

b. 弯曲压头直径和弯曲角度应按表 2-4 的规定确定。

表 2-4　弯曲压头直径和弯曲角度

| 钢筋牌号 | 弯曲压头直径 D | | 弯曲角度 |
|---|---|---|---|
| | $a\leqslant25$mm | $a>25$mm | $\alpha/(°)$ |
| HPB300 | $2a$ | $3a$ | 90 |
| HRB335、HRBF335 | $4a$ | $5a$ | 90 |
| HRB400、HRBF400 | $5a$ | $6a$ | 90 |
| HRB500、HRBF500 | $7a$ | $8a$ | 90 |

注：$a$ 为弯曲试样直径。

(3) 钢筋电阻点焊接头剪切试验方法

① 试样。钢筋焊接网应沿同一横向钢筋随机截取 3 个试样（图 2-33）。钢筋焊接网两个方向均为单根钢筋时，较粗钢筋为受拉钢筋；对于并筋，其中之一为受拉钢筋，另一支非受拉钢筋应在交叉焊点处切断，但不应损伤受拉钢筋焊点，并应按国家标准《钢筋混凝土用钢　第 3 部分：钢筋焊接网》（GB/T 1499.3—2022）的有关规定执

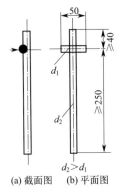

(a) 截面图　(b) 平面图

图 2-33　钢筋剪切试样

行。焊接骨架焊点剪切试验时，应以较粗钢筋作为受拉钢筋；同直径钢筋焊点，其纵向钢筋为受拉钢筋。

② 试验方法

a. 夹具应安装于万能试验机的上钳口内，并应夹紧。试样横筋应夹紧于夹具的下部或横槽内，不应转动。纵筋应通过纵槽夹紧于万能试验机下钳口内，纵筋受力的作用线应与试验机的加载轴线相重合。

b. 加载应连续而平稳，直至试样破坏。在测力度盘上读取最大力即为试样的抗剪力 $F_j$。

## 2.5　设计规范对钢筋连接的基本规定

### 2.5.1　基本原则

鉴于钢筋接头传力性能在混凝土结构中的重要作用，《混凝土结构设计规范》（2015 年版）（GB 50010—2010）在第 8 章"构造规定"中专门单独列出第 8.4 部分"钢筋的连接"做出相应的规定。并且在该节开头的第 8.4.1 条及后面相应的条款中，提出了钢筋连接的基本原则，其中主要的内容如下。

（1）接头位置。由于钢筋接头的传力性能在任何情况下均不如整体钢筋，所以《混凝土结构设计规范》（2015 年版）明确规定："混凝土结构中受力钢筋的连接接头宜设置在受力较小处"。一般情况下，最适当的位置是在反弯点附近。因为作为构件中主要内力的弯矩，在反弯点处为零。而在靠近反弯点的区域，弯矩数值较小。

（2）接头数量。因为钢筋连接接头是对传力性能的削弱，所以不希望在同一根受力钢筋上有过多的连接接头。规范规定："在同一根受力钢筋上宜少设接头"。

通常情况下，在梁的同一跨度和柱的同一层高的纵向范围内，不宜设置 2 个以上的钢筋连接接头，避免对构件的结构性能造成不利的影响。

（3）接头面积百分率。同样，因为钢筋连接接头对传力性能的不利影响，所以在构件横向范围的同一连接区段内，也应当对钢筋连接接头的面积百分率加以控制。《混凝土结构设计规范》（2015 年版）规定了不同连接形式连接区段的范围，以及处于同一连接区段范围内，钢筋连接接头面积百分率的限制。

通常情况下，焊接和机械连接接头面积百分率限制均为 50％，即全部钢筋应当分两批实现连接。而对于绑扎搭接连接，则有更详细的规定。在工程中，只有对于装配式结构预制构件的连接节点，因为只能采用全部钢筋连接的形式（接头面积百分率 100％），则在采取更为严格构造措施的情况下，可作为个案，例外处理。

（4）回避原则。设计时特别应当注意的是：受力钢筋的连接接头要避免设置在受力的关键部位。《混凝土结构设计规范》（2015 年版）特别强调："在结构的重要构件和关键传力部位，纵向受力钢筋不宜设置连接接头"。这是因为如果钢筋在受力的要害处传力出现问题，将会引起严重后果。尤其是抗震框架结构的柱端和梁端，这是在地震作用下最可能出现塑性铰的要害区域，设置钢筋的连接接头将改变该处的"抗力"，非常不利于结构的抗震性能。

还应当指出的是：抗力不只是强度，还包括延性；接头的强度太高，并不完全有利。如果在梁端的连接接头超强（例如镦粗直螺纹接头），且不说对延性的影响，还很可能引起塑性铰的转移，从而影响抗震结构强柱弱梁和强剪弱弯的延性设计原则。如果塑性铰转移到柱端，还有可能会造成更严重的后果——结构倒塌。为此在结构的抗震设计中，还以强制性条文的形式对抗震钢筋的超强比做出严格的限制。对于钢筋的连接接头，也有同样的要求。因此，片面追求连接接头的高强或者超高强，不仅无益，甚至还是有害的。

## 2.5.2  设计规范对各种连接接头的规定

《混凝土结构设计规范》（2015 年版）对钢筋的连接列举了三种目前经常应用的形式：绑扎搭接、机械连接或焊接连接。应该指出的是，上述排列的次序并不意味着连接形式的优劣。该设计规范无意比较这三种连接形式传力性能的好坏，只是认为不同的钢筋连接形式各具特点，应当扬长避短地应用于其应当发挥作用的地方而已。当然，每种连接形式都应当具有其相应的质量，以确保结构的安全。

（1）绑扎搭接。绑扎搭接连接的钢筋，是通过搭接区段范围内混凝土的握裹和相应区域配箍的约束，来实现钢筋之间内力传递的。这是最简单的传统连接方式，至今仍在工程中得到广泛的应用。且因操作简单，检验可靠，连接-传力性能也容易得到保证。

但是这种连接形式也有一定的局限性。完全依靠钢筋拉力承载的受拉杆件，如果采用绑扎搭接连接并不可靠。所以《混凝土结构设计规范》（2015 年版）规定："轴心受拉及小偏心受拉杆件的纵向受力钢筋不得采用绑扎搭接"。

此外，近年随着钢筋强度提高及大直径粗钢筋应用越来越多，造成搭接长度太长和绑扎施工困难，这些都成为难以解决的问题。所以《混凝土结构设计规范》（2015 年版）对绑扎搭接连接钢筋的直径做出了如下的限制：受拉钢筋直径不大于 25mm；受压钢筋直径不大于 28mm。这就比传统的规定稍有加严。但是对于中、小直径的钢筋，尤其是直径 16mm 及以下的细钢筋，绑扎搭接连接仍是不错的选择。

为了确保钢筋绑扎搭接连接的传力性能，《混凝土结构设计规范》（2015 年版）对绑扎搭接的连接区段范围、接头面积百分率、搭接长度、配箍约束的构造措施和并筋（钢筋束）搭接的构造要求等均做了详细的规定。这些得自系统试验研究并经过长期工程实践考验的规定，能够确保搭接钢筋应有的传力性能。还应当特别注意的是：搭接连接区段箍筋的直径和间距，均需严格遵守规范的要求。如果配箍约束不足，在地震作用下，很可能会导致搭接钢筋的分离而造成传力失效，导致严重后果。

由于钢筋搭接连接的相应内容已经广为熟悉，因此不再赘述于此。

（2）机械连接。机械连接是近年发展起来的新型钢筋连接形式，其又有许多不同的形式而各具特点。总的趋势而言，滚轧直螺纹连接应用比较多。其特点是施工相对简便，通常情况下钢筋机械连接的质量也能够得到保证。但是其价格相对比较高，如果操作、检验不严格，同样也会存在传力失效的问题。

《混凝土结构设计规范》（2015 年版）对机械连接的要求，是必须符合《钢筋机械连接技术规程》（JGJ 107—2016）的规定，即该规程应当对钢筋机械连接的质量负完全的责任。同时《混凝土结构设计规范》（2015 年版）对机械连接的连接区段（35$d$）和接头面积百分率（50%）也做出了明确规定。《混凝土结构设计规范》（2015 年版）认为，钢筋的机械连接适用于高强度钢筋和中、粗直径钢筋的连接。直径太小的钢筋，采用机械连接施工麻烦，并且不经济。通常情况下，直径 16mm 及以下的小直径钢筋不宜采用机械连接的方式。

（3）焊接连接。焊接连接通过熔融金属直接传递内力，具有基本接近整体钢筋的传力性能，焊接接头的价格也不高，所以也是不错的连接形式。但是其质量受到操作条件和人员素质的影响而不确定性很大，质量稳定性存疑。而且焊接质量抽样检验的比例较小，检查方式也不太严密。再加上对金相组织和温度应力的影响，使其推广应用受到影响。近年焊接连接的材料和工艺不断地改进，非手工焊的半自动、全自动的焊接方式得到推广应用。这对于提高焊接质量，确保焊接接头的传力性能，无疑起到了促进的作用。

《混凝土结构设计规范》（2015 年版）对焊接连接的要求是必须符合《钢筋焊接及验收规范》（JGJ 18—2012）的规定，即该规程应对焊接连接的质量负完全的责任。同时，《混凝土结构设计规范》（2015 年版）对焊接的连接区段（35$d$ 且 500mm）和接头面积百分率（50%）也做出了明确规定。由于不同品牌钢筋的可焊性不同，《混凝土结构设计规范》（2015 年版）对于这些钢筋焊接连接的适用条件，也做出了相应的规定。

对于可焊性较好的合金化普通热轧 HRB 钢筋，可采用焊接连接，但对于直径 25mm 以上的粗钢筋，由于焊接操作比较困难，应经试验确定。

对于可焊性稍差的控轧细晶粒 HRBF 钢筋，可采取焊接连接的形式。但应当进行试验检验，并通过试验优化、调整、确定适当的焊接工艺参数，以确保应有的质量。

对于可焊性比较差的淬水余热处理 RRB 钢筋，由于焊接的高温可能影响其表层的马氏体组织，导致金相结构的变化和强度降低。因此，对这种钢筋建议不采用焊接的连接方式。

## 2.5.3　钢筋连接形式的发展

钢筋的连接方式是影响工程结构质量、进度、投资、操作方便程度等的重要因素之一。而随着工程需要的变化及技术的发展进步，今后还可能会有新的钢筋连接形式出现，只要其传力性能可靠、质量稳定、施工适应性好并且价格适当。在经过工程实践考验而技术比较成熟时，不排除将新的钢筋连接形式纳入《混凝土结构设计规范》的可能性。

但对于任何形式的钢筋连接接头，其传力性能总不如整体钢筋，因此《混凝土结构设计规范》（2015 年版）仍将坚持第 8.4.1 条及相关条款中提出的钢筋连接的 4 条基本原则，对其提出相应的限制和要求。

# 3

# 钢筋连接机具

## 3.1 钢筋绑扎工具

### 3.1.1 钢丝钩

钢丝钩是主要的钢筋绑扎工具之一，它是用直径为 12～16mm、长度为 160～200mm 的圆钢筋制作而成的。根据工程的需要，可在其尾部加上套管或小扳口等形式的钩子。钢丝钩的基本形状如图 3-1 所示。

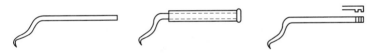

(a) 钢丝钩的基本形状　(b) 尾部加套管形式的钢丝钩　(c) 尾部加小扳口形式的钢丝钩

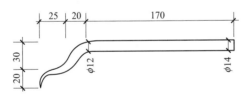

(d) 钢丝钩的基本尺寸

图 3-1　钢丝钩（单位：mm）

### 3.1.2 小撬棍

小撬棍主要用来调整钢筋间距，矫直钢筋的部分弯曲或用于放置保护层水泥垫块时撬动钢筋等，其形状如图 3-2 所示。

图 3-2　小撬棍

### 3.1.3 起拱扳子

起拱扳子是在绑扎现浇楼板时，用来弯制楼板弯起钢筋的工具。楼板的弯起钢筋不应预先弯曲成形好再绑扎，而应待弯起钢筋和分布钢筋绑扎成网后，用起拱扳子来操作，如图 3-3 所示。

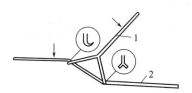

图 3-3　起拱扳子及操作

1—起拱扳子 $\phi16mm$；2—楼板弯起钢筋

### 3.1.4 绑扎架

绑扎钢筋骨架必须采用钢筋绑扎架。根据绑扎骨架的轻重、形状，可以选用不同规格的坡式、轻型、重型等的钢筋骨架。图 3-4 为轻型骨架绑扎架，图 3-5 为重型骨架绑扎架，图 3-6 为坡式钢筋绑扎架。

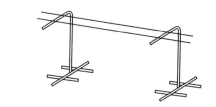

图 3-4　轻型骨架绑扎架

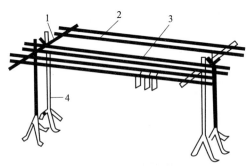

图 3-5　重型骨架绑扎架

1—横杠；2—绑扎钢筋；3—连系杆；4—三脚架

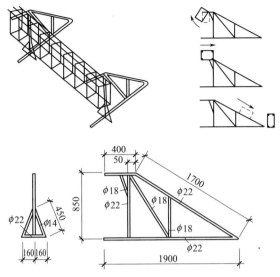

图 3-6 坡式钢筋绑扎架（单位：mm）

# 3.2 钢筋机械连接机具

## 3.2.1 带肋钢筋套筒轴向挤压连接机具

### 3.2.1.1 概述

钢筋轴向挤压连接是采用挤压机和压模，对钢套筒和插入的两根对接钢筋，沿其轴线方向进行挤压，从而使套筒咬合到变形钢筋的肋间，结合成一体，如图 3-7 所示。钢筋轴向挤压连接适用于同直径或相差一个型号直径的钢筋连接，例如 $\phi 25mm$ 与 $\phi 28mm$、$\phi 28mm$ 与 $\phi 32mm$。

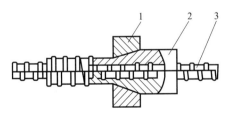

图 3-7 钢筋轴向挤压连接

1—压模；2—钢套筒；3—钢筋

### 3.2.1.2 钢套筒

钢套筒的材质应当采用符合现行标准《高压锅炉用无缝钢管》（GB 5310—2017）中的优质碳素结构钢，钢套筒的力学性能应当符合表 3-1 的要求。

表 3-1　钢套筒的力学性能

| 项　目 | 力学性能指标 |
|---|---|
| 屈服强度/MPa | ≥250 |
| 抗拉强度/MPa | ≥420～560 |
| 伸长率/% | ≥24 |
| 硬度（HRB） | ≤HRB 75 |

钢套筒的规格尺寸和要求见表 3-2。

表 3-2　钢套筒的规格尺寸　　　　单位：mm

| 套筒尺寸 | | $\phi 25$ | | $\phi 28$ | | $\phi 32$ | |
|---|---|---|---|---|---|---|---|
| 外径 | | 45 | +0.1<br>0 | 49 | +0.1<br>0 | 55.5 | +0.1<br>0 |
| 内径 | | 33 | 0<br>−0.1 | 35 | 0<br>−0.1 | 39 | 0<br>−0.1 |
| 长度 | 钢筋端面紧贴连接时 | 190 | +0.3<br>0 | 200 | +0.3<br>0 | 210 | +0.3<br>0 |
| | 钢筋端面间隙≤30 连接时 | 200 | +0.3<br>0 | 230 | +0.3<br>0 | 240 | +0.3<br>0 |

### 3.2.1.3 挤压机

挤压机可用于全套筒钢筋接头的压接和少量半套筒接头的压接，图 3-8 为 GTZ 32 型挤压机简图。挤压机的主要技术参数见表 3-3。

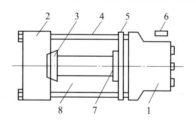

图 3-8　GTZ 32 型挤压机简图

1—油缸；2—压模座；3—压模；4—导向杆；5—撑力架；6—管拉头；7—垫块座；8—套筒

表 3-3　挤压机的主要技术参数　　　　单位：mm

| 钢筋公称直径 | 套管直径 | | 压模直径 | |
|---|---|---|---|---|
| | 内径 | 外径 | 同径钢筋及<br>异径钢筋粗径用 | 异径钢筋接头细径用 |
| 25 | 33 | 45 | 38.4±0.02 | 40±0.02 |
| 28 | 35 | 49.1 | 42.3±0.02 | 45±0.02 |
| 32 | 39 | 55.5 | 48.3±0.02 | — |

### 3.2.1.4　半挤压机

半挤压机适用于半套筒钢筋接头的压接，图 3-9 为 GTZ 32 型半挤压机简图。半挤压机的主要技术参数见表 3-4。压模可以分为半挤压机用压模和挤压机用压模，在使用时应按钢筋的规格选用。

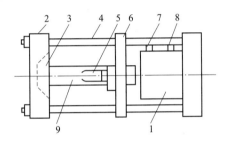

图 3-9　GTZ 32 型半挤压机简图

1—油缸；2—压模座；3—压模；4—导向杆；5—限位器；

6—撑力架；7，8—管接头；9—套管

表 3-4　半挤压机的主要技术参数

| 项　目 | 技术性能 | |
|---|---|---|
| | 挤压机 | 半挤压机 |
| 额定工作压力/MPa | 70 | 70 |
| 额定工作推力/kN | 400 | 470 |
| 液压缸最大行程/mm | 104 | 110 |
| 外形尺寸(长×宽×高)/mm | 755×158×215 | 180×180×780 |
| 质量/kg | 65 | 70 |

### 3.2.1.5　超高压泵站

超高压泵站是钢筋挤压连接设备的动力源。

工程中常用的钢筋挤压连接设备的超高压泵站一般采用高、低压双联泵结构，如图 3-10 所示，它由电动机、超高压柱塞泵、低压齿轮泵、组合阀、换向阀、压力表、油箱、滤油器，以及连接管件等组成。组合阀是由高、低压单向阀、卸荷阀、高压安全阀及低压溢流阀等组成的组合阀块。

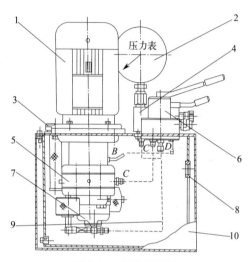

图 3-10　超高压泵站

1—电动机；2—压力表；3—注油通气帽；4—组合阀；5—超高压柱塞泵；
6—换向阀；7—低压齿轮泵；8—油标；9—管路；10—油箱

超高压泵站为双泵双油路电控液压泵站。当三位四通换向阀左边接通时，油缸大腔进油，当压力达到 65MPa 时，高压继电器断电，换向阀回到中位；当换向阀右边接通时，油缸小腔进油，当压力达到 35MPa 时，低压继电器断电，换向阀又回到中位。超高压泵站的技术性能见表 3-5。

表 3-5　超高压泵站的技术性能

| 项　目 | | 技术性能 | |
| --- | --- | --- | --- |
| | | 超高压油泵 | 低压泵 |
| 额定工作压力/MPa | | 70 | 7 |
| 额定流量/(L/min) | | 2.5 | 7 |
| 继电器调定压力/(N/min) | | 72 | 36 |
| 电动机(J100L$_2$-4-B$_5$) | 电压/V | 380 | — |
| | 功率/kW | 3 | — |
| | 频率/Hz | 50 | — |

## 3.2.2　带肋钢筋套筒径向挤压连接机具

### 3.2.2.1　概述

带肋钢筋套筒径向挤压连接主要是采用挤压机将钢套筒挤压变形，使之紧密地咬住变形钢筋的横肋，从而实现两根钢筋的连接，如图 3-11 所示。带肋钢筋套筒径向挤压连接适用于任何直径变形钢筋的连接，包括同径钢筋和异径钢筋（当套筒两端外径和壁厚相同时，被连接钢筋的直径相差应不大于 5mm），适用于 $\phi16 \sim 40mm$ 的 HPB300、HRB400 带肋钢筋的径向挤压连接。

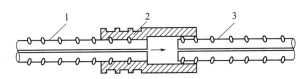

图 3-11　套筒挤压连接

1—已挤压的钢筋；2—钢套筒；3—未挤压的钢筋

### 3.2.2.2　钢套筒

（1）型号。常用型号包括标准型、异径型两种，如图 3-12 所示。

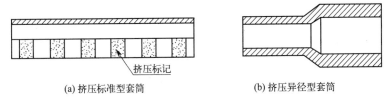

(a) 挤压标准型套筒　　　　　　　　(b) 挤压异径型套筒

图 3-12　挤压套筒示意

（2）材料。钢套筒的材料可以选用强度适中、延性好的优质钢材，其力学性能宜符合表 3-6 的要求。

表 3-6　套筒材料的力学性能

| 项　　目 | 力学性能指标 |
| --- | --- |
| 屈服强度/MPa | 225～350 |
| 抗拉强度/MPa | 375～500 |
| 伸长率/% | ≥20 |
| 硬度（HRB） | HRB60～HRB80 |

（3）设计屈服承载力与极限承载力。考虑到套筒的尺寸及强度偏差，套筒的设计屈服承载力与极限承载力应当比钢筋的标准屈服承载力与极限承载力大 10%。

（4）规格和尺寸。钢套筒的规格和尺寸应符合表 3-7 的规定，其允许偏差应符合表 3-8 的规定。

表 3-7　钢套筒的规格和尺寸

| 钢套筒型号 | 钢套筒尺寸/mm | | | 压接标志道数 | 单个钢套筒理论质量/kg |
|---|---|---|---|---|---|
| | 外径 | 壁厚 | 长度 | | |
| G40 | 70 | 12 | 260 | 8×2 | 4.46 |
| G36 | 63.5 | 11 | 230 | 7×2 | 3.28 |
| G32 | 57 | 10 | 210 | 6×2 | 2.43 |
| G28 | 50 | 8 | 200 | 5×2 | 1.66 |
| G25 | 45 | 7.5 | 180 | 4×2 | 1.25 |
| G22 | 40 | 6.5 | 150 | 3×2 | 0.81 |
| G20 | 36 | 6 | 140 | 3×2 | 0.62 |

表 3-8　钢套筒的允许偏差

| 钢套筒外径 $D$/mm | 外径允许偏差/mm | 壁厚 $t$ 允许偏差/mm | 长度允许偏差/mm |
|---|---|---|---|
| ≤50 | ±0.5 | $0.12t$ | ±2 |
| | | $-0.10t$ | |
| >50 | ±0.01D | $0.12t$ | ±2 |
| | | $-0.10t$ | |

注：$D$ 为钢套筒外径；$t$ 为钢套筒壁厚。

### 3.2.2.3　连接设备

钢筋径向挤压连接设备主要由挤压机、超高压泵站、平衡器与吊挂小车等组成，如图 3-13 所示。

### 3.2.2.4　挤压机

采用径向挤压连接工艺使用的挤压机主要有以下几种。

（1）YJ-32 型挤压机。图 3-14 为 YJ-32 型挤压机构造简图，该机可用于直径 25～32mm 变形钢筋的挤压连接。由于 YJ-32 型挤压机采用双作用油路和双作用油缸体，所以压接和回程速度较快。但由于机架宽度较小，所以只可用于挤压间距较小（但净距必须大于 60mm）的钢筋，其主要技术参数见表 3-9。

## 3 钢筋连接机具

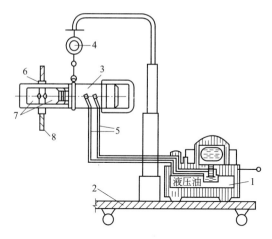

图 3-13　钢筋径向挤压连接设备

1—超高压泵站；2—吊挂小车；3—挤压机；4—平衡器；

5—超高压软管；6—钢套筒；7—模具；8—钢筋

**表 3-9　YJ-32 型挤压机的主要技术参数**

| 项　　目 | 指　　标 |
|---|---|
| 额定工作油压力/MPa | 108 |
| 额定压力/kN | 650 |
| 工作行程/mm | 50 |
| 挤压一次循环时间/s | ≤10 |
| 外形尺寸/mm | $\phi130\times160$(机架宽)$\times426$ |
| 自重/kg | 约 28 |

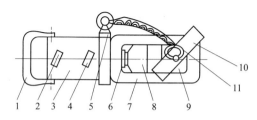

图 3-14　YJ-32 型挤压机构造简图

1—手把；2—进油口；3—缸体；4—回油口；5—吊环；

6—活塞；7—机架；8，9—压模；10—卡板；11—链条

YJ-32 型挤压机的动力源（超高压泵站）为二极定量轴向柱塞泵，

输出油压为 31.38～122.8MPa，连续可调。YJ-32 型挤压机设有中、高压二级自动转换装置，在中压范围内，输出流量可达 2.86dm³/min，使挤压机在中压范围内进入返程有较快的速度。当进入高压或超高压范围内，中压泵自动卸荷，用超高压的压力来保证足够的压接力。

（2）YJ650 型挤压机。图 3-15 为 YJ650 型挤压机构造简图，该机主要用于直径 32mm 以下变形钢筋的挤压连接，其主要技术性能见表 3-10。该机液压源可选用 ZB0.6/630 型油泵，额定油压为 63MPa。

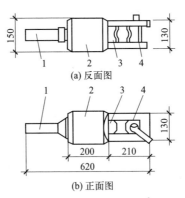

图 3-15　YJ650 型挤压机构造简图（单位：mm）

1—手把；2—液压缸；3—动压模；4—定压模

（3）YJ800 型挤压机。YJ800 型挤压机主要用于直径 32mm 以上变形钢筋的挤压连接，其主要技术参数见表 3-11。该机液压源可选用 ZB4/500 高压油泵，额定油压为 50MPa。

表 3-10　YJ650 型挤压机主要技术参数

| 项　　目 | 指　　标 |
| --- | --- |
| 额定压力/kN | 650 |
| 外形尺寸/mm | $\phi144 \times 450$ |
| 自重/kg | 约 43 |

表 3-11　YJ800 型挤压机主要技术参数

| 项　　目 | 指　　标 |
| --- | --- |
| 额定压力/kN | 800 |
| 外形尺寸/mm | $\phi170 \times 468$ |
| 自重/kg | 约 55 |

（4）YJH-25、YJH-32 和 YJH-40 径向挤压设备，其主要技术参数见表 3-12。平衡器是一种辅助工具，它主要利用卷簧张紧力的变化进行平衡力调节。利用平衡器吊挂挤压机，当平衡质量调节到与挤压机质量一致或稍大时，使挤压机在任何位置均达到平衡，即操作人员手持挤压机处于无重状态。在被挤压的钢筋接头附近的空间进行挤压施工作业，能够大大减轻作业工人的劳动强度，从而提高挤压效率。

吊挂小车是在车底盘下部设置四个轮子，并将超高压泵放在车上，将挤压机和平衡器吊于挂钩下，靠吊挂小车移动进行操作。

表 3-12 钢筋径向挤压连接设备主要技术参数

| 设备组成 | 项 目 | YJH-25 | YJH-32 | YJH-40 |
|---|---|---|---|---|
| 压接钳 | 额定压力/MPa | 80 | 80 | 80 |
| | 额定挤压力/kN | 760 | 760 | 900 |
| | 外形尺寸/mm | $\phi150\times433$ | $\phi150\times480$ | $\phi170\times530$ |
| | 质量/kg | 23(不带压模) | 27(不带压模) | 34(不带压模) |
| 压模 | 可配压模型号 | M18、M20、M22、M25 | M20、M22、M25、M28 | M32、M36、M40 |
| | 可连接钢筋的直径/mm | 18、20、22、25 | 20、22、25、28 | 32、36、40 |
| | 质量/(kg/副) | 5.6 | 6 | 7 |
| 超高压泵站 | 电动机 | 输入电压:380V;功率:1.5kW | | |
| | 高压泵 | 额定压力:80MPa;高压流量:0.8L/min | | |
| | 低压泵 | 额定压力:2.0MPa;低压流量:4.0~6.0L/min | | |
| | 外形尺寸(长×宽×高)/mm×mm×mm | 790×540×785 | | |
| | 质量/kg | 96 | | |
| | 油箱容积/L | 20 | | |
| 超高压软管 | 额定压力/MPa | 100 | | |
| | 内径/mm | 6.0 | | |
| | 长度/m | 3.0 | | |

### 3.2.3 钢筋冷镦粗直螺纹套筒连接机具

#### 3.2.3.1 概述

镦粗直螺纹钢筋接头是通过钢筋冷镦粗直螺纹套筒连接机具，首先将钢筋连接端头冷镦粗，然后在镦粗端加工成直螺纹丝头，最后将两根已镦粗套丝的钢筋连接端穿入配套加工的连接套筒，旋紧后即成为一个完整的接头。该接头的钢筋端部经冷镦后不仅直径增大，使加工后的丝头螺纹底部最小直径不小于钢筋母材的直径；而且钢材冷镦后，还可以提高接头部位的强度。所以，该接头可与钢筋母材等强度，其性能可达到 SA 级要求。

钢筋冷镦粗直螺纹套筒连接适用于钢筋混凝土结构中 $\phi16 \sim 40\text{mm}$ 的 HRB335、HRB400 钢筋的连接。

由于镦粗直螺纹钢筋接头的性能指标可以达到 SA 级（等强级）标准，所以该接头适用于一切抗震和非抗震设施工程中的任何部位。必要时，在同一连接范围内钢筋接头数目，可以不受限制。例如，钢筋笼的钢筋对接；伸缩缝或新老结构连接部位钢筋的对接，以及滑模施工的筒体或墙体同以后施工的水平结构（如梁）的钢筋连接等。

#### 3.2.3.2 套筒与锁母材料要求

套筒与锁母材料应当采用优质碳素结构钢或合金结构钢，其材质应符合《优质碳素结构钢》（GB/T 699—2015）的规定。

#### 3.2.3.3 机具设备

机具设备包括切割机、液压冷锻压床、套丝机、普通扳手及量规。图 3-16 为 GSJ-40 套丝机示意。

#### 3.2.3.4 镦粗直螺纹机具设备

镦粗直螺纹机具设备见表 3-13。表 3-13 中的设备机具应配套使用，每套设备平均 40s 生产一个丝头，每台班可生产 $400 \sim 600$ 个丝头。

#### 3.2.3.5 环规

环规是丝头螺纹质量检验工具。每种丝头直螺纹的检验工具分为止端螺纹环规和通端螺纹环规两种。图 3-17 为丝头质量检验示意。

## 3 钢筋连接机具

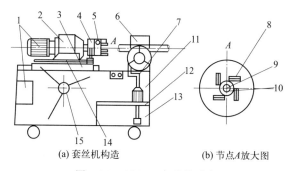

(a) 套丝机构造　　　　(b) 节点A放大图

图 3-16　GSJ-40 套丝机示意

1—电动机及电气控制装置；2—减速机；3—拖板及导轨；4—切削头；
5—调节蜗杆；6—夹紧虎钳；7—冷却系统；8—刀具；9—限位顶杆；
10—对刀芯棒；11—机架；12—金属滤网；
13—水箱；14—拔叉手柄；15—手轮

### 表 3-13　镦粗直螺纹机具设备

| 镦　机　头 | | | 套丝机 | | 高压油泵 | |
|---|---|---|---|---|---|---|
| 型号 | LD700 | LD800 | LD1800 | 型号 | GSJ-40 | |
| 镦压力/kN | 700 | 1000 | 2000 | 功率/kW | 4.0 | 电动机功率/kW | 3.0 |
| 行程/mm | 40 | 50 | 65 | 转速/(r/min) | 40 | 最高额定压力/kN | 63 |
| 适用钢筋直径/mm | 16～25 | 16～32 | 28～40 | 适用钢筋直径/mm | 16～40 | 流量/(L/min) | 6 |
| 质量/kg | 200 | 385 | 550 | 质量/kg | 400 | 质量/kg | 60 |
| 外形尺寸(长×宽×高)/mm×mm×mm | 575×250×250 | 690×400×370 | 803×425×425 | 外形尺寸(长×宽×高)/mm×mm | 1200×1050×550 | 外形尺寸(长×宽×高)/mm×mm | 645×525×325 |

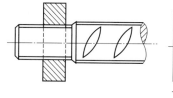

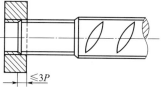

(a) 通端螺纹环规检验丝头螺纹　　　(b) 止端螺纹环规检验丝头螺纹

图 3-17　丝头质量检验示意

P—螺距

### 3.2.3.6　塞规

塞规是套筒螺纹质量检验工具，分为止端螺纹塞规和通端螺纹塞规两种。图 3-18 为套筒质量检验示意。

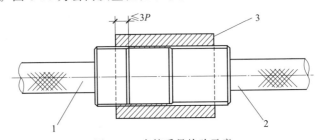

图 3-18　套筒质量检验示意

1—止端螺纹塞规；2—通端螺纹塞规；3—连接套筒；$P$—螺距

### 3.2.3.7　接头的分类及用途

接头的分类及用途见表 3-14。

表 3-14　接头的分类及用途

| 类　别 | | 介　绍 |
| --- | --- | --- |
| 按接头使用要求分类 | 标准型 | 主要用于钢筋可自由转动的场合。利用钢筋端头相互对顶力锁定连接件，可以选用标准型或变径型连接套筒 |
| | 加长型 | 主要用于钢筋过于长而密集、不便转动的场合。连接套筒预先全部拧入一根钢筋的加长螺纹上，再反拧入被接钢筋的端螺纹，转动钢筋 1/2～1 圈即可锁定连接件，可以选用标准型连接套筒 |
| | 加锁母型 | 主要用于钢筋完全不能转动，如弯折钢筋以及桥梁灌注桩等钢筋笼的相互对接。将锁母和连接套筒预先拧入加长螺纹，再反拧入另一根钢筋端头螺纹，用锁母锁定连接套筒。可以选用标准型或扩口型连接套筒加锁母 |
| | 正反螺纹型 | 主要用于钢筋完全不能转动而要求调节钢筋内力的场合，如施工缝、后浇带等。连接套筒带正反螺纹，可以在一个旋向中松开或拧紧两根钢筋，应选用带正反螺纹的连接套筒 |
| | 扩口型 | 主要用于钢筋较难对中的场合，通过转动套筒连接钢筋 |
| | 变径型 | 主要用于连接不同直径的钢筋 |
| 按接头套筒分类 | 标准型套筒 | 带右旋等直径内螺纹，端部两个螺距带有锥度 |
| | 扩口型套筒 | 带右旋等直径内螺纹，一端带有 45°或 60°的扩口，以便于对中入扣 |
| | 变径型套筒 | 带右旋两端具有不同直径的内直螺纹，主要用于连接不同直径的钢筋 |
| | 正反扣型套筒 | 套筒两端各带左、右旋等直径内螺纹，主要用于钢筋不能转动的场合 |
| | 可调型套筒 | 套筒中部带有加长型调节螺纹，主要用于钢筋轴向位置不能移动且不能转动时的连接 |

### 3.2.4　钢筋锥螺纹套筒连接机具

#### 3.2.4.1　概述

　　钢筋锥螺纹连接机主要由钢筋套丝机、量规、力矩扳手、砂轮锯与台式砂轮等组成，如图 3-19 所示。

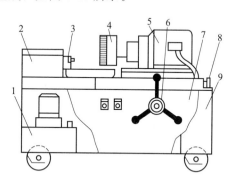

图 3-19　钢筋锥螺纹连接机

1—冷却泵；2—夹紧机构；3—退刀机构；4—切削头；5—减速器；

6—操作手轮；7—机体；8—限位器；9—电器箱

#### 3.2.4.2　钢筋锥螺纹套丝机

　　钢筋锥螺纹套丝机是加工钢筋锥螺纹丝头的专用机床。它由电动机、行星摆线齿轮减速机、切削头、虎钳、进退刀机构、润滑冷却系统、机架等组成。国内现有的钢筋锥螺纹套丝机，其切削头是利用定位环和弹簧共同推动梳刀座，使梳刀张合，进行锥螺纹的切削加工，如图 3-20 所示。

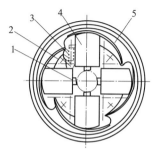

图 3-20　切削头

1—梳刀；2—切削头体；3—弹簧；4—梳刀座；5—进刀环

钢筋锥螺纹套丝机可以用于加工 $\phi$16～40mm 的 HRB335、HRB400 钢筋连接端的锥形外螺纹。常用的有 SZ-50A、GZL-40B、GZS-50 等。钢筋锥螺纹套丝机的技术参数见表 3-15。

表 3-15　钢筋锥螺纹套丝机的技术参数

| 型号 | 钢筋直径加工范围/mm | 切削头转速/(r/min) | 主电动机功率/kW | 排屑方法 | 整机质量/kg | 外形尺寸（长×宽×高）/mm×mm×mm |
|---|---|---|---|---|---|---|
| SZ-50A | 16～40 | 85 | 2.2 | 内冲洗 | 300 | 1000×500×1000 |
| GZL-40B | 16～40 | 49 | 3.0 | 内冲洗 | 385 | 1250×615×1120 |
| GZS-50 | 18～50 | 76 | 3.0 | 内冲洗 | 270 | 780×470×803 |

### 3.2.4.3　量规

检查钢筋锥螺纹丝头质量的量规包括牙形规、卡规或环规、锥螺纹塞规。量规应当由钢筋连接技术单位提供。

（1）牙形规。主要用于检查钢筋连接端锥螺纹的加工质量，如图 3-21 所示。牙形规与钢筋锥螺纹牙形吻合的为合格牙形，如有间隙说明牙瘦或断牙、乱牙，则为不合格牙形。

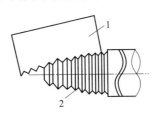

图 3-21　用牙形规检查牙形

1—牙形规；2—钢筋锥螺纹

（2）卡规或环规。主要用于检查钢筋连接端锥螺纹小端直径，如图 3-22 所示。如钢筋锥螺纹小端直径在卡规或环规的允差范围时为合格丝头。否则，为不合格丝头。

（3）锥螺纹塞规。主要用于检查连接套筒锥形内螺纹的加工质量，如图 3-23 所示。

### 3.2.4.4　力矩扳手

力矩扳手是保证钢筋连接质量的重要测力工具之一，其构造如图 3-24 所示，技术性能见表 3-16。力矩扳手操作时，首先按不同钢筋直径规定的力矩值调整扳手，然后将钢筋与连接套筒拧紧，当达到要求的力矩时，可发出声响信号。

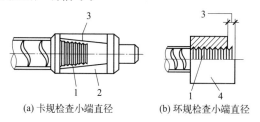

(a)卡规检查小端直径　　(b)环规检查小端直径

图 3-22　卡规与环规检查小端直径

1—钢筋锥螺纹；2—卡规；3—缺口（允许误差）；4—环规

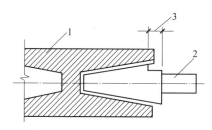

图 3-23　用锥螺纹塞规检查套筒

1—锥螺纹套筒；2—塞规；3—缺口（允许误差）

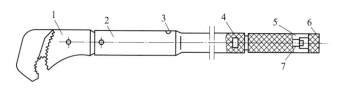

图 3-24　力矩扳手构造示意

1—钳头；2—外壳；3—尾部孔；4—游动标尺；

5—手柄；6—保护帽；7—调整丝杠

**表 3-16　力矩扳手技术性能**

| 型号 | 钢筋直径/mm | 额定力矩/(N·m) | 外形尺寸/mm | 质量/kg |
|---|---|---|---|---|
| HL-01-SF-2 | $\phi16$ | 100 | 770(长度) | 3.5 |
| | $\phi18$ | 200 | | |
| | $\phi20$ | 200 | | |
| | $\phi22$ | 260 | | |
| | $\phi25$ | 260 | | |
| | $\phi28$ | 320 | | |
| | $\phi32$ | 320 | | |

| 型号 | 钢筋直径/mm | 额定力矩/(N·m) | 外形尺寸/mm | 质量/kg |
|------|------------|---------------|------------|---------|
| HL-01-SF-2 | $\phi36$ | 360 | 770(长度) | 3.5 |
|  | $\phi40$ | 360 |  |  |

（1）力矩扳手使用方法。力矩扳手的游动标尺通常设定在最低位置。在使用时，要根据所连钢筋直径，用调整扳手旋转调整丝杆，将游动标尺上的钢筋直径刻度值对正手柄外壳上的刻线，然后将钳头垂直咬住所连钢筋，用手握住力矩扳手手柄，顺时针均匀加力。当力矩扳手发出"咔哒"声响时，钢筋连接达到规定的力矩值。应当停止加力，否则会损坏力矩扳手。力矩扳手逆时针旋转只起棘轮作用，施加不上力。力矩扳手无声音信号发出时，应当停止使用，进行修理；修理后的力矩扳手要进行标定方可使用。

（2）力矩扳手使用注意事项

① 防止水、泥、砂子等进入手柄内。

② 力矩扳手要端平，钳头应垂直钢筋均匀加力，不得过猛。

③ 力矩扳手发出"咔哒"响声时就不得继续加力，避免过载弄弯扳手。

④ 不准用力矩扳手当锤子、撬棍使用，避免弄坏力矩扳手。

⑤ 长期不适用力矩扳手时，应当将力矩扳手游动标尺刻度值调到0位，以免手柄里的压簧长期受压，影响力矩扳手精度。

### 3.2.4.5 砂轮锯与台式砂轮

砂轮锯主要用于切断挠曲的钢筋接头。台式砂轮主要用于修磨梳刀。

## 3.2.5 GK型锥螺纹钢筋连接机具

### 3.2.5.1 概述

GK型锥螺纹接头是在钢筋连接端加工前，首先对钢筋连接端部沿径向通过压模施加压力，使其产生塑性变形，形成一个圆锥体；然后按普通锥螺纹工艺，将顶压后的圆锥体加工成锥形外螺纹，最后穿入带锥形内螺纹的钢套筒，用力矩扳手拧紧，即可完成钢筋的连接。

预压变形后的钢筋端部材料由于冷硬化而使强度比钢筋母材提高

10％～20％，因而使锥螺纹的强度也相应得到提高，弥补了由于加工锥螺纹、减小钢筋截面而造成接头承载力下降的缺陷，从而提高了锥螺纹接头的强度。GK 型锥螺纹接头性能可满足Ⅰ级要求。

### 3.2.5.2  钢筋径向预压机（GK40 型）

钢筋径向预压机（GK40 型）可以将 $\phi 16\sim 40mm$ 的 HRB335、HRB400 钢筋端部预压成圆锥形。钢筋径向预压机（GK40 型）主要由以下三部分组成。

（1）GK40 型径向预压机（图 3-25）。其结构形式为直线运动双作用液压缸，该液压缸为单活塞无缓冲式，液压缸为撑力架及模具组合成液压工作装置。GK40 型径向预压缸液压缸的性能见表 3-17。

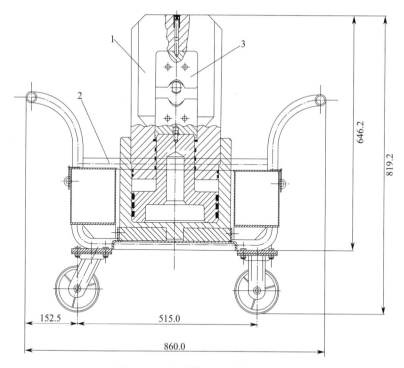

图 3-25  径向预压机（单位：mm）

1—预压机；2—小车；3—压模

表 3-17　GK40 型径向预压缸液压缸的性能

| 项　　目 | 指　　标 |
|---|---|
| 额定推力/kN | 1780 |
| 最大推力/kN | 1910 |
| 外伸速度/(m/min) | 0.12 |
| 回程速度/(m/min) | 0.47 |
| 工作时间/s | 20～60 |
| 外形尺寸/mm | 486×230(高×直径) |
| 质量/kg | 80 |
| 壁厚/mm | 25 |
| 密封形式 | "O"形橡胶密封圈 |
| 缸体连接 | 螺纹连接 |

（2）超高压液压泵站（图 3-26）。YTDB 型超高压泵站的结构形式是阀配流式径向定量柱塞泵与控制阀、管路、油箱、电动机、压力表组合成的液压动力装置。钢筋端部径向预压机动力源的主要技术参

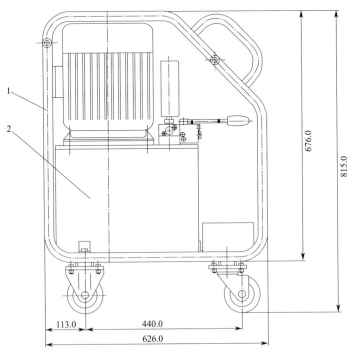

图 3-26　超高压泵站（单位：mm）

1—小车；2—泵站

数见表 3-18。

**表 3-18 钢筋端部径向预压机动力源的主要技术参数**

| 项 目 | 指 标 |
|---|---|
| 额定压力/MPa | 70 |
| 最大压力/kN | 75 |
| 电动机功率/kW | 3 |
| 电动机转速/(r/min) | 1410 |
| 额定流量/(L/min) | 3 |
| 容积效率/% | ≥70 |
| 输入电压/V | 380 |
| 油箱容积/L | 25 |
| 外形尺寸/mm | 420×335×700(长×宽×高) |
| 质量/kg | 105 |

（3）径向预压模具（图 3-27）。径向预压模具主要用于实现对建筑结构用 $\phi16\sim40mm$ 钢筋端部的径向预压。其材质为 CrWMn（锻件），淬火硬度为 55～60（HRC）。

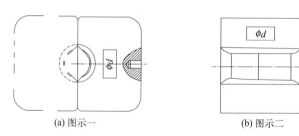

(a) 图示一                    (b) 图示二

图 3-27 径向预压模具

### 3.2.5.3 其他要求

锥螺纹套丝机、力矩扳手、量规、砂轮锯等机具与普通锥螺纹连接技术相同。

## 3.3 钢筋焊接机具

### 3.3.1 钢筋电弧焊接机具

#### 3.3.1.1 焊接变压器（交流弧焊机）

焊接变压器也称为交流弧焊机，其基本原理与一般电力变压器相同，具有降压特性，并能够保证焊接过程中交流电弧的稳定燃烧。焊接变压器具有体积小、质量轻、使用方便等优点，可以焊接各种低碳钢、普通低合金钢钢筋。常用焊接变压器型号及性能见表3-19。

表3-19　常用焊接变压器型号及性能

| 项　　目 | | BX₃-120-1 | BX₃-300-2 | BX₃-500-2 | BX₂-1000（BC-1000） |
|---|---|---|---|---|---|
| 额定焊接电流/A | | 120 | 300 | 500 | 1000 |
| 初级电压/V | | 220/380 | 380 | 380 | 220/380 |
| 次级空载电压/V | | 70～75 | 70～78 | 70～75 | 69～78 |
| 定额工作电压/V | | 25 | 32 | 40 | 42 |
| 额定初级电流/A | | 41/23.5 | 61.9 | 101.4 | 340/196 |
| 焊接电流调节范围/A | | 20～160 | 40～400 | 60～600 | 400/1200 |
| 额定持续率/% | | 60 | 60 | 60 | 60 |
| 额定输入功率/kW | | 9 | 23.4 | 38.6 | 76 |
| 各持续率时的功率/kW | 100% | 7 | 18.5 | 30.5 | — |
| | 额定持续率 | 9 | 23.4 | 38.6 | 76 |
| 各持续率时的焊接电流/A | 100% | 93 | 232 | 388 | 775 |
| | 额定持续率 | 120 | 300 | 500 | 1000 |
| 功率因数 | | — | — | — | 0.62 |
| 效率/% | | 80 | 82.5 | 87 | 90 |
| 质量/kg | | 100 | 183 | 225 | 560 |
| 外形尺寸/mm | 长 | 485 | 730 | 730 | 744 |
| | 宽 | 470 | 540 | 540 | 950 |
| | 高 | 680 | 900 | 900 | 1220 |

注：带（　）的为原有型号。

### 3.3.1.2　焊接发电机（直流弧焊机）

焊接发电机也称直流弧焊机，主要由三相感应电动机或其他原动机拖动弧焊发电机所组成。由于焊接发电机的电枢回路内串有电抗器，引弧容易，飞溅少，焊接过程电弧稳定，可以焊接各种低、中、高碳钢，合金钢，不锈钢与非铁（有色）金属。

表 3-20 常用焊接发电机型号及性能

| 项 目 | | | AX₁-165 (AB-165) | AX₄-300-1 (AG-300) | AX-320 (AT-320) | AX₅-500 | AX₃-500 (AG-500) |
|---|---|---|---|---|---|---|---|
| 弧焊发电机 | 额定焊接电流/A | | 165 | 300 | 320 | 500 | 500 |
| | 焊接电流调节范围/A | | 40~200 | 45~375 | 45~320 | 60~600 | 60~600 |
| | 空载电压/V | | 40~60 | 55~80 | 50~80 | 65~92 | 55~75 |
| | 工作电压/V | | 30 | 22~35 | 30 | 23~44 | 25~40 |
| | 额定持续率/% | | 60 | 60 | 50 | 60 | 60 |
| | 各持续率时的功率/kW | 100% | 3.9 | 6.7 | 7.5 | 13.6 | 15.4 |
| | | 额定持续率 | 5 | 9.6 | 9.6 | 20 | 20 |
| | 各持续率时的焊接电流/A | 100% | 130 | 230 | 250 | 385 | 385 |
| | | 额定持续率 | 165 | 300 | 320 | 500 | 500 |
| 使用焊条直径/mm | | | φ5以下 | φ3~7 | φ3~7 | φ3~7 | φ3~7 |
| 电动机 | 功率/kW | | 6 | 10 | 14 | 26 | 26 |
| | 电压/V | | 220/380 | 380 | 380 | 380 | 220/380/660 |
| | 电流/A | | 21.3/12.3 | 20.8 | 27.8 | 50.9 | 89/51.5/29.7 |
| | 频率/Hz | | 50 | 50 | 50 | 50 | 50 |
| | 转速/(r/min) | | 2900 | 2900 | 1450 | 1450 | 2900 |
| | 功率因数 | | 0.87 | 0.88 | 0.87 | 0.88 | 0.90 |
| | 机组效率/% | | 52 | 52 | 53 | 54 | 54 |
| 机组质量/kg | | | 210 | 250 | 560 | 700 | 415 |
| 外形尺寸/mm | 长 | | 932 | 1140 | 1202 | 1128 | 1078 |
| | 宽 | | 382 | 500 | 590 | 590 | 600 |
| | 高 | | 720 | 825 | 992 | 1000 | 805 |

注：带（　）的为原有型号。

表3-21 常用焊接整流器型号及性能

| 项目 | | | ZXG₁-160 | ZXG₁-250 | ZXG-300R | ZXG₁-400 | ZXG-500R |
|---|---|---|---|---|---|---|---|
| 输出 | 额定焊接电流/A | | 160 | 250 | 300 | 400 | 500 |
| | 焊接电流调节范围/A | | 40~192 | 62~300 | 30~300 | 100~480 | 40~500 |
| | 空载电压/V | | 71.5 | 71.5 | 70 | 71.5 | 70/80 |
| | 工作电压/V | | 22~28 | 22~32 | 21~32 | 24~39 | 22~40 |
| | 额定持续率/% | | 60 | 60 | 40 | 60 | 40 |
| | 各持续率时的焊接电流/A | 100% | — | — | 194 | — | 315 |
| | | 额定持续率 | — | — | 300 | — | 500 |
| 输入 | 电流电压/V | | 380 | 380 | 380 | 380 | 380 |
| | 电源相数 | | 3 | 3 | 3 | 3 | 3 |
| | 频率/Hz | | 50 | 50 | 50 | 50 | 50 |
| | 额定输入电流/A | | 16.8 | 26.3 | 29.6 | 42 | 53.8 |
| | 额定输入容量/(kV·A) | | 11 | 17.3 | 19.5 | 27.8 | 35.5 |
| 外形尺寸/mm | 长 | | 595 | 635 | 690 | 686 | 760 |
| | 宽 | | 480 | 530 | 440 | 570 | 520 |
| | 高 | | 970 | 1030 | 885 | 1075 | 945 |
| 质量/kg | | | 138 | 182 | 230 | 238 | 350 |

焊接发电机的主要型号有 AX-320、AX$_4$-300-1、AX$_1$-165、AX$_5$-500 等。其中，AX-320 型直流弧焊发电机属裂极式，空载电压为 50～80V，工作电压为 30V，焊接电流调节范围为 45～320A。它主要有 4 个磁极，在水平方向的磁极称为主极，而垂直方向的磁极称为交极，南北极不是互相交替，而是两个北极、两个南极相邻配置，主极和交极仿佛由一个电极分裂而成，所以称为裂极式。

常用焊接发电机型号及性能见表 3-20。

### 3.3.1.3　焊接整流器（硅整流焊机）

焊接整流器也称硅整流弧焊机，是一种静止式的直流弧焊电源，主要由交流部分与整流部分组成。与直流弧焊机比较，焊接整流器具有噪声小、空载损耗小、惯性和磁偏吹较小、制造和维护容易等特点。

常用焊接整流器型号及性能见表 3-21。

### 3.3.1.4　焊接变压器常见故障及其消除方法

焊接变压器常见故障及其消除方法见表 3-22。

**表 3-22　焊接变压器常见故障及其消除方法**

| 故障现象 | 产生原因 | 消除方法 |
|---|---|---|
| 变压器过热 | (1)变压器过载<br>(2)变压器绕组短路 | (1)降低焊接电流<br>(2)消除短路处 |
| 导线接线处过热 | 接线处接触电阻过大或接线螺栓松动 | 将接线松开，用砂纸或小刀将接触面清理出金属光泽，然后旋紧螺栓 |
| 手柄摇不动，次级绕阻无法移动 | 次级绕组引出电缆卡住或挤在次级绕阻中，螺套过紧 | 拨开引出电缆，使绕阻能顺利移动；松开紧固螺母，适当调节螺套，再旋紧紧固螺母 |
| 可动铁芯在焊接时发出响声 | 可动铁芯的制动螺栓或弹簧太松 | 旋紧螺栓，调整弹簧 |
| 焊接电流忽大忽小 | 动铁芯在焊接时位置不稳定 | 将动铁芯调节手柄固定或将铁芯固定 |
| 焊接电流过小 | (1)焊接导线过长、电阻大<br>(2)焊接导线盘成盘形，电感大<br>(3)电缆线接头与工件接触不良 | (1)减短导线长度或加大线径<br>(2)将导线放开，不要成盘形<br>(3)使接头处接触良好 |

### 3.3.1.5　焊接发电机常见故障及其消除方法

焊接发电机常见故障及其消除方法见表 3-23。

表 3-23　焊接发电机常见故障及其消除方法

| 故障现象 | 产生原因 | 消除方法 |
|---|---|---|
| 机壳漏电 | (1)电源接线误碰机壳<br>(2)变压器、电抗器、风扇及控制线圈元件等碰机壳 | (1)消除碰处<br>(2)消除碰处 |
| 空载电压过低 | (1)电源电压过低<br>(2)变压器绕组短路<br>(3)硅元件或晶闸管损坏 | (1)调高电源电压<br>(2)消除短路<br>(3)更换硅元件或晶闸管 |
| 电流调节失灵 | (1)控制绕组短路<br>(2)控制回路接触不良<br>(3)控制整流器回路元件击穿<br>(4)印刷线路板损坏 | (1)消除短路<br>(2)使接触良好<br>(3)更换元件<br>(4)更换印刷线路板 |
| 焊接电流不稳定 | (1)主回路接触器抖动<br>(2)风压开关抖动<br>(3)控制回路接触不良、工作失常 | (1)消除抖动<br>(2)消除抖动<br>(3)检修控制回路 |
| 工作中焊接电压突然降低 | (1)主回路部分或全部短路<br>(2)整流元件或晶闸管击穿或短路<br>(3)控制回路断路 | (1)消除短路<br>(2)更换元件<br>(3)检修控制整流回路 |
| 电表无指示 | (1)电表或相应接线短路<br>(2)主回路出故障<br>(3)饱和电抗器和交流绕组断线 | (1)修复电表或接线短路处<br>(2)排除故障<br>(3)消除断路处 |
| 风扇电机不动 | (1)熔断器熔断<br>(2)电动机引线或绕组断线<br>(3)开关接触不良 | (1)更换熔断器<br>(2)接好或修好断线<br>(3)使接触良好 |

### 3.3.1.6　焊接整流器常见故障及其消除方法

焊接整流器的使用和维护与交流弧焊机相似，不同的是它装有整流部分。因此，必须根据弧焊机整流和控制部分的特点进行使用和维护。当硅整流器损坏时，要查明原因，排除故障之后，才能够更换新的硅整流器。焊接整流器常见故障及其消除方法见表 3-24。

表 3-24　焊接整流器常见故障及其消除方法

| 故障现象 | 产生原因 | 消除方法 |
|---|---|---|
| 电动机反转 | 三相电动机与电源网路接线错误 | 三相中任意两相调换 |
| 焊接过程中电流忽大忽小 | (1)电缆线与工件接触不良<br>(2)网路电压不稳<br>(3)电流调节器可动部分松动<br>(4)电刷与铜头接触不良 | (1)使电缆线与工件接触良好<br>(2)使网路电压稳定<br>(3)固定好电流调节器的松动部分<br>(4)使电刷与铜头接触良好 |

| 故障现象 | 产生原因 | 消除方法 |
|---|---|---|
| 焊机过热 | (1)焊机过载<br>(2)电枢线圈短路<br>(3)换向器短路<br>(4)换向器脏污 | (1)减小焊接电流<br>(2)消除短路处<br>(3)消除短路处<br>(4)清理换向器,去除污垢 |
| 电动机不启动并发出响声 | (1)三相熔断丝中有某一相烧断<br>(2)电动机定子线圈烧断 | (1)更换新熔断丝<br>(2)消除断路处 |
| 导线接触处过热 | 接线处接触电阻过大或接触处螺栓松动 | 将接线松开,用砂纸或小刀将接触面清理出金属光泽 |

### 3.3.2 钢筋气压焊机具

#### 3.3.2.1 概述

钢筋气压焊采用一定比例的氧气与乙炔焰作为热源,对需要接头的两根钢筋的端部接缝处进行加热烘烤,使其达到热塑状态,并对钢筋施加 30～40MPa 的轴向压力,使钢筋顶锻在一起。

钢筋气压焊可以分为敞开式与闭式两种。敞开式是将两根钢筋端面稍微离开,加热到熔化温度,加压完成焊接的一种方法,属于熔化压力焊;闭式是将两根钢筋端面紧密闭合,加热到 1200～1250℃,加压完成焊接的一种方法,属于固态压力焊。目前,钢筋气压焊常用的方法为闭式气压焊,其施焊原理是在还原性气体的保护下,加热钢筋,使其发生塑性流变后,相互紧密接触,促使端面金属晶体相互扩散渗透,再结晶、再排列,从而形成牢固的对焊接头。

钢筋气压焊不仅适用于竖向钢筋的连接,也适用于各种方向布置的钢筋连接。适用于 HPB300、HRB335 钢筋的焊接,其直径为 14～40mm。当对不同直径的钢筋焊接时,两钢筋的直径差不得大于 7mm。此外,热轧 HRB400 钢筋中的 20MnSiV、20MnTi 也可适用,但不包括含碳量与含硅量较高的 25MnSi。

#### 3.3.2.2 气压焊设备基本组成

钢筋气压焊设备主要包括氧气供气装置、乙炔供气装置、加热器、加压器与钢筋夹具等。辅助设备包括用于切割钢筋的砂轮锯、磨平钢筋端头的角向磨光机等。气压焊设备组成如图 3-28 所示。

#### 3.3.2.3 供气装置

供气装置包括氧气瓶、溶解乙炔气瓶(或中压乙炔发生器)、干式回火防止器、橡胶管与减压器等。溶解乙炔气瓶的供气能力必须满足现场最粗钢筋焊接时的供气量要求，当气瓶供气不能满足要求时，可以并联使用多个气瓶。

（1）氧气瓶。氧气瓶是用来储存及运输压缩氧（$O_2$）的钢瓶，氧气瓶有几种规格，最常用的为容积 40L 的钢瓶，其各项参数见表3-25。

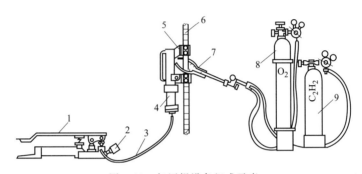

图 3-28　气压焊设备组成示意

1—脚踏液压泵；2—压力表；3—液压胶管；4—油缸；5—钢筋夹具；

6—被焊接钢筋；7—多火口烤钳；8—氧气瓶；9—乙炔瓶

表 3-25　氧气瓶各项参数

| 参　　数 | 数　值 |
| --- | --- |
| 外径/mm | 219 |
| 壁厚/mm | 约为 8 |
| 瓶体高度/mm | 约为 1310 |
| 容积/L | 40 |
| 质量(装满氧气)/kg | 约为 76 |
| 瓶内公称压力/MPa | 14.7 |
| 储存氧气/m³ | 6 |

为了便于识别，通常在氧气瓶外表涂以天蓝色或浅蓝色，并漆有"氧气"黑色字样。

（2）乙炔气瓶。乙炔气瓶是用来储存及运输溶解乙炔（$C_2H_2$）的特殊钢瓶，瓶内填满浸渍丙酮的多孔性物质，其作用主要是防止气体的爆炸及加速乙炔溶解于丙酮的过程。乙炔钢瓶必须垂直放置，当瓶内压力减低到 0.2MPa 时，应当停止使用。乙炔气瓶各项参数见表3-26。

表 3-26 乙炔气瓶各项参数

| 参 数 | 数 值 |
|---|---|
| 外径/mm | 255~285 |
| 壁厚/mm | 约为 3 |
| 高度/mm | 925~950 |
| 容积/L | 40 |
| 质量(装满乙炔)/kg | 约为 69 |
| 瓶内公称压力(当室温为 15℃)/MPa | 1.52 |
| 储存乙炔气/m³ | 6 |

乙炔钢瓶的外表应涂白色，并漆有"乙炔"红色字样。

氧气瓶与溶解乙炔气瓶的使用应当按照国家市场监督管理总局颁发的《气瓶安全技术规程》中的相关规定执行；溶解乙炔气瓶的供气能力应当满足现场最大直径钢筋焊接时供气量的要求；当不满足使用要求时，可以采用多瓶并联使用。

（3）减压器。减压器是将气体从高压降至低压，设有显示气体压力大小的装置，并具有稳压的作用。减压器按照工作原理可以分为正作用减压器和反作用减压器两种，如图 3-29 所示，常用的有以下两种单级反作用减压器：QD-2A 型单级氧气减压器的高压额定压力为 15MPa，低压调节范围为 0.1~1.0MPa；QD-20 型单级乙炔减压器的高压额定压力为 1.6MPa，低压调节范围为 0.01~0.15MPa。

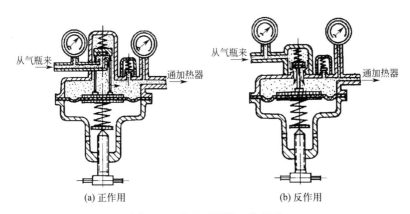

图 3-29 单级减压器工作原理

（4）回火防止器。回火防止器是装在燃料气体系统中防止火焰向燃气管路或气源回烧的保险装置，主要分为水封式回火防止器和干式回火防止器（图3-30）两种。水封式回火防止器常常与乙炔发生器组装成一体，在使用时，必须检查水位。

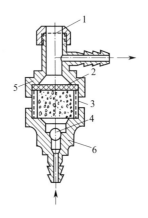

图3-30　干式回火防止器

1—防爆橡皮圈；2—橡皮压紧垫圈；3—滤清器；
4—橡皮反向活门；5—上端盖；6—下端盖

（5）乙炔发生器。乙炔发生器是利用电石的主要成分碳化钙（$CaC_2$）和水相互作用，从而制取乙炔的一种设备。使用乙炔发生器时，应当注意：每天工作完毕应放出电石渣，并经常清洗。目前，国家推广使用瓶装溶解乙炔，在施工现场，乙炔发生器已逐渐被淘汰。

### 3.3.2.4　加热器

加热器主要由混合气管与多口火烤钳组成，一般称为多嘴环管焊炬。为了使钢筋接头处能均匀加热，多口火烤钳通常设计成环状钳形，如图3-31所示，并要求多束火焰燃烧均匀，调整方便。加热器的火口数与焊接钢筋直径的关系可参考表3-27。

表3-27　加热器火口数与焊接钢筋直径的关系

| 焊接钢筋直径/mm | 火口数 |
| --- | --- |
| 22～25 | 6～8 |
| 26～32 | 8～10 |
| 33～40 | 10～12 |

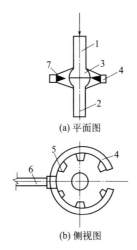

(a) 平面图

(b) 侧视图

图 3-31  多口火烤钳

1—上钢筋；2—下钢筋；3—镦粗区；4—环形加热器（火钳）；

5—火口；6—混气管；7—火焰

#### 3.3.2.5  加压器

加压器主要由液压泵、液压表、液压油管与顶压油缸四部分组成。在钢筋气压焊接作业中，加压器作为压力源，通过连接夹具对钢筋进行顶锻，施加所需要的轴向压力。轴向压力可以按式（3-1）计算：

$$p = fF_1 p_0 / F_2 \tag{3-1}$$

式中  $p$——对钢筋实际施加的轴向压力，MPa；

$f$——压力传递接头系数，一般可取 0.85；

$F_1$——顶压油缸活塞截面积，$mm^2$；

$p_0$——油压表指针读数，MPa；

$F_2$——钢筋截面积，$mm^2$。

液压泵有手动式和电动式两种。

手动式加压器的构造见图 3-32。电动式加压器外形见图 3-33。

加压器的使用性能要求如下。

（1）加压器的轴向顶压力应保证所焊钢筋断面上的压力达到 40MPa；顶压油缸的活塞顶头应保证有足够的行程。

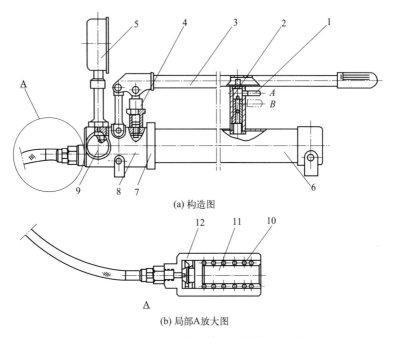

(a) 构造图

(b) 局部A放大图

图 3-32 手动式加压器构造

1—锁柄；2—锁套；3—压把；4—泵体；5—压力表；6—油箱；7—连接头；
8—泵座；9—卸载阀；10—弹簧；11—活塞顶头；12—油缸体

（2）在额定压力下，液压系统关闭卸荷阀 1min 后，系统压力下降值不超过 2MPa。

（3）加压器的无故障工作次数为 1000 次，液压系统各部分不得漏油，回位弹簧不得断裂，与焊接夹具的连接必须灵活、可靠。

（4）橡胶软管应耐弯折，质量符合有关标准的规定，长度 2～3m。

（5）加压器液压系统推荐使用 N46 抗磨液压油，应能在 70℃ 以下正常使用。顶压油缸内密封环应耐高温。

（6）达到额定压力时，手动油泵的杠杆操纵力不得大于 350N。

（7）电动油泵的流量在额定压力下应达到 0.25L/min。手动油泵在额定压力下排量不得小于 10mL/次。

（8）电动油泵供油系统必须设置安全阀，其调定压力应与电动油

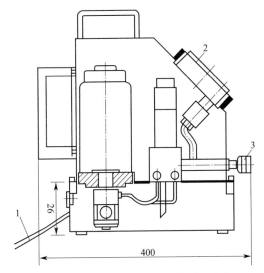

图 3-33　高压电动油泵（加压器）外形（单位：mm）

1—电源线；2—油压表；3—出油口

泵允许的工作压力一致。

顶压油缸的基本参数见表 3-28。

表 3-28　顶压油缸基本参数

| 顶压油缸代号 | 活塞直径/mm | 活塞杆行程/mm | 额定压力/MPa |
| --- | --- | --- | --- |
| DY32 | 32 | 45 | 31.5 |
| DY40 | 40 | 60 | 40 |
| DY50 | 50 | 60 | 40 |

### 3.3.2.6　钢筋夹具

（1）钢筋夹具的基本组成。钢筋夹具是在气压焊接作业过程中将两根待焊钢筋端部夹牢，并可对钢筋施加轴向顶锻压力的装置。钢筋夹具由固定夹头、活动夹头、紧固螺栓、调整螺栓、回位弹簧与卡帽等组成，如图 3-34 所示。焊接夹具的卡帽主要有卡槽式与花键式两种。活动夹头和固定夹头的固筋方式主要有 4 种，如图 3-35 所示，使用时不应损伤带肋钢筋肋下钢筋的表面。活动夹头应与固定夹头同心，并且当不同直径钢筋焊接时，也应当保持同心；活动夹头的位移应当大于等于现场最大直径钢筋焊接时所需的压缩长度。

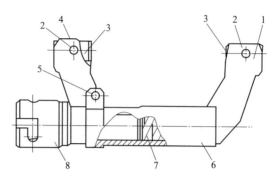

图 3-34　气压焊钢筋夹具示意

1—固定夹头；2—紧固螺栓；3—夹块；4—活动夹头；

5—调整螺栓；6—夹具外壳；7—回位弹簧；8—卡帽

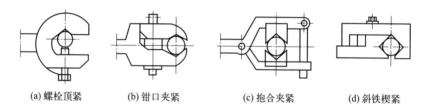

(a) 螺栓顶紧　　　　(b) 钳口夹紧　　　　(c) 抱合夹紧　　　　(d) 斜铁楔紧

图 3-35　夹头固筋方式

（2）钢筋夹具的作用。钢筋夹具的作用有：焊接作业时，能够对钢筋进行夹紧、调整，同时在施焊过程中对钢筋施加足够的轴向压力，将两根钢筋压接在一起。因此，要求钢筋夹具不仅应当具有足够的握力，确保夹紧钢筋；而且应当便于钢筋安装定位，确保在焊接过程中钢筋不滑移，钢筋接头不产生偏心和弯曲变形，同时不损伤钢筋的表面。

（3）钢筋夹具的基本参数。钢筋夹具的基本参数见表 3-29。

表 3-29　钢筋夹具的基本参数

| 钢筋夹具代号 | 焊接钢筋额定直径/mm | 额定荷载/kN | 允许最大荷载/kN | 动夹头有效行程/mm | 动、定夹净距/mm | 夹头中心与筒体外缘净距/mm |
|---|---|---|---|---|---|---|
| HJ25 | 25 | 20 | 30 | ≥45 | 160 | 70 |
| HJ32 | 32 | 32 | 48 | ≥50 | 170 | 80 |
| HJ40 | 40 | 50 | 65 | ≥60 | 200 | 85 |

（4）钢筋夹具的性能要求。钢筋夹具的使用性能要求如下。

① 焊接夹具应当保证夹持钢筋牢固，在额定荷载下，钢筋与夹头间相对滑移量不得大于5mm，并应便于钢筋的安装定位。

② 在额定荷载下，焊接夹具的动夹头与定夹头的同轴度不得大于0.25。

③ 焊接夹具的夹头中心线与筒体中心线的平行度不得大于0.25mm。

④ 焊接夹具装配间隙累积偏差不得大于0.50mm。

### 3.3.2.7  辅助设备

辅助设备主要有砂轮锯（切割钢筋用）、角向磨光机（磨平钢筋端头用）等。

## 3.3.3  钢筋对焊机

### 3.3.3.1  对焊机的类别

对焊机按照焊接方式可以分为电阻对焊、连续闪光对焊与预热闪光对焊；按照结构形式分为弹簧顶锻式、杠杆挤压弹簧顶锻式、电动凸轮顶锻式与气压顶锻式。

### 3.3.3.2  对焊机的技术性能

常用对焊机的技术性能见表3-30。

表 3-30  常用对焊机的技术性能

| 项  目 | 技术性能指标 | | | |
| --- | --- | --- | --- | --- |
| | $UN_1$-75 | $UN_1$-100 | $UN_2$-150 | $UN_{17}$-150-1 |
| 额定容量/kV·A | 75 | 100 | 150 | 150 |
| 初级电压/V | 220/380 | 380 | 380 | 380 |
| 次级电压调节范围/V | 3.52～7.94 | 4.5～7.6 | 4.05～8.0 | 3.8～7.6 |
| 次级电压调节级数 | 8 | 8 | 15 | 15 |
| 额定持续率/% | 20 | 20 | 20 | 50 |
| 钳口夹紧力/kN | 20 | 40 | 100 | 160 |
| 最大顶锻力/kN | 30 | 40 | 65 | 80 |
| 钳口最大距离/mm | 80 | 80 | 100 | 90 |
| 动钳口最大行程/mm | 30 | 50 | 27 | 80 |
| 动钳口最大烧化行程/mm | | | | 20 |

| 项 目 | | 技术性能指标 | | | |
|---|---|---|---|---|---|
| | | UN₁-75 | UN₁-100 | UN₂-150 | UN₁₇-150-1 |
| 焊件最大预热压缩量/mm | | — | — | 10 | — |
| 连续闪光焊时钢筋最大直径/mm | | 12～16 | 16～20 | 20～25 | 20～25 |
| 预热闪光焊时钢筋最大直径/mm | | 32～36 | 40 | 40 | 40 |
| 生产率/(次/h) | | 75 | 20～30 | 80 | 120 |
| 冷却水消耗量/(L/h) | | 200 | 200 | 200 | 500 |
| 压缩空气 | 压力/(N/mm²) | — | — | 5.5 | 6 |
| | 消耗/(m³/h) | — | — | 15 | 6 |
| 焊机质量/kg | | 445 | 465 | 2500 | 1900 |
| 外形尺寸/mm | 长 | 1520 | 1800 | 2140 | 2300 |
| | 宽 | 550 | 550 | 1360 | 1100 |
| | 高 | 1080 | 1150 | 1380 | 1820 |

### 3.3.3.3 对焊机的基本结构

UN₁ 系列对焊机的主要结构由机架部分、进料压紧机构、夹具装置、控制开关、冷却系统与电气设备等部分构成，如图 3-36 所示。

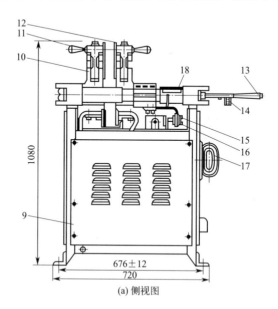

(a) 侧视图

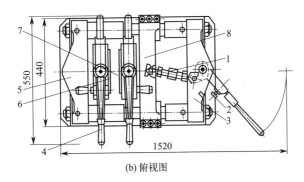

(b) 俯视图

图 3-36　UN₁ 型系列对焊机结构（单位：mm）

1—调节螺钉；2—螺杆；3—挡板；4—手柄；5—固定横架；6—电极（左）；

7—电极（右）；8—可动横架；9—机架；10—夹紧臂；11—套钩；

12—护板；13—操纵杆；14—按钮；15—行程开关；

16—行程螺钉；17—分极开关；18—行程标尺

### 3.3.3.4　对焊机的工作原理

对焊属于塑性压力焊接，即将对接的钢筋接头部位利用电能转化成的热能，加热到近于熔化的高温状态，利用其高塑性加压实行顶锻，从而达到连接的一种工艺操作。对焊机的工作原理如图 3-37 所示。

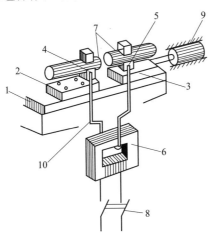

图 3-37　对焊机的工作原理

1—机身；2—固定平板；3—滑动平板；4—固定电极；5—活动电极；

6—变压器；7—钢筋；8—开关；9—压力机构；10—变压器次级线圈

### 3.3.4　竖向钢筋电渣压力焊机具

#### 3.3.4.1　概述

钢筋电渣压力焊是我国改革开放以来兴起的一项新的钢筋竖向连接技术，属于熔化压力焊。钢筋电渣压力焊是利用电流通过两根钢筋端部之间产生的电弧热和通过渣池产生的电阻热将钢筋端部熔化，然后施加压力，使钢筋焊接为一体的方法。这种方法具有施工简便、生产效率高、节约钢材、节约电能和接头质量可靠、成本较低的特点。钢筋电渣压力焊主要用于现浇钢筋混凝土结构中竖向或斜向（倾斜度在4：1范围内）钢筋的连接。

竖向钢筋电渣压力焊是一种综合焊接，它具有埋弧焊、电渣焊与压力焊三种焊接方法的特点。焊接开始时，首先应当在上下两钢筋端面之间引燃电弧，使电弧周围焊剂熔化形成空穴，随后在监视焊接电压的情况下，进行"电弧过程"的延时，利用电弧热量，一方面使电弧周围的焊剂不断熔化，使渣池形成必要的深度；另一方面使钢筋端面逐渐烧平，为获得优良接头创造条件。接着将上钢筋端部潜入渣池中，电弧熄灭，进行"电渣过程"的延时，利用电阻热能使钢筋全断面熔化，并形成有利于保证焊接质量的端面形状。最后，在断电同时迅速进行挤压，排除全部熔渣和熔化金属，形成焊接接头。

钢筋电渣压力焊接一般适用于 HPB300、HRB335 直径为 14～40mm 钢筋的连接。

#### 3.3.4.2　焊机

（1）按整机组合方式分类。按整机组合方式分类，焊机可以分为分体式焊机和同体式焊机。

① 分体式焊机。包括焊接电源（电弧焊机）、焊接夹具、控制系统和辅件（焊剂盒，回收工具）等几部分。另外，还有控制电缆、焊接电缆等附件。分体式焊机的特点是便于充分利用现有电弧焊机，节省投资。

② 同体式焊机。将控制系统的电气元件组合在焊接电源内，另配焊接夹具、电缆等。其特点是可以一次投资到位，购入即可使用。

（2）按操作方式分类。按操作方式分类，焊机可以分为手动式焊机和自动式焊机。

① 手动式焊机。这种焊机由于装有自动信号装置，又称半自动焊机。

a. 杠杆式单柱焊接机头。由上夹头（活动夹头）、下夹头（固定夹头）、单导头、焊剂盒与手柄等组成，如图 3-38 所示。操作时，将上钢筋固定在上夹头上，利用手动杠杆使上夹头沿单导柱上、下滑动，从而控制上钢筋的位置与间隙。机头的夹紧装置具有微调机构，可保证钢筋的同心度。另外，在半自动焊接机头上装置有监控仪表，可以按照仪表显示的资料，对焊接过程进行监控。

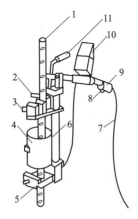

图 3-38　杠杆式单柱焊接机头示意

1—钢筋；2—插座；3—上夹头；4—焊剂盒；5—下夹头；6—单导柱；

7—控制电缆；8—开关；9—操作手把；10—监控仪表；11—手柄

b. 丝杠传动式双柱焊接机头。由上夹头（活动夹头）、下夹头（固定夹头）、双导柱、升降丝杠、夹紧装置、伞形齿轮箱、手柄、操作盒与熔剂盒等组成，如图 3-39 所示。操作时，由手柄、伞形齿轮及升降丝杠控制上夹头沿双导柱滑动升降。由于该机构利用丝杠螺母的自锁特性，传动比为 1∶80，因此上钢筋不仅定位精度高，卡装钢筋后无需调整对中度，而且操作比较省力。MH-36 型竖向钢筋电渣压力焊机就属于这种类型，机头质量约为 8kg，竖向钢筋的最小间距为 60mm。

手动电渣压力焊的焊接过程均由操作工人来完成，所以操作工人的技术熟练程度、身体状况、责任心、情绪高低等，均可能影响工艺

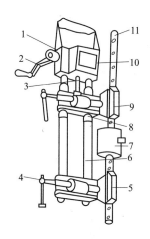

图 3-39　丝杠传动式双柱焊接机头示意

1—伞形齿轮箱；2—手柄；3—升降丝杠；4—夹紧装置；5—下夹头；

6—双导柱；7—熔剂盒；8—导管；9—上夹头；

10—操作盒；11—钢筋

过程的稳定，而最终影响焊接质量。所以，手动焊接的设备性能、工人的技术水平与责任心是保证焊接质量的三大要素。

②自动式焊机。这种焊机可以自动完成电弧、电渣及顶压过程，可以减轻劳动强度，但电气线路比较复杂。图 3-40 为自动电渣压力焊接设备，自动焊接卡具的构造如图 3-41 所示。在图 3-41 中，除了上卡头、支柱与滑套外，8 为推力轴承，上、下应各设一个，可以实现丝杠的上、下定位；9 为伺服电动机，经过一级蜗杆减速后，通过十字轴节与丝杠啮合。下卡头可以做径向调整，解决钢筋的对中和变径问题。

### 3.3.4.3　焊接电源

焊接电源可以采用额定焊接电源 500A 或 500A 以上的弧焊电源（电弧焊机）作为焊接电源，交流或直流均可。焊接电源的次级空载电压应较高，以便于引弧。

焊机的容量应根据所焊钢筋直径选定。常用的交流弧焊机有 $BX_3$-500-2、$BX_3$-650、$BX_2$-700、$BX_2$-1000 等，也可选用 JSD-600 型或 JSD-1000 型专用电源。电渣压力焊电源性能指标见表 3-31；直流

# 3 钢筋连接机具

弧焊电源可以采用 ZX5-630 型晶闸管弧焊整流器或硅弧焊整流器。

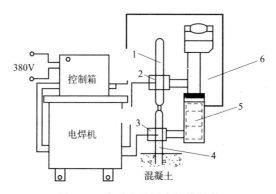

图 3-40　自动电渣压力焊接设备

1—上钢筋；2—上夹钳；3—下夹钳；4—下钢筋；5—电动机；6—机头

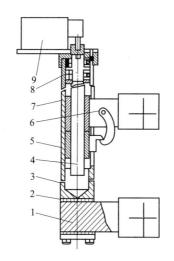

图 3-41　自动焊接卡具的构造示意

1—下卡头；2—绝缘层；3—支柱；4—丝框；5—传动螺母；

6—上卡头；7—滑套；8—推力轴承；9—伺服电动机

表 3-31　电渣压力焊电源性能指标

| 项　目 | JSD-600 | JSD-1000 |
|:---:|:---:|:---:|
| 电源电压/V | 380 | 380 |
| 相数/相 | 1 | 1 |

| 项　目 | JSD-600 | | JSD-1000 | |
|---|---|---|---|---|
| 输入容量/kV·A | 45 | | 76 | |
| 空载电压/V | 80 | | 78 | |
| 负载持续率/% | 60 | 35 | 60 | 35 |
| 初级电流/A | 116 | | 196 | |
| 次级电流/A | 600 | 750 | 1000 | 1200 |
| 次级电压/V | 22～45 | | 22～45 | |
| 焊接钢筋直径/mm | 14～32 | | 22～40 | |

### 3.3.4.4　焊接夹具

焊接夹具由立柱、传动机构、上下夹钳与焊剂（药）盒等组成，并装有监控装置，包括控制开关、次级电压表与时间指示灯（显示器）等。

焊接夹具的主要作用是夹住上下钢筋，使钢筋定位同心；传导焊接电流；确保焊药盒直径与钢筋直径相适应，便于装卸焊药。在焊接夹具上应当装有掌握各项焊接参数的监控装置。

### 3.3.4.5　控制箱

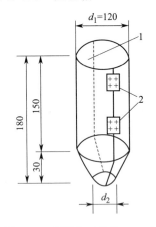

图 3-42　焊剂盒（单位：mm）

1—张口缝；2—铰链；

$d_1$—焊剂盒直径；

$d_2$—锥体口直径

控制箱的作用是通过焊工操作（在焊接夹具上揿按钮），使弧焊电源的一次线路接通或断开。

### 3.3.4.6　焊剂与焊剂盒

（1）焊剂。焊剂应当采用高锰、高硅、低氢型 HJ431 焊剂，其作用是使熔渣形成渣池，使钢筋接头良好地形成，保护熔化金属和高温金属，避免氧化作用与氮化作用的发生。焊剂在使用前，必须经过 250℃烘烤 2h。落地的焊剂可以回收，并经 5mm 筛子筛去熔渣后，再经铜箩底筛筛一遍后烘烤 2h，最后再用铜箩底筛筛一遍，才能与新焊剂各掺一半混合使用。

（2）焊剂盒。焊剂盒可以做成合瓣圆柱体，下口为锥体的形状，如图 3-42 所示。锥体口直径（$d_2$）可按表 3-32 选用。

表 3-32　焊剂盒下口尺寸

| 焊接钢筋直径/mm | $d_2$/mm |
| --- | --- |
| 40 | 46 |
| 32 | 36 |
| 28 | 32 |

### 3.3.5　全封闭自动钢筋竖、横向电渣焊机具

#### 3.3.5.1　概述

全封闭自动钢筋电渣焊机一般配有竖向和横向两种卡具，可一机多用，既可用于钢筋竖向焊接，也可用于钢筋水平方向焊接，并能够实现钢筋焊接过程自动化控制。全封闭自动钢筋电渣焊机的特点是操作简便，焊接过程全自动程序控制，不受人为因素的影响；钢筋焊接端部无需做任何处理；焊接卡具为全封闭结构，防尘、防沙及环境适应能力强；焊接卡具采用 28V 低压直流电动机驱动，并设有上、下极限位置自动保护装置，工作安全性能良好；焊机控制电路设有过压、过流、挤压与熄弧等自动保护措施，一台控制箱可以带 4～6 个卡具连续操作，生产效率高。

#### 3.3.5.2　设备组成

全自动钢筋竖向电渣焊机的设备组成如图 3-43 所示，卡具结构如图 3-44 所示，并见表 3-33。

表 3-33　全封闭自动钢筋电渣焊机的设备组成

| 项目名称 | 数　　量 |
| --- | --- |
| 全自动钢筋电渣焊机控制箱 | 1 台 |
| 带电缆控制盒 | 1 套 20m |
| 钢筋卡具(竖向和横向) | 各 1 套(含焊剂盒、铲、钳) |
| 控制箱输出电缆 | 1 束(两根) |
| 焊把线电缆(用户自备)($S=70\text{mm}^2$、$L=20\text{m}$) | 1 束(两根) |
| 电源电缆(用户自备)($S=16\text{mm}^2$) | 1 束(两根) |
| 普通电焊机(用户自备)(630A 左右) | 1 台 |

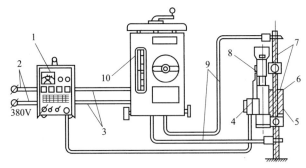

图 3-43　全自动钢筋竖向电渣焊机示意

1—控制箱；2—电源电缆；3—控制箱输出电缆；4—控制盒；5—焊剂盒；

6—焊剂；7—被焊钢筋；8—焊接卡具；9—焊钳电缆；10—电焊机

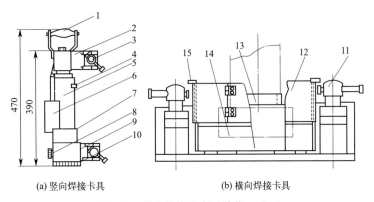

(a) 竖向焊接卡具　　　　　　　　　(b) 横向焊接卡具

图 3-44　卡具结构示意（单位：mm）

1—把手；2—上卡头；3—紧固螺栓；4—焊剂盒插口；5—电动机构；

6—控制盒插座；7—下钢筋限位标记；8—下卡头顶丝；9—下卡头；

10—端盖；11—横向卡具、卡头和基座；12—焊剂盒；

13—横焊立管；14—铜模；15—左右挡板

### 3.3.5.3　技术性能

全封闭自动钢筋电渣焊机的基本技术性能见表 3-34。

表 3-34　全封闭自动钢筋电渣焊机的基本技术性能

| 项目名称 | 指　　标 |
| --- | --- |
| 额定输入电压/V | 380 |
| 额定输入电流/A | ＜140 |
| 焊接工作电压/V | 20～40 |
| 焊接工作电流/A | 350～700 |

| 项目名称 | | 指　标 |
|---|---|---|
| 焊接钢筋直径/mm | 竖向 | 16～36 |
| | 横向 | 16～32(建议应用范围16～25) |
| 上夹头行程/mm | | ≥70 |
| 夹头的提升力和抗压力/kN | | ≥15 |
| 焊剂 | | HJ431 |
| 焊剂消耗/(g/头) | | 200 |
| 焊接时间/(s/头) | 竖向 | ≤50 |
| | 横向 | ≤110 |
| 钢筋消耗/(mm/头) | | 20～30 |
| 工作半径/m | | 20 |
| 配用焊机 | | $BX_3$-630A |

注：1. 工作环境温度为－10～50℃。

2. 工作方式为断续工作制，卡具每次焊接间隔时间不小于5min。

3. 不允许雨天使用。

### 3.3.5.4　焊机的配电设备和线路技术要求

（1）工地供电变压器的容量应当大于100kV·A，当与塔吊等用电设备共用时，变压器的容量还应相应加大，以保证焊机工作时正常供电。电源电压波动范围不应超出焊机配电的技术要求。

（2）从配电盘至电焊机的电源线，其导线截面面积应当大于16mm$^2$；当电源线长度大于100m时，其导线截面面积应当大于20mm$^2$，以避免线路压降过大。

（3）焊钳电缆导线（焊把线）截面面积应当大于70mm$^2$，电源线和焊钳电缆的接线头与导线连接应当压实焊牢，并紧固在配电盘和电焊机的接线柱上。

（4）配电盘上的空气保险开关和漏电保护开关的额定电流，均应大于150A。

（5）交流380V电源电缆和控制箱至卡具控制电缆的走线位置应当选择恰当，以防止工地上金属模板或其他重物砸坏电缆；当配电盘、电焊机和卡具相距较近时，电缆应拉开放置，不能盘成圆盘。

（6）电焊机和控制箱都要接地线，并接地良好。

## 3.3.6　钢筋电阻点焊机

### 3.3.6.1　单头点焊机

DN$_3$-75型气压传动式点焊机为单头点焊机，其结构如图3-45所示。常用单头点焊机的技术性能见表3-35。

表3-35 常用单头点焊机的技术性能

| 项目 | SO 232A | SO 432A | $DN_3$-75 | $DN_3$-100 |
|---|---|---|---|---|
| 传动方式 | 气压传动式 | | | |
| 额定容量/(kV·A) | 17 | 21 | 75 | 100 |
| 额定电压/V | 380 | 380 | 380 | 380 |
| 额定暂载率/% | 50 | 50 | 20 | 20 |
| 初级额定电流/A | 45 | 82 | 198 | 263 |
| 较小钢筋最大直径/mm | 8~10 | 10~12 | 8~10 | 10~12 |
| 每小时最大焊点数/(点/h) | 900 | 1800 | 3000 | 1740 |
| 次级电压调节范围/V | 1.8~3.6 | 2.5~4.6 | 3.33~6.66 | 3.65~7.3 |
| 次级电压调节级数/级 | 6 | 8 | 8 | 8 |
| 电极臂有效伸长距离/mm | 230~550 | 500~800 | 800 | 800 |
| 上电极　工作行程/mm | 10~40 | 40~120 | 20 | 20 |
| 上电极　辅助行程/mm | 22~89 | 56~170 | 80 | 80 |
| 电极同最大压力/kN | 2.64 | 2.76 | 6.5 | 6.5 |
| 电极间同距离/mm | 190~310 | 190~310 | 380~530 | 380~530 |
| 下电极臂垂直调节/mm | | | | |
| 压缩空气　压力/MPa | 0.6 | 0.6 | 0.55 | 0.55 |
| 压缩空气　消耗量/(m³/h) | 2.15 | 1 | 15 | 15 |
| 冷却水消耗量/(L/h) | 160 | 160 | 400 | 700 |
| 质量/kg | 160 | 225 | 800 | 850 |
| 外形尺寸/mm　长 | 765 | 860 | 1610 | 1610 |
| 外形尺寸/mm　宽 | 400 | 400 | 730 | 730 |
| 外形尺寸/mm　高 | 1405 | 1405 | 1460 | 1460 |

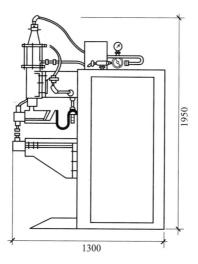

图 3-45　DN₃-75 型气压传动式点焊机（单位：mm）

### 3.3.6.2　钢筋焊接网成形机

钢筋焊接网成形机是钢筋焊接网生产线的专用设备，采用微机控制，能够焊接总宽度不大于 3.4m、总长度不大于 12m 的钢筋网。GWC 系列钢筋焊接网成形机的主要技术性能见表 3-36。

表 3-36　GWC 系列钢筋焊接网成形机的主要技术性能

| 项　　目 | | GWC 1250 | GWC 1650 | GWC 2400 | GWC 3300 |
|---|---|---|---|---|---|
| 最大网宽/mm | | 1300 | 1700 | 2600 | 3400 |
| 焊接钢筋直径/mm | | 1.5～4 | 2～8 | 4～12 | 4～12 |
| 网格宽度/mm | 纵向 | ≥50 | ≥50 | ≥100 | ≥100 |
| | 横向 | ≥20 | ≥50 | ≥50 | ≥50 |
| 工作频率/(1/min) | | 30～90 | 40～100 | 40～100 | 40～100 |
| 焊点数量/点 | | ≥26 | ≥34 | ≥26 | ≥34 |

### 3.3.7　焊接机具使用要点

对电弧焊机的正确使用和合理维护，能保证它的工作性能稳定和延长它的使用期限。

（1）电弧焊机应尽可能安放在通风良好、干燥、不靠近高温和粉尘多的地方。弧焊整流器应当特别注意对硅整流器的保护和冷却。

（2）当电弧焊机接入电网时，必须使两者电压相符。

（3）当启动电弧焊机时，电焊钳和焊件不能接触，以防短路。在焊接过程中，也不能长时间短路，特别是弧焊整流器，在大电流工作时，产生短路会使硅整流器烧坏。

（4）当改变接法（换挡）和变换极性接法时，应在空载下进行。

（5）按照电弧焊机说明书规定的负载持续率下的焊接电流进行使用，不得使电弧焊机过载而损坏。

（6）经常保持焊接电缆与电弧焊机接线柱接触良好。

（7）经常检查弧焊发电机的电刷和整流片的接触情况，保持电刷在整流片表面应有适当而均匀的压力。当电刷磨损或损坏时，要及时更换新电刷。

（8）在露天使用时，应当防止灰尘和雨水浸入电弧焊机内部。电弧焊机搬动时，特别是弧焊整流器，不能受剧烈的振动。

（9）每台电弧焊机均应有可靠的接地线，以保障安全。

（10）当电弧焊机发生故障时，应立即将电弧焊机的电源切断，然后及时进行检查和修理。

（11）工作完毕或临时离开工作场地，必须及时切断电弧焊机的电源。

# 4

# 钢筋绑扎搭接

## 4.1 钢筋绑扎搭接连接概述

### 4.1.1 钢筋绑扎搭接的传力机理

#### 4.1.1.1 传力机理

（1）搭接传力的本质。搭接钢筋之间可以传递内力，完全仰仗周围握裹层混凝土的黏结锚固作用。相背受力的两根钢筋分别将内力传递给混凝土，即通过握裹层混凝土完成内力的过渡。因此钢筋搭接传力的本质，即为钢筋与混凝土的黏结锚固作用。

深入分析钢筋与混凝土的黏结锚固机理，主要是依靠钢筋横肋对混凝土咬合齿的挤压作用。由于钢筋横肋的挤压面是斜向的，所以挤压推力也是斜向的，这就形成了黏结锚固在界面上的锥楔作用[图 4-1（a）]。锥楔作用在纵向的分力即为锚固力，而在径向的推挤力，通常引起握裹层混凝土顺着钢筋方向的纵向劈裂力[图 4-1（b）]，并形成沿钢筋轴线方向的劈裂裂缝。

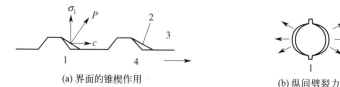

(a) 界面的锥楔作用　　　　　　　　　　(b) 纵间劈裂力

1—钢筋；2—锥楔；3—咬合齿；4—横肋　　　1—钢筋；2—推挤力

图 4-1　钢筋与混凝土界面的锥楔作用和纵向劈裂

$c$—咬合力；$P$—挤压力；$\sigma_1$—应力

（2）搭接传力的特点。钢筋的搭接传力基本是锚固问题，但也有其特点。一是两根钢筋的重叠部位混凝土握裹力受到削弱，所以钢筋的搭接强度小于其锚固强度，钢筋的搭接长度通常以相应的锚固长度折算，并且长度也稍大。二是搭接的两根钢筋锥楔作用的推力均向外[图 4-2(a)、(b)]，所以在两根搭接钢筋之间就特别容易产生劈裂裂缝，即搭接钢筋之间的缝间裂缝[图 4-2(c)]。而搭接长度范围内的围箍约束作用，对于确保搭接连接的传力，有着防止搭接钢筋分离的控制作用[图 4-2(b)]。搭接钢筋之间的这种裂缝继续发展，最终将形成构件搭接传力的破坏[图 4-2(d)]。

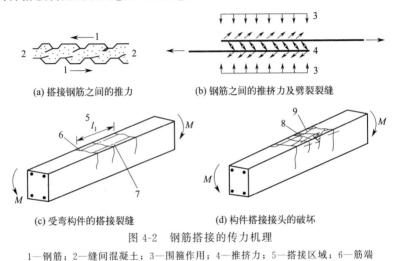

(a) 搭接钢筋之间的推力          (b) 钢筋之间的推挤力及劈裂裂缝

(c) 受弯构件的搭接裂缝          (d) 构件搭接接头的破坏

图 4-2　钢筋搭接的传力机理

1—钢筋；2—缝间混凝土；3—围箍作用；4—推挤力；5—搭接区域；6—筋端横裂；7—缝间纵向劈裂；8—剥落；9—龟裂鼓出；$M$—推力；$l_1$—搭接区域

### 4.1.1.2　传力性能

绑扎搭接连接是施工最为简便的钢筋连接方式。经过系统的试验研究及长期的工程经验，通过采取一定的构造措施，绑扎搭接连接能够满足可靠传力的承载力要求。但由于两根钢筋之间的相对滑移，搭接连接区段的伸长变形往往加大，割线模量 $E_c$ 肯定会减小，小于钢筋弹性模量 $E_s$（图 4-3）。而且构件卸载之后，搭接连接区段还会留下残余变形 $\varepsilon_r$，和在搭接接头两端的残余裂缝（图 4-4），所以搭接接头处受力以后的恢复性能变差。一般钢筋搭接连接的破坏是延性的，只要有配箍约束使绑扎搭接的两根钢筋不分离，就不会发生钢筋传力中断的突然性破坏[图 4-2(d)]。

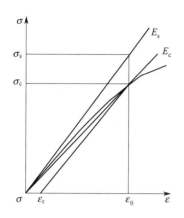

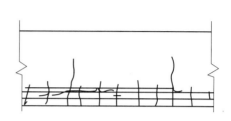

图 4-3  搭接钢筋的割线模量

$E_c$—直接接头割线模量；$E_s$—钢筋弹性
模量；$\varepsilon_r$—残余变形；$\varepsilon_0$—应变值；
$\sigma_s$—整体筋中引起的应力，$\sigma_s = E_s \varepsilon_0$；
$\sigma_c$—连接钢筋中的应力，$\sigma_c = E_c \varepsilon_0$

图 4-4  连接接头处的残余裂缝

## 4.1.2  钢筋搭接的工程应用

### 4.1.2.1  应用范围

通常情况下，钢筋绑扎搭接的施工操作较为简单。但是近年高强度钢筋和大直径的粗钢筋应用增多，导致搭接长度加大，造成施工困难，耗钢较多而成本增加。所以绑扎搭接连接只适用于直径较小的钢筋。一般直径 16mm 及以下中、小直径的钢筋，适宜采用搭接连接的方式。

### 4.1.2.2  直径限制

鉴于近年各种连接技术的迅速发展，加之粗钢筋绑扎搭接连接施工不便，而且耗费材料，因此对于搭接连接的应用的范围，较之原《混凝土结构设计规范》适当加严。新修订的《混凝土结构设计规范》，对于搭接连接钢筋直径的限制如下：受拉钢筋由 28mm 改为 25mm；受压钢筋由 32mm 改为 28mm。

### 4.1.2.3  受力状态限制

（1）受拉构件。绑扎搭接的连接方式，对于完全依靠钢筋拉力承载的轴心受拉及小偏心受拉杆件，受力就不十分可靠。例如，混凝土结构屋架的下弦拉杆，以及混凝土结构抗连续倒塌设计的拉结构件法，配置的受力钢筋就无法有绑扎搭接的连接。

所以《混凝土结构设计规范》（2015 年版）规定："轴心受拉及小偏心受拉杆件的纵向受力钢筋，不得采用绑扎搭接"。

（2）疲劳构件。承受疲劳荷载作用的构件，由于受力钢筋要经受反复疲劳荷载的作用，搭接连接的传力性能将蜕化而受到削弱。所以《混凝土结构设计规范》（2015 年版）规定："需进行疲劳验算的构件，其纵向受拉钢筋不得采用绑扎搭接接头……"

# 4.2 钢筋绑扎方法及要求

## 4.2.1 钢筋绑扎准备

### 4.2.1.1 学习与审查施工图纸

施工图是钢筋绑扎与安装的基本依据，所以必须熟悉施工图上明确规定的钢筋安装位置、标高、形状、各细部尺寸与其他要求，并应仔细审查各图纸之间是否有矛盾，钢筋的规格、数量是否有误，施工操作是否存在困难等。

### 4.2.1.2 了解施工条件

施工条件所包括的范围很广，例如从钢筋加工地点运至现场的各种编号钢筋应沿哪条路线走，到现场之后应堆置在工地的哪个角落等。

在一个工程中，通常有多个工种同时或先后进行作业，所以必须先同其他有关工种配合联系，并检查前一工序的进展情况。例如在基础工程中，应当了解混凝土垫层浇捣和平整状况；应当了解板、梁的模板清扫和滑润状况，以及坚固程度；与其他工种的必要配合顺序应当如何协调（例如，在高层建筑的基础底板内需要穿过各种管道，这些管道安装与钢筋骨架的先后操作应当怎样安排）。前一工序（或平行作业的工序）完成相应的作业是钢筋施工条件必备的前提。

### 4.2.1.3 确定钢筋安装工艺

由于钢筋安装工艺在一定程度上影响着钢筋绑扎的顺序，所以必须根据单位工程已确定的基本施工方案、建筑物构造、施工场地、操作脚手架与起重机械等，来确定钢筋的安装工艺。

### 4.2.1.4 安排用料顺序

所谓"料"是指每号钢筋，应当根据工程施工进度的实际情况，

# 4　钢筋绑扎搭接

确定在现场的某一区段需用哪一号钢筋多少根,应当做到无论在绑扎场地或模板附近处,绑扎人员需要用到的钢筋随时都能取到。

安排用料顺序应当落实到钢筋所在位置与所需钢筋编号的根数。在一般情况下,对于较复杂的工程或者钢筋用量较多的工程,应当预先按安装顺序填写用料表,将它作为提取用料的依据,并且参看这份用料表进行安装。表 4-1 为钢筋用料表的参考格式,它是按照施工进度要求编制的,所需钢筋编号的根数并不是图纸上写明的钢筋材料表上那号钢筋的总根数。例如某工程有 L-2 梁 5 根,每根梁上有 4 根 6 号钢筋,那么 6 号钢筋总共需 20 根,而第一次在工程某区段只安装 L-2 梁 2 根,所以只需提取 8 根 6 号钢筋,而不是 20 根。

表 4-1　钢筋用料表

| 工程名称 | 用料顺序 | | | | | | | |
|---|---|---|---|---|---|---|---|---|
| | 1 | | | | 2 | | | |
| | 用料部位 | 用料时间 | 钢筋编号 | 需要根数 | 用料部位 | 用料时间 | 钢筋编号 | 需要根数 |
| ××小区<br>××号楼 | 西一单元基础 | ××年<br>××月<br>××日<br>上午 | 4<br>6<br>7-1<br>7-2<br>7-3<br>7-4<br>7-5<br>9-1<br>9-2<br>… | 16<br>20<br>14<br>16<br>14<br>14<br>12<br>12<br>24<br>… | 西二单元 L-2 梁 | ××年<br>××月<br>××日<br>下午 | 1<br>2<br>3<br>4<br>5<br>6<br>7<br>8<br>9<br>… | 3<br>2<br>24<br>8<br>4<br>8<br>10<br>14<br>12<br>… |

有的钢筋由于原材料长度不足,需由多段钢筋接长,所以对于被分段的钢筋,应当进行补充编号。例如有一根编号为 6 号的钢筋,是要分成几段另立分号的,在编制钢筋材料表时已由有关人员处理,因此钢筋绑扎安装准备的用料表中必须与原材料表核对,都要写明,如 6-1、6-2、6-3、6-4、……但是,各段钢筋长度不同,它们应该配套成组安装,所以在钢筋用料表中要做上记号,如 6-1 与 6-2、6-3 与 6-4 和 6-5、……配套成组,可以勾画连在一起。

为便于迅速查取所要安装的各号钢筋,对于工程量较大的施工现场也可以编制内容更为详细的表格,例如构件数量、该编号钢筋的形

127

状或特征等。

### 4.2.1.5　核对实物

施工图（包括设计变更通知单）与钢筋用料表只是书面上的资料，做施工准备时，还应对实际成型的钢筋加以落实，查看它们到底是否已经准备好，放在仓库或场地的哪一个位置，钢筋的规格、根数与式样等是否与书面资料符合（也可以按料牌进行核对）。在施工现场，绑扎、安装前必须着重检查钢筋锈蚀状况，确定有无必要进行除锈；对钢筋表面的任何污染（如油渍、黏附的泥土）均应事先清除干净。

当绑扎复杂的结构部位时，应当研究好钢筋穿插就位的顺序及与模板等其他专业的配合先后次序，以减少绑扎困难。

### 4.2.1.6　准备施工用具与材料

必要的施工用具（如绑扎用的铁钩、撬棍、绑扎架、扳子等）以及材料（如垫出混凝土保护层的砂浆垫块、绑扎用的铁丝等）均必须预先准备就绪。

（1）根据钢筋骨架的具体形状与处于混凝土中的位置，有时需要设置一些撑脚、支架与挂钩等，以供固定或维持其处于准确位置。这些物件均需提前准备好，而有的必须经过计算，以确定具体尺寸，较复杂的支撑件形状还应经过专门设计。

（2）钢筋绑扎用的钢丝，可以采用 20～22 号钢丝。

### 4.2.1.7　画出钢筋位置线

（1）画线处。为便于绑扎钢筋时，确定它们的相应位置，操作时需要在该位置上事先用粉笔画上标志（通常称为"画线"）。例如，图 4-5 所示是 1 根梁的纵筋，长 5960mm，按箍筋间距的要求，可在纵筋上画线。

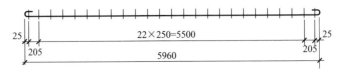

图 4-5　画线（单位：mm）

# 4 钢筋绑扎搭接

通常，梁的箍筋位置应当画在纵向钢筋上；平板或墙板钢筋应当画在模板上；柱的箍筋应当画在两根对角线纵向钢筋上；对于基础的钢筋，每个方向的两端各取 1 根画点，或画在垫层上。

（2）根数和间距计算。钢筋的根数和间距在图纸上，经常标明不一致，有的施工图上仅写出钢筋间距，就必须将所用根数计算出来；有的施工图上仅写出钢筋根数，就必须将它们的间距计算出来。

有关计算工作应在钢筋安装之前事先做好。所用的基本公式如下：

$$n = \frac{s}{a} + 1 \tag{4-1}$$

$$a = \frac{s}{n-1}$$

式中，$n$ 为钢筋根数；$s$ 为配筋范围的长度；$a$ 为钢筋间距。

$n$、$s$、$a$ 之间的关系可由图 4-6 得出，其中配筋范围的长度是指首根钢筋至末根钢筋之间的范围；$n$ 根钢筋实际上有 $n-1$ 个间距。

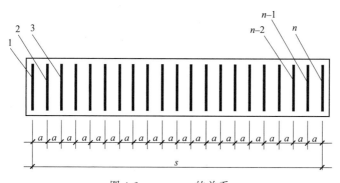

图 4-6　$n$、$s$、$a$ 的关系

（3）复核间距。通常，施工图上标明的钢筋间距是整数的，只是近似值，遇到这种情况，应当先算出实际需用的根数，然后加以复核，以确定实际间距。计算方法是：根据式(4-1) 先算出根数，再复核间距。

### 4.2.2　钢筋绑扎操作方法

#### 4.2.2.1　一面顺扣绑扎方法

　　一面顺扣绑扎的操作方法是：将铁丝对折成 $180°$，理顺叠齐，放在左手掌内。绑扎时，左手拇指将一根铁丝推出，食指配合将弯折一端伸入绑扎点钢筋底部；右手持绑扎钩子，用钩尖钩起铁丝弯折处，向上拉至钢筋上部，以左手所执的铁丝开口端紧靠，两者拧紧在一起，拧转 $2\sim3$ 圈，如图4-7所示。将铁丝向上拉时，铁丝应当紧靠钢筋底部，将底面筋绷紧在一起，绑扎才能牢靠。一面顺扣绑扎方法多用于平面上扣很多的地方，如楼板等不易滑动的部位。

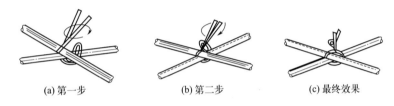

(a) 第一步　　　　　　(b) 第二步　　　　　　(c) 最终效果

图 4-7　钢筋绑扎的面扣法

#### 4.2.2.2　其他扎扣方法

　　钢筋绑扎方法除了一面顺扣绑扎方法外，还有兜扣、十字花扣、缠扣、反十字花扣、套扣与兜扣加缠等方法，上述方法主要根据绑扎部位的实际需要进行选择，如图4-8所示。其中，平板钢筋网和箍筋处绑扎主要用十字花扣和兜扣方法；混凝土墙体和柱子箍筋的绑扎主要用缠扣方法；而梁骨架的箍筋与主筋的绑扎主要用反十字花扣和兜扣方法；梁的架立钢筋和箍筋的绑扎点处主要用套扣绑扎方法。

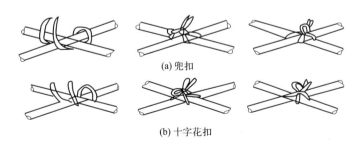

(a) 兜扣

(b) 十字花扣

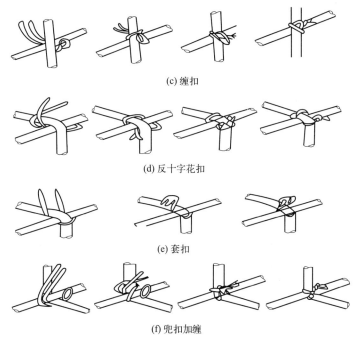

(c) 缠扣

(d) 反十字花扣

(e) 套扣

(f) 兜扣加缠

图 4-8　钢筋的其他绑扎方法

　　图 4-8 所列的扣样只是一些基本形式，在实际应用时，绑扎方法的选择应当根据所绑扎的部位确定，灵活变通。

### 4.2.3　钢筋绑扎搭接技术要求

#### 4.2.3.1　搭接连接的位置

（1）布置原则

　　① 受力较小处。与所有的连接接头一样，搭接连接的位置宜设置在受力较小处，最好布置在反弯点区域。对一般构件而言，弯矩是主要内力，而反弯点附近弯矩不会太大，传力性能稍差的搭接连接布置在此，不会对结构的受力造成明显的影响。具体而言，在梁的跨边 1/4 跨度处，或柱的非端部区域，比较适合布置搭接连接接头。

　　② 回避原则。应当注意的是：钢筋的搭接接头应当避免布置在梁端、柱端（尤其是箍筋加密区）这样的关键受力区域。由于这里不仅是内力（弯矩、剪力）最大的位置，而且也是地震作用下最容易形成"塑性绞"，发生"倾覆"或上"压溃"的地方。根据设计中钢筋连接

接头的"回避原则"，应当避免在该处布置搭接连接。

我国传统的设计、施工习惯，往往在梁端、柱端布置搭接接头，实际这是对结构受力很不利的做法。地震震害的调查一再表明：梁端、柱端是地震中最容易破坏的地方，并且通常还可能由于该处的局部破坏而引起结构的连续倒塌。所以，在这种关键的受力区域设置搭接连接，是非常不明智的做法，应当尽快改正。

③ 纵向接头数量。搭接连接不仅削弱了钢筋的传力性能，而且接头的长度也比较大。在一根受力钢筋上设置过多的搭接接头，就会影响到整个构件的受力性能。所以《混凝土结构设计规范》（2015 年版）规定："在同一根受力钢筋上宜少设置接头"。

一般的做法，以梁的同一跨度和柱的同一层高为钢筋的纵向受力区域，在该范围内，不宜设置 2 个以上的钢筋连接接头，避免过多地削弱构件的结构性能。

（2）接头面积百分率

① 连接区段。由于钢筋绑扎搭接接头传力性能被削弱，搭接钢筋在横向也应当错开布置。在钢筋的连接接头处，端面的位置应当保持一定间距，避免通过接头的传力集中于同一区域而造成应力集中。搭接钢筋首尾相接的布置形式很不利，会在搭接端面引起应力集中和局部裂缝，应当予以避免。

设计规范定义搭接连接区段为 1.3 倍搭接长度（$l_l$），而在同一连接区段内还应当控制接头面积百分率。当搭接钢筋接头中心之间的纵向间距不大于 $1.3l_l$（即搭接钢筋端部距离不大于 $0.3l_l$）时，该搭接钢筋均属位于同一连接区段的搭接接头。按照此原则，图 4-9 所示的同一连接区段内的搭接钢筋为 2 根，接头面积百分率为 50%。

② 接头面积百分率。规范对在同一连接区段内的搭接钢筋的接头面积百分率做出了限制，对于梁、板、墙、柱类构件的受拉钢筋搭接接头面积百分率，分别提出了要求。其中，对板类、墙类及柱类构件，尤其是预制装配整体式构件，在实现传力性能的条件下，可以根据实际情况适当放宽。

当粗、细钢筋在同一区段搭接时，按照较细钢筋的截面积计算接头面积百分率及搭接长度。这是因为钢筋通过接头传力时，均按照受力较小的细直径钢筋考虑承载受力，而粗直径钢筋往往有较大的受力

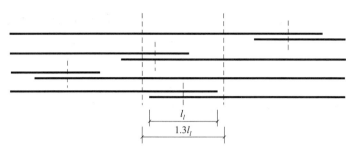

图 4-9　同一连接区段内纵向受拉钢筋绑扎搭接接头

余量。此原则对于其他连接方式也同样适用。

#### 4.2.3.2　搭接长度

（1）搭接长度。受拉钢筋绑扎搭接的搭接长度，是两根钢筋在长度方向上的重叠部分。钢筋的搭接长度，应当根据锚固长度折算，并反映接头面积百分率的影响计算而得。根据有关的试验研究及可靠度分析，并参考国外有关规范的做法，确定了可以保证传力性能的搭接长度。

搭接长度随接头面积百分率的提高而增大。这是由于搭接接头受力之后，搭接钢筋之间将产生相对滑移。为了使接头在充分受力的同时，变形刚度不致过差，相对伸长不过大，这就需要相应增大钢筋搭接的长度。受拉钢筋的搭接长度 $l_l$ 由锚固长度 $l_a$ 乘搭接长度修正系数 $\xi_l$ 按照下列公式计算。

$$l_l = \xi_l l_a \qquad (4-2)$$

搭接长度修正系数 $\xi_l$ 与接头面积百分率有关，见表 4-2。《混凝土结构设计规范》（2015 年版）还规定：当纵向搭接钢筋接头面积百分率为表中数值的中间值时，修正系数可以按照内插取值，这比传统定点取值的做法更为合理。例如，当接头面积百分率为 67％时，修正系数是 1.47；当接头面积百分率为 75％时，修正系数是 1.5。

表 4-2　纵向受拉钢筋搭接长度修正系数

| 纵向搭接钢筋接头面积百分率/％ | ≤25 | 50 | 100 |
| --- | --- | --- | --- |
| $\xi_l$ | 1.2 | 1.4 | 1.6 |

（2）搭接条件的修正。由于搭接长度是由锚固长度折算而得到的，因此计算锚固长度时的修正系数量也同样适用于搭接的情况。其

中，如果搭接钢筋的保护层厚度比较大，或搭接钢筋的应力丰度不太高（即实际受力的应力低于设计强度），均可以利用这个修正系数量来减短设计的搭接长度。当然，对于不利的情况，也可能要增加搭接的长度。有关内容详见钢筋锚固设计的相关部分，不再赘述于此。

（3）最小搭接长度。为确保受力钢筋的传力性能，按照接头面积百分率修正搭接长度之后，为确保安全，还提出了最小搭接长度300mm 的限制。

### 4.2.3.3　其他搭接问题

（1）并筋的搭接。并筋（钢筋束）分散、错开的搭接方式有利于各根钢筋内力传递的均匀过渡，改善了搭接钢筋的传力性能及裂缝分布状态。因此，并筋（钢筋束）的各根钢筋应当采用分散、错开搭接的方式实施连接；并按照截面内各根单筋计算搭接长度及接头面积百分率。

（2）受压钢筋的搭接。受压构件中（包括柱、撑杆、屋架上弦等）纵向受压钢筋的搭接长度，规定为受拉钢筋的 0.7 倍。为了防止偏压引起钢筋的屈曲，受压纵向钢筋端头不应设置弯钩，或是采用单侧贴焊锚筋的做法。

## 4.3　钢筋现场绑扎连接

### 4.3.1　基础钢筋绑扎

#### 4.3.1.1　绑扎准备

首先将基础垫层清扫干净，用石笔和墨斗在上面画出钢筋位置线，然后按照钢筋位置线，布放基础钢筋。

#### 4.3.1.2　绑扎钢筋

基础四周两行钢筋交叉点应当逐点绑扎牢，中间部分交叉点可以相隔交错扎牢，但必须保证受力钢筋不位移。对于双向主筋的钢筋网，则需将全部钢筋相交点扎牢。相邻绑扎点的钢丝应当扣成八字形，以免网片歪斜变形。

#### 4.3.1.3　设置钢筋撑脚

当基础底板采用双层钢筋网时，在上层钢筋网下面应当设置钢筋

# 4 钢筋绑扎搭接

撑脚或混凝土撑脚，从而保证钢筋位置正确，钢筋撑脚应垫在下片钢筋网上，如图 4-10 所示。

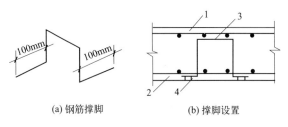

(a) 钢筋撑脚          (b) 撑脚设置

图 4-10 钢筋撑脚

1—上层钢筋网；2—下层钢筋网；3—撑脚；4—水泥垫块

钢筋撑脚的形式和尺寸如图 4-10(a) 所示。图 4-10(a) 所示类型撑脚每隔 1m 放置 1 个。钢筋撑脚直径应按下列要求选用：当板厚 $h \leqslant 300mm$ 时，为 8~10mm；当板厚 $h = 300 \sim 500mm$ 时，为 12~14mm；当板厚 $h > 500mm$ 时，选用图 4-10(b) 所示撑脚，钢筋直径为 16~18mm。沿短向通长布置，间距以能够保证钢筋位置为准。

### 4.3.1.4 插筋要求

对于现浇柱与基础连接用的插筋，其箍筋应当比柱的箍筋缩小一个柱筋直径，以便连接。插筋位置必须固定牢靠，以免造成柱轴线偏移。

### 4.3.1.5 设置钢管临时支撑体系

对于厚筏板基础上部钢筋网片，可以采用钢管临时支撑体系。图 4-11(a) 为绑扎上部钢筋网片用的钢管支撑。在上部钢筋网片绑扎完成后，需要置换出水平钢管；为此，应当另取一些垂直钢管，通过直角扣件与上部钢筋网片的下层钢筋连接起来（该处需另用短钢筋段加强），替换原来的支撑体系，如图 4-11(b) 所示。在混凝土浇筑过程中，逐步抽出垂直钢管，如图 4-11(c) 所示。这时，上部荷载可由附近的钢管及上、下端均与钢筋网焊接的多个拉结筋来承受。由于混凝土不断浇筑与凝固，拉结筋细长比减少，从而提高了承载力。

### 4.3.1.6 接头设置及绑扎

（1）受力钢筋的接头，宜设置在受力较小处。接头末端至钢筋弯起点的距离应当不小于钢筋直径的 10 倍。

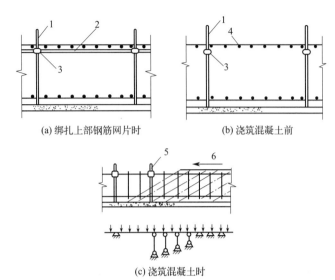

(a) 绑扎上部钢筋网片时　　　　　(b) 浇筑混凝土前

(c) 浇筑混凝土时

图 4-11　厚片筏上部钢筋网片的钢管临时支撑

1—垂直钢管；2—水平钢管；3—直角扣件；

4—下层水平钢筋；5—待拔钢管；6—混凝土浇筑方向

（2）如果采用绑扎搭接接头，则接头相邻纵向受力钢筋的绑扎接头应相互错开。钢筋绑扎接头连接区段的长度为 $1.3l_l$。凡搭接接头中点位于该区段的搭接接头均属于同一连接区段。位于同一区段内的受拉钢筋搭接接头面积百分率为 25%。

（3）当钢筋的直径 $d > 16\text{mm}$ 时，不宜采用绑扎接头。

（4）纵向受力钢筋采用机械连接接头或焊接接头时，连接区段的长度为 $35d$（$d$ 为纵向受力钢筋直径的较大值）且不小于 500mm。同一连接区段内，纵向受力钢筋的接头面积百分率应符合设计规定，当设计无规定时，应当符合下列规定。

① 在受拉区不宜大于 50%。

② 直接承受动力荷载的基础中，不宜采用焊接接头；当采用机械连接接头时，不应大于 50%。

### 4.3.1.7　其他要求

（1）钢筋的弯钩应当朝上，不应倒向一边；双层钢筋网的上层钢筋弯钩应当朝下。

（2）独立柱基础为双向弯曲，其底面短向的钢筋应放在长向钢筋的上面。

（3）基础中纵向受力钢筋的混凝土保护层厚度应不小于 40mm，当无垫层时应不小于 70mm。

### 4.3.2　墙钢筋绑扎

#### 4.3.2.1　绑扎准备

（1）将预留钢筋调直理顺，并将表面砂浆等杂物清理干净。首先立 2～4 根纵向筋，并画好横筋分档标志，然后在下部及齐胸处，绑两根定位水平筋，并在横筋上画好分档标志，然后绑扎其余纵向筋，最后绑扎剩余横筋。如果墙中有暗梁、暗柱时，则应先绑暗梁、暗柱再绑周围横筋。

（2）墙的纵向钢筋每段钢筋长度不宜超过 4m（钢筋直径≤12mm）或 6m（钢筋直径＞12mm），水平段每段长度不宜超过 8m，以利绑扎。

#### 4.3.2.2　墙钢筋绑扎

（1）墙的钢筋网绑扎同基础钢筋绑扎，钢筋的弯钩应朝向混凝土内。

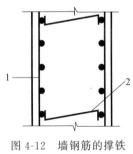

图 4-12　墙钢筋的撑铁
1—钢筋网；2—撑铁

（2）当采用双层钢筋网时，在两层钢筋间应设置撑铁，从而固定钢筋间距。撑铁可以采用直径 6～10mm 的钢筋制成，长度等于两层网片的净距，如图 4-12 所示，间距约为 1m，相互错开排列。

（3）墙的钢筋网绑扎。全部钢筋的相交点均要扎牢，绑扎时，相邻绑扎点的钢丝应扣成八字形，以免网片歪斜变形。

（4）为了控制墙体钢筋保护层厚度，应当采用比墙体竖向钢筋大一型号的钢筋梯子凳，在原位替代墙体钢筋，间距 1500mm 左右。

（5）墙的钢筋，可以在基础钢筋绑扎之后浇筑混凝土前插入基础内。

（6）墙钢筋的绑扎也应在模板安装前进行。

### 4.3.3　柱子钢筋绑扎

#### 4.3.3.1　套柱箍筋

柱子钢筋绑扎

按图纸要求的间距，计算好每根柱箍筋数量，首先将箍筋套在下层伸出的搭接筋上，然后立柱子钢筋，在搭接长度内，绑扣不少于 3 个，绑扣应当向柱中心。当柱子主筋采用光圆钢筋搭接时，角部弯钩应当与模板成 $45°$，中间钢筋的弯钩应当与模板成 $90°$。

#### 4.3.3.2　搭接绑扎竖向受力筋

在柱子主筋立起后，绑扎接头的搭接长度、接头面积百分率应符合设计要求。

#### 4.3.3.3　画箍筋间距线

在立好的柱子竖向钢筋上，按图纸要求用粉笔画箍筋间距线。

#### 4.3.3.4　柱箍筋绑扎

（1）按照已画好的箍筋位置线，将已套好的箍筋往上移动，由上往下绑扎，宜采用缠扣绑扎。

（2）箍筋与主筋要垂直，箍筋转角处与主筋交点均要绑扎，主筋与箍筋非转角部分的相交点成梅花交错绑扎。

（3）箍筋的弯钩叠合处，应当沿柱子竖筋交错布置，并绑扎牢固，如图 4-13 所示。

（4）对于有抗震要求的地区，柱箍筋端头应当弯成 $135°$，平直部分长度应不小于 $10d$（$d$ 为箍筋直径），如图 4-14 所示。如箍筋采用 $90°$搭接，搭接处应当焊接，焊缝长度单面焊缝不小于 $10d$。

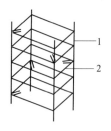

图 4-13　柱箍筋交错布置示意
1—柱竖筋；2—箍筋

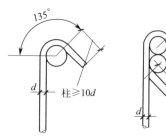

图 4-14　箍筋抗震要求示意
$d$—箍筋直径

（5）柱基、柱顶、梁柱交接处箍筋间距应当按照设计要求加密。柱上、下两端箍筋应当加密，加密区长度及加密区内箍筋间距应当符合设计图纸要求。当设计要求箍筋设拉筋时，拉筋应当钩住箍筋，如图 4-15 所示。

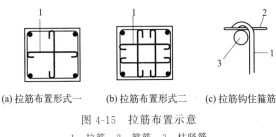

(a)拉筋布置形式一　(b)拉筋布置形式二　(c)拉筋钩住箍筋

图 4-15　拉筋布置示意

1—拉筋；2—箍筋；3—柱竖筋

（6）柱筋的保护层厚度应当符合规范要求，主筋外皮为 25mm，垫块应绑在柱竖筋外皮上，间距为 1000mm，以保证主筋保护层厚度准确。当柱截面尺寸有变化时，柱应在板内弯折，弯后的尺寸应当符合设计要求。

### 4.3.4　梁钢筋绑扎

#### 4.3.4.1　绑扎准备

（1）核对图纸，严格按施工方案组织绑扎工作。

（2）在梁侧模板上画出箍筋间距，摆放箍筋。

梁钢筋绑扎

#### 4.3.4.2　梁钢筋绑扎

（1）首先穿主梁的下部纵向受力钢筋与弯起钢筋，将箍筋按照已画好的间距逐个分开；然后穿次梁的下部纵向受力钢筋及弯起钢筋，并套好箍筋；放主次梁的架立筋；隔一定间距，将架立筋与箍筋绑扎牢固；调整箍筋间距，使间距符合设计要求，绑架立筋，再绑主筋，主次梁同时配合进行。

（2）框架梁上部纵向钢筋应贯穿中间节点，梁下部纵向钢筋伸入中间节点，锚固长度不应当小于 $l_{aE}$，且伸过中心线不应当小于 $5d$（$d$ 为钢筋直径）。框架中间层的端节点处，框架梁上部纵筋在端节点的锚固长度除不应小于 $l_{aE}$ 外，弯折前的水平投影长度不应当小于 $0.4l_{aE}$，弯折后的竖直投影长度应取 1.5 倍的梁纵向钢筋直径。梁下部纵向筋在中间层端节点中的锚固措施与梁上部纵向筋相同，但竖直线段应当向上弯入节点，如图 4-16 所示。

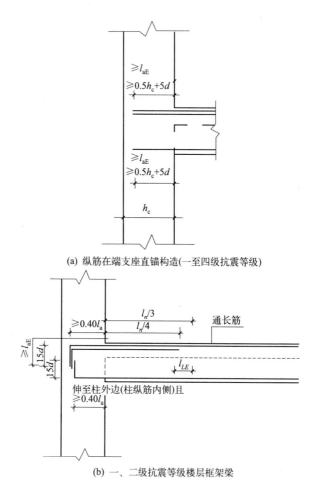

(a) 纵筋在端支座直锚构造(一至四级抗震等级)

(b) 一、二级抗震等级楼层框架梁

图 4-16　框架梁钢筋绑扎锚固示意

（3）梁上部纵向筋的箍筋，宜用套扣法绑扎。

（4）梁钢筋的绑扎与模板安装之间的配合关系如下。

① 当梁的高度较小时，梁的钢筋架空在梁顶上绑扎，然后落位。

② 当梁的高度较大（大于等于 1.0m）时，梁的钢筋宜在梁底模

上绑扎，其两侧模或一侧模后装。

（5）梁板钢筋绑扎时，应当防止水电管线将钢筋抬起或压下。

（6）板、次梁与主梁交叉处，板的钢筋在上，次梁的钢筋居中，主梁的钢筋在下，如图 4-17 所示；当有圈梁或垫梁时，主梁的钢筋在上，如图 4-18 所示。

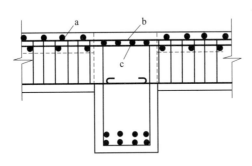

图 4-17　板、次梁与主梁交叉处钢筋

a—板的钢筋；b—次梁钢筋；c—主梁钢筋

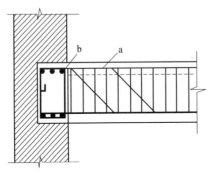

图 4-18　主梁与垫梁交叉处钢筋

a—主梁钢筋；b—垫梁钢筋

（7）当框架节点处钢筋穿插十分稠密时，应注意梁顶面主筋间的净距要有 30mm，以利浇筑混凝土。

（8）箍筋在叠合处的弯钩，在梁中应当交错绑扎，箍筋弯钩为 $135°$，平直部分长度为 $10d$（$d$ 为箍筋直径）。若做成封闭箍时，单面焊缝长度为 $5d$。

（9）梁端第一个箍筋应当设置在距离柱节点边缘 50mm 处。梁端与柱交接处箍筋应当加密，其间距与加密区长度均应符合设计要求。

（10）在主、次梁受力筋下均应垫垫块（或塑料卡），保证保护层的厚度。当受力筋为双排时，可以采用短钢筋垫在两层钢筋之间，钢筋排距应符合设计要求。

### 4.3.5 板钢筋绑扎

#### 4.3.5.1 绑扎准备

（1）清理模板上面的杂物，用粉笔在模板上画好主筋、分布筋间距。

（2）按照画好的间距，先摆放受力主筋、后放分布筋。预埋件、电线管、预留孔等，应当及时配合安装。

板钢筋绑扎

#### 4.3.5.2 板钢筋绑扎

（1）在现浇板中有板带梁时，应当先绑板带梁钢筋，然后摆放板钢筋。

（2）绑扎板筋时，一般用顺扣或八字扣，除了外围两根钢筋的相交点应全部绑扎外，其余各点可以交错绑扎（双向板相交点需全部绑扎）。若板为双层钢筋，则两层钢筋之间应当加设钢筋撑脚，以确保上部钢筋的位置。负弯矩钢筋每个相交点均应绑扎。

（3）在钢筋的下面垫好砂浆垫块，间距 1.5m。垫块的厚度等于保护层厚度，应当满足设计要求，若设计无要求时，板的保护层厚度应为 15mm。钢筋搭接长度与搭接位置的要求与前面所述梁相同。

### 4.3.6 肋形楼盖钢筋绑扎

（1）处理好主梁、次梁与板三者的关系。

（2）当纵向受力钢筋采用双排布置时，两排钢筋之间宜垫以直径≥25mm 的短钢筋，以保持其间距。

（3）箍筋的接头应当交错布置在两根架立钢筋上。

（4）板上的负弯矩筋，应当严格控制其位置，防止被踩下移。

（5）板、次梁与主梁的交叉处，板的钢筋在上，次梁的钢筋居中，主梁的钢筋在下。当有圈梁或梁垫与主梁连接时，主梁的钢筋在上。

### 4.3.7 现浇悬挑雨篷钢筋绑扎

#### 4.3.7.1 雨篷配筋图示

由于雨篷板为悬挑式构件，其板的上部受拉、下部受压。所以，雨篷板的受力筋配置在构件断面的上部，并将受力筋伸进雨篷梁内，如图 4-19 所示。

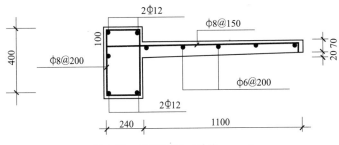

图 4-19 雨篷配筋（单位：mm）

#### 4.3.7.2 绑扎要点

（1）主、负筋位置应当摆放正确，不可放错。

（2）雨篷梁与板的钢筋应当保证锚固尺寸。

（3）雨篷钢筋骨架在模内绑扎时，严禁脚踩在钢筋骨架上进行绑扎。

（4）钢筋的弯钩应当全部向内。

（5）由于雨篷板的上部受拉，所以受力筋在上，分布筋在下，切勿颠倒。

（6）雨篷板双向钢筋的交叉点均应绑扎，钢丝方向成八字形。

（7）应当垫放足够数量的钢筋撑脚，确保钢筋位置的准确。

（8）高处作业时，应当注意安全。

### 4.3.8 楼梯钢筋绑扎

楼梯钢筋骨架通常是在底模板支设后进行绑扎，如图 4-20 所示。

（1）在楼梯底板上，画出主筋和分布筋的位置线。

（2）钢筋的弯钩应全部向内，严禁踩在钢筋骨架上进行绑扎。

（3）根据设计图纸中主筋、分布筋的方向，先绑扎主筋后绑扎分布筋，每个交点均应绑扎。当有楼梯梁时，则应先绑梁，后绑板筋。

板筋应当锚固到梁内。

（4）待底板筋绑完，踏步模板吊绑支好后，再绑扎踏步钢筋。主筋接头数量和位置均应符合设计和施工质量验收规范的规定。

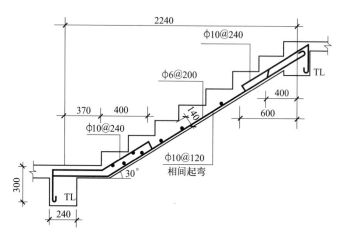

图 4-20　现浇钢筋混凝土楼梯（单位：mm）

### 4.3.9　钢筋过梁绑扎

钢筋混凝土过梁配筋图如图 4-21 所示。

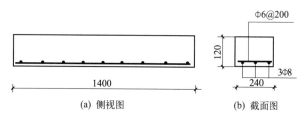

（a）侧视图　　　　　（b）截面图

图 4-21　过梁配筋图（单位：mm）

（1）绑扎顺序：支设绑扎架→划钢筋间距点→绑扎成型。

（2）操作要点

① 过梁钢筋在马凳式绑扎架上进行。两绑扎架组成工作架时，应互相平行，如图 4-22 所示。

② 在绑扎时，纵向钢筋的间距点画在两端绑扎架的横杆上，横向联合向钢筋的间距点画在两侧的纵向钢筋上。

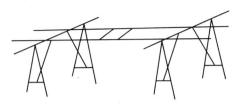

图 4-22　马凳式钢筋绑扎架

③ 采用一面顺扣法绑扎成型。绑扎钢丝缠绕方向应互相变换，互相垂直。绑扎钢丝头应弯向受压区，不应弯向保护层。

④ 绑扎完毕后，检查整体尺寸是否与模板尺寸相适应，间距尺寸是否符合要求。

### 4.3.10　牛腿柱钢筋骨架绑扎

（1）钢筋绑扎顺序：绑扎下柱钢筋→绑扎牛腿钢筋→绑扎上柱钢筋。

（2）操作要点

① 在搭接长度内，绑扣要向柱内，便于箍筋向上移动。

② 柱子主筋若有弯钩，弯钩应朝向柱心。

③ 绑扎接头的搭接长度，应符合设计要求和规范规定。

④ 牛腿部位的箍筋应按照变截面计算加工尺寸。

⑤ 结构为多层时，下层柱的钢筋露出露面部分，宜用工具式柱箍将其收进一个柱主筋直径，以便于上下层钢筋的连接。

⑥ 牛腿钢筋应放在柱的纵向钢筋内侧。现浇牛腿配筋如图 4-23 所示。

### 4.3.11　地下室（箱形基础)钢筋绑扎

绑扎地下室钢筋前，应将查对好的成型钢筋运至地下底板上，应分部位、按规格型号堆放。地下室（箱形基础）钢筋绑扎顺序：运钢筋→绑扎钢筋→绑扎底板钢筋→绑墙钢筋。

#### 4.3.11.1　梁钢筋绑扎

（1）梁钢筋绑扎顺序：将梁架立筋两端架在骨架绑扎架上→画箍筋间距→绑箍筋→穿梁下层纵向受力主筋→下层主筋与箍筋绑牢→抽出骨架绑扎架，骨架落在梁位置线上→安放垫块。

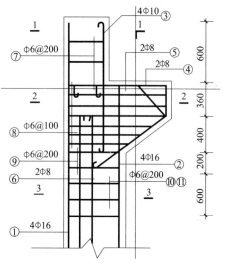

图 4-23　牛腿柱配筋（单位：mm）

（2）操作要点。箍筋弯钩的叠合处应交错绑扎。如果纵向钢筋采用双排时，两排钢筋之间应垫以直径 25mm 的短钢筋。

### 4.3.11.2　底板钢筋绑扎

（1）底板钢筋绑扎顺序：画底板钢筋间距→摆放下层钢筋→绑扎下层钢筋→摆放钢筋马凳（钢筋支架）→绑上层纵横两个方向定位钢筋→画其余钢筋间距→穿设钢筋→绑扎→安放垫块。

（2）施工要点

① 底板如有基础梁，可分段绑扎成型，然后安装就位或根据梁位置线就地绑扎成型。

② 在绑扎钢筋时，除靠近外围两行的交叉点全部绑扎外，中间部位的交叉点可相隔交错扎牢，但要保证受力钢筋不位移。双向受力的钢筋不得跳扣绑扎。

③ 底板上下层钢筋有接头时，按规范要求错开，其位置和搭接长度均要符合规范和设计要求。钢筋搭接处，应在中心和两端按规定用钢丝扎牢。

④ 墙、柱主筋插铁伸入基础深度应符合设计要求。根据确定好的墙、柱位置，将预留插筋绑扎固定牢固，以确保位置准确，在必要

时，可附加钢筋电焊焊牢墙筋。

### 4.3.11.3　墙筋绑扎

（1）墙筋绑扎顺序参考墙板钢筋的绑扎顺序。

（2）操作要点

① 在底板混凝土上放线后应再次校正预埋插筋，根据插筋位移的程度按规定认真处理。墙模板应采取"跳间支模"，以便钢筋施工。

② 墙筋应逐点绑扎，其搭接长度及位置要符合设计和规范要求。

③ 双排钢筋之间应绑支撑、拉筋，间距 1000mm 左右，以确保双排钢筋之间距离。

④ 为了保证门窗标高位置正确，在洞口竖筋上画标高线。洞口处要按设计要求绑附加钢筋，门洞口连梁两端锚入墙内长度要符合设计要求。

⑤ 各连接点的抗震构造钢筋及锚固长度，均应按照设计要求进行绑扎，如首层交界处的受力筋锚固长度等部位绑扎时要特别注意设计图纸要求。

⑥ 配合其他工种安装预埋管件、预留洞口，其位置、标高均应符合设计要求。

### 4.3.12　烟囱钢筋绑扎

#### 4.3.12.1　基础钢筋的绑扎

（1）环形及圆形基础。待垫层混凝土浇筑完成并达到一定强度后，即可放线。放线一般习惯放模板线（即基础混凝土的外圈及内圈线），但为了确保筒壁基础插筋的正确，也应在垫层上测定基础环壁筋内外圈的墨线。为了坡度的正确，应把 ±0.000 标高处的烟囱基础环壁的投影线也弹出来，这样才能保证钢筋位置正确。为了辐射筋位置的正确，除给出十字线外，最好再按 45°或 30°弹上墨线。在绑扎时，主副筋的位置应按 1/4 错开，相交点处用 18～20 号钢丝绑扎牢固。为了确保筒壁基础插筋位置的正确，除依靠弹线外，还应在其杯口的上部和下部绑扎 2～3 道固定圈，固定圈可按照其所在位置的设计半径制作。固定圈的垂直投影，应符合垫层上所弹之墨线。

（2）壳体基础。小型壳体基础钢筋的绑扎，可在木胎模上绑扎成罩形钢筋网，然后运往现场进行安装。大型壳体的钢筋宜在现场绑扎，如果有条件尽量采用焊接钢筋网。施工方法和环形基础相同。先在砂浆找平层上按放射形钢筋的位置画上墨线作为布筋时的依据，环形钢筋可按其半径弯成弧形。

（3）钢烟囱基础。钢烟囱基础的形式和构造均与钢筋混凝土烟囱的基础相同，只是需要在与筒身连接处留插筋、钢板或螺栓。施工方法无特殊要求。

#### 4.3.12.2　钢筋混凝土烟囱筒身钢筋的绑扎

烟囱筒身的钢筋配筋较为简单，由垂直竖筋与水平环筋所组成。其绑扎顺序为先竖筋后环筋，竖筋与基础或下节筒壁伸出的钢筋相接。绑扎接头在同一水平截面上，一般为筒壁全圆周钢筋总数的 25%。

每根竖筋的长度，常按筒壁施工节数高度的倍数进行计算，一般为 5m 加钢筋接头搭接长度。

竖筋绑扎后即绑扎环筋，一般直径 18mm 以上的钢筋，应先按设计要求加工成弧形，直径 16mm 以下的钢筋，则在绑扎时随时弯曲。在同一竖直截面上环筋的绑扎接头数，一般不应超过其总数的 25%，因此在环筋配制和绑扎时均应满足上述要求。

在钢筋绑扎的同时随即绑好钢筋保护层垫块。待钢筋和垫块全部绑完后，需要对保护层做一次检查调整，以符合设计和规范要求为准。在筒壁施工过程中对标准环筋的周长，应经常及时地进行校核。

烟囱采用滑模施工时，钢筋加工不宜过长，竖筋按 4~5m 再加搭接长度进行下料加工，环筋以 6~7m 长度为宜。在采用双滑工艺时，烟囱口的钢筋由于悬臂钢筋过长，也可分段错开搭接或采用焊接。

#### 4.3.12.3　采用滑模工艺钢筋安装操作要点

（1）钢筋绑扎应和混凝土浇筑交错进行，以加快滑模的进度。

（2）钢筋的直径、数量、间距、保护层厚度等应予以检查使之符合设计的要求。

（3）竖筋的接头可采用绑扎连接或竖向碰焊、电渣焊连接。

（4）每榀提升门架上设置一个钢筋位置调节器，用以调节钢筋保护层的厚度。

（5）烟道口竖筋很长时，可搭设井字架予以架立，烟道口的上口环梁筋分层绑扎。筒首环梁钢筋要加强，以防油污污染（千斤顶、油管接头漏油钢筋表面的油迹用棉纱擦干）。

（6）停滑时应安装好上层钢筋。

（7）钢筋保护层误差：$+20mm$，$-10mm$。

#### 4.3.12.4 注意事项

（1）烟囱施工不单独设钢筋加工场，宜由现场统一集中进行加工，分批运至烟囱施工区的堆料场内。

（2）筒壁设计为双层配筋时，水平圈筋的设置，应尽量便于施工。采取内侧水平圈筋绑在内侧立筋的里侧，外侧水平圈筋绑在外侧的竖筋之外。

## 4.4 钢筋网片、钢筋骨架预制绑扎与安装

### 4.4.1 钢筋网片预制绑扎

钢筋网片的预制绑扎多用于小型构件。其绑扎工作多在平地上或工作台上进行，其绑扎形式如图 4-24 所示。

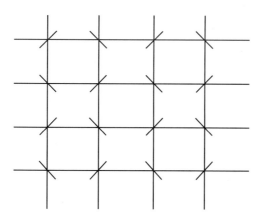

图 4-24 绑扎钢筋网片

一般大型钢筋网片预制绑扎的操作程序见图 4-25。

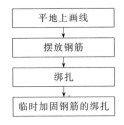

图 4-25　一般大型钢筋网片预制绑扎的操作程序

钢筋网片若为单向主筋时，只需要将外围两行钢筋的交叉点逐点绑扎，而中间部位的交叉点可以隔根呈梅花状绑扎；如果为双向主筋时，应当将全部的交叉点绑扎牢固。相邻绑扎点的钢丝扣要呈人字形，避免网片歪斜变形。

### 4.4.2　钢筋骨架预制绑扎

#### 4.4.2.1　绑扎要求

绑扎钢筋骨架必须使用钢筋绑扎架，钢筋绑扎架构造是否合理将直接影响绑扎效率与操作安全。

当绑扎轻型骨架（如小型过梁等）时，通常选用单面或双面悬挑的钢筋绑扎架。这种绑扎架的钢筋和钢筋骨架，在绑扎操作时，其穿、取、放、绑扎均比较方便。当绑扎重型钢筋骨架时，可采用两个三脚架担一光面圆钢组成一对，并由几对三脚架组成一组钢筋绑扎架。由于这种绑扎架是由几个单独的三脚架组成，使用比较灵活，可调节高度与宽度，稳定性较好，因此可确保操作安全。

#### 4.4.2.2　绑扎步骤

钢筋骨架预制绑扎操作步骤（以大梁为例）如图 4-26 所示。

（1）首先布置钢筋绑扎架，安放横杆，并将梁的受拉钢筋与弯起钢筋置于横杆上，受拉钢筋弯钩及弯起钢筋的弯起部分朝下。

（2）然后从受力钢筋中部，向两边按设计要求标出箍筋的间距，将全部箍筋自受力钢筋的一端套入，并按照间距摆开，与受力钢筋绑扎在一起。

（3）最后绑扎架立钢筋。升高钢筋绑扎架，穿入架立钢筋，并随即与箍筋绑扎牢固。抽去横杆，钢筋骨架落地、翻身，即为预制好的大梁钢筋骨架。

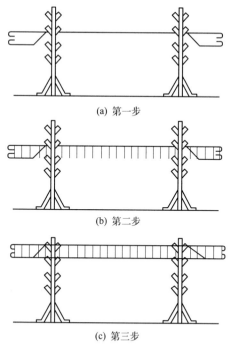

(a) 第一步

(b) 第二步

(c) 第三步

图 4-26 简支梁钢筋骨架绑扎顺序

## 4.4.3 绑扎钢筋网（骨架）安装

（1）单片或单个的预制钢筋网（骨架）的安装较为简单，只要在钢筋入模后，按照规定的保护层厚度垫好垫块，即可以进行下一道工序。但当多片或多个预制的钢筋网（骨架，尤其是多个钢筋骨架）在一起组合使用时，则需注意节点相交处的交错和搭接。

（2）钢筋网与钢筋骨架应当分段（块）安装，其分段（块）的大小、长度应当按照结构配筋、施工条件、起重运输能力来确定。通常钢筋网的分块面积为 $6\sim20m^2$，钢筋骨架的分段长度为 $6\sim12m$。

（3）钢筋网与钢筋骨架，为了防止在运输和安装过程中发生歪斜变形，应当采取临时加固措施，如图 4-27 和图 4-28 所示。为了确保吊运钢筋骨架时吊点处钩挂的钢筋不变形，在钢筋骨架内的挂吊钩处设置短钢筋，将吊钩挂在短钢筋上，这样可以不用兜吊，既有效地防止了骨架变形，又防止了骨架中局部钢筋的变形，如图 4-29 所示。

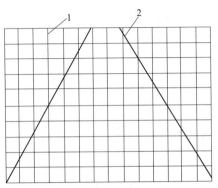

图 4-27　绑扎钢筋网的临时加固

1—钢筋网；2—加固钢筋

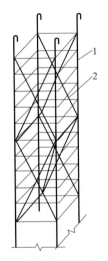

图 4-28　绑扎骨架的临时加固

1—钢筋骨架；2—加固钢筋

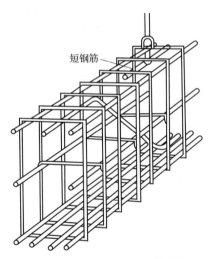

图 4-29　加短钢筋起吊钢筋骨架

　　另外，在搬运大钢筋骨架时，还要根据骨架的刚度情况，决定骨架在运输中的临时加固措施。如截面高度较大的骨架，为了防止其歪斜，可以用细钢筋进行拉结；柱骨架通常刚度较小，因此除采用上述方法外，还可以用细竹竿、杉杆等临时绑扎加固。

　　（4）钢筋网与钢筋骨架的吊点，应当根据其尺寸、质量及刚度而定。宽度大于1m的水平钢筋网宜采用四点起吊，跨度小于6m的钢筋骨架宜采用两点起吊。跨度大，刚度差的钢筋骨架宜采用横吊梁（铁扁担）四点起吊。为了防止吊点处钢筋受力变形，可以采取兜底吊或加短钢筋。

（5）吊装节点应当根据钢筋骨架大小、形状、质量及刚度而定。由施工员确定起吊节点。

## 4.5 钢筋焊接网搭接与安装

### 4.5.1 一般规定

（1）焊接骨架和焊接网的搭接接头，不宜位于构件和最大弯矩处，焊接网在非受力方向的搭接长度宜为100mm；受拉焊接骨架和焊接网在受力钢筋方向的搭接长度应当符合设计规定；受压焊接骨架和焊接网在受力钢筋方向的搭接长度，可以取受拉焊接骨架和焊接网在受力钢筋方向的搭接长度的0.7倍。

（2）在梁中，焊接骨架的搭接长度内应当配置箍筋或短的槽形焊接网。箍筋或是网中的横向钢筋间距不得大于5$d$（$d$为钢筋直径）。对轴心受压或偏心受压构件中的搭接长度内，箍筋或横向钢筋的间距不得大于10$d$。

（3）在构件宽度内有若干焊接网或焊接骨架时，其接头位置应当错开。在同一截面内搭接的受力钢筋的总截面面积不得超过受力钢筋总截面面积的50%；在轴心受拉及小偏心受拉构件（板和墙除外）中，不得采用搭接接头。

（4）焊接网在非受力方向的搭接长度宜是100mm。

（5）焊接网和焊接骨架沿受力钢筋方向的搭接接头，宜位于构件受力较小的部位，如承受均布荷载的简支受弯构件，焊接网受力钢筋接头宜放置在跨度两端各1/4跨长范围之内。

（6）受力钢筋直径≥16mm时，焊接网沿分布钢筋方向的接头宜辅以附加钢筋网，其每边的搭接长度为5$d$（$d$是分布钢筋直径），但不小于100mm。

### 4.5.2 搭接方法

（1）叠搭法。一张网片叠在另一张网片上的搭接方法，如图4-30

所示。

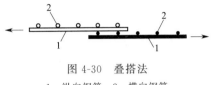

图 4-30　叠搭法
1—纵向钢筋；2—横向钢筋

（2）平搭法。一张网片的钢筋镶入另一张网片，使两张网片的纵向与横向钢筋各自在同一平面内的搭接方法，如图 4-31 所示。

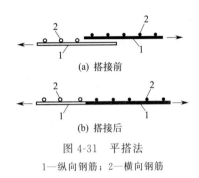

(a) 搭接前

(b) 搭接后

图 4-31　平搭法
1—纵向钢筋；2—横向钢筋

（3）扣搭法。一张网片扣在另一张网片上，使横向钢筋在一个平面内、纵向钢筋在两个不同平面内的搭接方法，如图 4-32 所示。

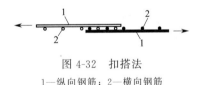

图 4-32　扣搭法
1—纵向钢筋；2—横向钢筋

### 4.5.3　安装要求

（1）钢筋焊接网运输时应当捆扎整齐、牢固，每捆质量不宜超过 2t，在必要时应当加刚性支撑或支架。

（2）进场的钢筋焊接网宜按施工要求堆放，并应当有明显的标志。

（3）附加钢筋宜在现场绑扎，并应当符合《混凝土结构工程施工质量验收规范》（GB 50204—2015）的有关规定。

（4）对两端需插入梁内锚固的焊接网，当网片纵向钢筋较细时，可以利用网片的弯曲变形性能，先将焊接网中部向上弯曲，使两端能先后插入梁内，然后铺平网片；当钢筋较粗焊接网不能弯曲时，可以将焊接网的一端少焊1~2根横向钢筋，先插入该端，然后插另一端，必要时可以采用绑扎方法补回所减少的横向钢筋。

（5）钢筋焊接网安装时，下部网片应当设置与保护层厚度相当的塑料卡或水泥砂浆垫块；板的上部网片应当在接近短向钢筋两端，沿长向钢筋方向每隔600~900mm设一钢筋支架，如图4-33所示。

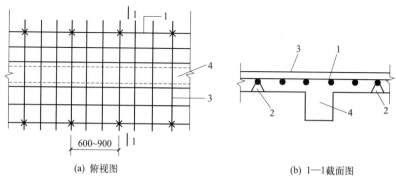

(a) 俯视图　　　　　　　　　　　　(b) 1—1截面图

图 4-33　上部钢筋焊接网的支墩

1—长向钢筋；2—支墩；3—短向钢筋；4—梁

# 4.6　钢筋绑扎搭接常见问题与解决方法

## 4.6.1　钢筋搭接不规范

（1）钢筋搭接不规范的主要表现。施工现场钢筋搭接不规范主要表现在：钢筋搭接时绑扎不到位；钢筋搭接错误；钢筋搭接长度不够。

（2）产生原因。现场工人对于钢筋绑扎搭接规范不了解；搭接不符合施工规范要求；钢筋搭接接头未错开；绑扎长度不够。

（3）解决方法。施工过程中应有专业的技术人员进行指导施工，在施工时应当认真地进行技术交底。对于钢筋普通绑扎搭接，应当按照以下几点进行操作和控制。

① 同一构件中相邻纵向受力钢筋的绑扎搭接接头宜相互错开。绑扎搭接接头中钢筋的横向净距不应小于钢筋直径，且不应当小于 25mm。钢筋绑扎搭接接头连接区段的长度为 $1.3l_l$（$l_l$ 为搭接长度），凡搭接接头中点位于该连接区段长度内的搭接接头都属于同一连接区段。同一连接区段内，纵向钢筋搭接接头面积百分率为该区段内有搭接接头的纵向受力钢筋截面面积与全部纵向受力钢筋截面面积的比值。

② 同一连接区段内，纵向受拉钢筋搭接接头面积百分率应符合设计要求；当设计没有具体要求时，应当符合以下规定：

a. 对梁类、板类及墙类构件，不宜大于 25%；

b. 对柱类构件，不宜大于 50%；

c. 当工程中确有必要增大接头面积百分率时，对梁类构件，不应当大于 50%；对其他构件，可以根据实际情况放宽。

### 4.6.2 钢筋绑扎不合格

（1）钢筋绑扎不合格的主要表现。施工现场中钢筋绑扎出现的问题具体表现：钢筋绑扎混乱；梁水平筋间距过大；绑扎不到位；墙筋未调直。

（2）产生原因。现场施工人员质量意识淡薄，各工种交叉作业，且不遵守相应的施工规范，导致出现大面积的钢筋绑扎不合格。在实际施工过程中，应当对施工班组进行严格的岗前教育与培训，并下发技术交底，确保钢筋绑扎的规范性。

（3）解决方法。施工现场钢筋绑扎可参考以下几方面进行控制和解决。

① 操作工艺

a. 将基础垫层清扫干净，用石笔和墨斗在上面弹放钢筋位置线。

b. 按照钢筋位置线布放基础钢筋。

c. 绑扎钢筋。四周两行钢筋交叉点应当每点绑扎牢。中间部分交叉点可相隔交错扎牢，但必须确保受力钢筋不位移。双向主筋的钢筋网，则需要将全部钢筋相交点扎牢。相邻绑扎点的钢丝扣成八字形，避免网片歪斜变形。

d. 大底板采用双层钢筋网时，在上层钢筋网下面应设置钢筋撑脚

# 4 钢筋绑扎搭接

或混凝土撑脚，以确保钢筋位置正确，钢筋撑脚下应垫在下层钢筋网上。撑脚沿短向通长布置，间距以确保钢筋位置为准。

e. 钢筋的弯钩应当朝上，不要倒向一边；双钢筋网的上层钢筋弯钩应当朝下。

f. 独立基础为双向弯曲时，其底面短向的钢筋应当放在长向钢筋的上面。

g. 现浇柱与基础连用的插筋，其箍筋应当比柱的箍筋小一个柱筋直径，以便连接。箍筋的位置一定要绑扎固定牢靠，避免造成柱轴线偏移。

h. 基础中纵向受力钢筋的混凝土保护层厚度不应当小于 40mm，当无垫层时不应当小于 700mm。

i. 钢筋的连接应当遵循以下规定。

ⅰ. 钢筋连接的接头宜设置在受力较小处。接头末端至钢筋弯起点的距离不应当小于钢筋直径的 10 倍。

ⅱ. 如果采用绑扎搭接接头，则纵向受力钢筋的绑扎接头宜相互错开；钢筋绑扎接头连接区段的长度为 1.3 倍搭接长度；凡搭接接头中点位于该区段的搭接接头均属于同一连接区段；位于同一区段内的受拉钢筋搭接接头面积百分率为 25%。

ⅲ. 当钢筋的直径 $d > 16mm$ 时，不宜采用绑扎接头。

ⅳ. 纵向受力钢筋采用机械连接接头或焊接接头时，连接区段的长度是 $35d$（$d$ 为纵向受力钢筋直径的较大值）且不小于 50mm。同一连接区段内，纵向受力钢筋的接头面积百分率应当符合设计规定，当设计无规定时，应当符合下列规定：

第一，在受拉区不宜大于 50%；

第二，直接承受动力荷载的基础中，不宜采用焊接接头；当采用机械连接接头时，不应大于 50%。

j. 基础钢筋的若干规定

ⅰ. 当条形基础的宽度 $B \geqslant 1600mm$ 时，横向受力钢筋的长度可减至 $0.9B$，且应当交错布置。

ⅱ. 当单独基础的边长 $B \geqslant 3000mm$（除基础支承在桩上外）时，受力钢筋的长度可以减至 $0.9B$，且应当交错布置。

k. 基础浇筑完毕之后，将基础上预留墙柱插筋扶正理顺，确保插筋位置准确。

l. 承台钢筋绑扎前，一定要确保桩基伸出钢筋到承台的锚固长度。

② 质量标准

a. 主控项目。基础钢筋绑扎时，受力钢筋的品种、级别、规格和数量必须符合设计要求。

检查数量：全数检查。

检验方法：观察、钢尺检查。

b. 一般项目。构件钢筋绑扎的允许偏差和检验方法应当符合表4-3规定。

检查数量：在同一检验批内，独立基础应当抽查构件数量的10%，且不少于3件，筏板基础可以按纵、横轴线划分检查面，抽查10%，且不少于3面。

表 4-3　构件钢筋绑扎的允许偏差和检验方法

| 项　目 | | 允许偏差/mm | 检验方法 |
|---|---|---|---|
| 绑扎钢筋网长、宽 | | ±10 | 钢尺检查 |
| 网眼的尺寸 | | ±20 | 钢尺量连续3档，取最大值 |
| 绑扎钢筋骨架 | 长 | ±10 | 钢尺检查 |
| | 宽、高 | ±5 | 钢尺检查 |
| 受力钢筋 | 间距 | ±10 | 钢尺量两端、中间 |
| | 排距 | ±5 | 各一点取最大值 |
| 保护层厚度 | | ±10 | 钢尺检查 |
| 绑扎箍筋、横向钢筋间距 | | ±20 | 钢尺量连续3档，取最大值 |
| 钢筋弯起点位置 | | 20 | 钢尺检查 |
| 预埋件 | 中心线位置 | 5 | 钢尺检查 |
| | 水平高差 | +3,0 | 预埋件钢尺和塞尺检查 |
| 绑扎缺扣、松扣数量 | | 不超过扣数的10%，且不应集中 | 观察和手扳检查 |
| 弯钩和绑扎接头 | | 弯钩朝向应正确。任一绑扎接头的搭接长度均不应小于规定值，且不应大于规定值的5% | 观察和尺量检查 |
| 箍筋 | | 数量符合设计要求，弯钩角度和平直长度应符合规定 | 观察和尺量检查 |

③ 成品保护

a. 钢筋绑扎完后，应当采取保护措施，防止钢筋的变形、位移。

b. 浇筑混凝土时，应当搭设上人和运输通道，禁止直接踩压钢筋。

c. 浇筑混凝土时，严禁碰撞预埋件，如碰动应当在设计位置重新固定好。

d. 各工种操作人员不准任意扳动切割钢筋。

（4）防治措施

① 钢筋的品种和质量必须符合设计要求和有关标准规定。

② 钢筋绑扎允许偏差值符合规范要求，合格率控制在 90% 以上。预埋管、预埋线应当先埋置正确、固定牢靠。

③ 钢筋工程施工前必须按照设计图纸提出配料清单，同时满足设计要求。搭设长度、弯钩等符合设计及施工规范的规定，品种、规格需要代换时，征得设计单位的同意，并办妥手续。

④ 所用钢筋具有出厂质量证明，对各钢厂的材料均进行抽样检查，并附有复试报告，未经验收不得使用，并且做好钢筋的待检、已检待处理、合格和不合格的标识。

⑤ 钢筋成品与半成品进场必须附有出厂合格证及物理试验报告，进场后必须挂牌，按照规格分别堆放，并做标牌标识。

⑥ 在施工时，要对钢筋进行复试，合格后方可以投入使用。

⑦ 对钢筋要重点验收，柱的插筋要采用加强箍电焊固定，防止浇混凝土时移位。

⑧ 验收重点为钢筋的品种、规格、数量、绑扎牢固、搭接长度等，并认真填写隐蔽工程验收单交监理验收。

### 4.6.3  地梁主次梁钢筋绑扎安装不正确

（1）地梁主次梁钢筋绑扎安装不正确的主要表现。施工现场中地梁主次梁钢筋绑扎安装有误的具体表现为：主次梁钢筋的主筋位置有误；梁上部主筋在支座处接头，按照标准图集要求，梁主筋可在支座内锚固，但不得接头；主梁纵向钢筋下料长度不够，使次梁一半受力钢筋悬空；箍筋间距不太均匀。

（2）产生原因。施工的过程中没有很好地进行技术交底；现场技术人员指导不到位或是钢筋绑扎工人对工艺不熟悉、操作不当；对于标准图集认识有误，这些均会导致绑扎错误。

（3）解决方法。发生上述错误时，只能拆掉后重新绑扎。最重要的一处错误是梁上部主筋在支座处接头。按照图集要求，梁主筋可以在支座内锚固，但无法接头。

底板主次梁的绑扎：地梁受力系统是反受力系统（相对于楼板受力），是将地基承载力看成是反向作用在地梁上的受力模型，所以，对地梁主次梁交接处来说，应当将次梁钢筋放在主梁钢筋的下部，形成"扁担原理"。此外，地梁上部负筋不能在支座和弯矩最大处连接。

### 4.6.4　柱子钢筋绑扎不规范

（1）柱子钢筋绑扎不规范的主要表现。施工现场中柱子钢筋绑扎不规范的主要表现为柱子钢筋遭破坏（图4-34）、主筋绑扎不到位。柱子钢筋绑扎不规范，会影响工程质量。

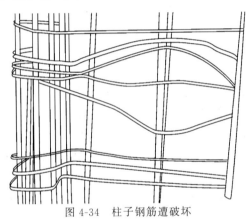

图4-34　柱子钢筋遭破坏

（2）产生原因。柱子钢筋绑扎差，而且不注意成品保护，容易造成较多破坏，严重影响工程质量。

（3）解决方法。必须将柱筋全部拆除之后，按照规范要求认真重新绑扎，对于间距、箍筋的布置等，一定要严格要求，切不可马虎大意。在钢筋绑扎完成之后，还要注意后期的成品保护，避免柱子钢筋被破坏。

（4）防治措施

① 柱箍筋的个数根据图纸要求确定，第一根箍筋距两端50mm开始设置。

② 在立筋上画箍筋位置线，然后从上往下采用缠扣法绑扎。

③ 箍筋的接头应当沿柱子立筋交错布置绑扎，箍筋与立筋要垂直，绑扣丝头应向里。

④ 暗柱箍筋与墙筋绑扎要求：暗柱箍筋与墙水平筋错开 20mm 以上，不得并在一起。

⑤ 搭接长度不小于 45d（d 为钢筋直径），搭接处应当确保有三根水平筋。绑扎范围不少于三个扣。墙体立筋截面积 50%错开，其错开距离不小于相邻接头中到中 1.3 倍搭接长度。

⑥ 墙体水平筋节点要求相邻绑扎接头错开。

### 4.6.5　三角桩承台钢筋安装绑扎不合格

（1）三角桩承台钢筋安装绑扎不合格的主要表现。如图 4-35 所示，三角桩承台钢筋的安装绑扎错误，钢筋摆向不对；钢筋锚固长度不符《建筑桩基技术规范》（JGJ 94—2008）。

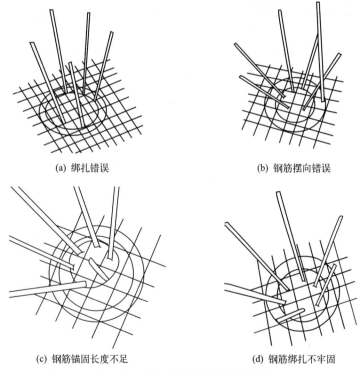

(a) 绑扎错误　　　　　　　　　　(b) 钢筋摆向错误

(c) 钢筋锚固长度不足　　　　　　(d) 钢筋绑扎不牢固

图 4-35　三角桩承台钢筋绑扎错误

（2）产生原因。施工人员责任心不到位，钢筋绑扎未按照规范要求施工，导致钢筋绑扎不合格。

（3）解决方法。绑扎错误的应及时和相关技术人员进行沟通，看是否能够有整改的方法；如果错误较大无法整改，只能将其拆除重新进行绑扎。

① 三角桩的钢筋布置可以参考图4-36进行。

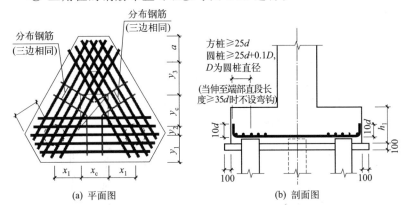

图 4-36　三角桩的钢筋布置

注：1. 当桩径或桩截面边长<800mm 时，桩顶嵌入承台 50mm；

当桩径≥800mm 时，桩顶嵌入承台 100mm。

2. 当承台之间设置防水底板且承台底板也要求做防水层时局部应采用刚性防水层，

不可以采用有机材料的柔性防水层，详见工程具体设计。

3. 规定图面水平方向为 $x$ 向，竖向为 $y$ 向。等边三桩承台的底边方向，详见具体工程设计。

4. 三桩承台最里侧的三根钢筋围成的三角形应当在柱截面范围内。

$a$—柱中心距切角边缘的距离；$x_c$、$y_c$—柱截面尺寸；

$x_1$、$y_1$、$y_2$、$y_3$—承台分尺寸和定位尺寸；$D$—圆柱直径；$h_1$—截面竖向尺寸

② 按照JGJ 94—2008钢筋的方向应当是平行三条边布置的，桩的直径小于等于800mm的时候桩头锚入承台50mm。

通常而言，对于此类钢筋的布置、绑扎，当设计图纸有具体规定时，按照设计图纸进行施工，如果没有具体的设计图，则按照JGJ 94—2008的规定进行施工。

### 4.6.6　吊筋与腰筋绑扎不规范

（1）吊筋与腰筋绑扎不规范的主要表现。在施工现场，吊筋与腰筋绑扎出现问题的具体表现为：吊筋太乱了，且未进行绑扎；吊筋部

位主次梁看不清；梁底和梁侧没看到多少垫块保护层；箍筋 135°弯钩没有到位；用φ8 的钢筋作腰筋不够。

（2）产生原因。钢筋制作绑扎不按图施工，或是吊筋制作形状虽然正确，但各部位长度、角度不符合规范的要求，放置位置不准确。吊筋末端必须绑扎至梁上层和上部主筋同高度，中部要和次梁下部高度相同。

（3）解决方法。在吊筋的施工过程中经常出现以下两方面的问题。

① 吊筋水平锚固长度不足，底部水平段长度未达到次梁宽度加 100mm，弯起角度不准确。

② 吊筋未正确放在次梁正下方，且每侧宽出次梁 50mm，或吊筋未放至主梁底部，而放至次梁底部。

用φ8 腰筋通常不够，《混凝土结构设计规范》（2015 年版）要求梁净高（梁高－板厚－梁底筋保护层厚）超过 450mm 时要加腰筋，每侧腰筋面积不应当少于 0.1% 梁净高×梁宽，如果是 200mm×600mm 的梁截面（最少每侧腰筋面积 $A_s = 120\text{mm}^2$），每侧两根 8mm 腰筋，很明显是不够的（$A_s = 100.6\text{mm}^2$），因此设计上很少会在梁腰筋使用 8mm 的钢筋，通常最少使用 10mm 或以上的钢筋。

# 5

# 钢筋机械连接

## 5.1 钢筋机械连接的基本知识

### 5.1.1 钢筋机械连接接头的设计原则

（1）接头设计应满足强度及变形性能的要求。

（2）接头性能应当包括单向拉伸、高应力反复拉压、大变形反复拉压以及疲劳性能，应根据接头的性能等级和应用场合选择相应的检验项目。

（3）对直接承受重复荷载的结构构件，设计应依据钢筋应力幅提出接头的抗疲劳性能要求。当设计无专门要求时，剥肋滚轧直螺纹钢筋接头、镦粗直螺纹钢筋接头以及带肋钢筋套筒挤压接头的疲劳应力幅限值不应小于现行国家标准《混凝土结构设计规范》（2015 年版）（GB 50010—2010）中普通钢筋疲劳应力幅限值的 80%。

### 5.1.2 钢筋机械连接接头性能等级

钢筋机械连接接头性能包括强度和变形两方面，相关内容在 2.4.2 节已有详细介绍，在此不过多赘述。

### 5.1.3 钢筋机械连接接头的应用

#### 5.1.3.1 接头性能等级的选定

接头性能等级的选定需符合以下规定。

（1）混凝土结构中要求充分发挥钢筋强度或者对接头延性要求较高的部位，须采用Ⅰ级或Ⅱ级接头。Ⅰ级接头能在结构任何部位中使用，且接头的面积百分率可不受限制（有抗震要求设防的框架梁端、柱端箍筋加密区除外）。该规定便于地下连续墙与水平钢筋的连接、滑模或提模施工中垂直构件与水平钢筋的连接、装配式结构接头处的钢筋连接、钢筋笼的对接、分段施工或新旧结构连接处的钢筋连接等。应尤其注意：尽管规程允许必要时可以在同一连接区段实施100％钢筋连接，但规程并不鼓励在同一连接区段实施100％钢筋连接。

（2）在混凝土结构中钢筋受力小或对接头延性要求不高的部位，可以采用Ⅲ级接头。

### 5.1.3.2  混凝土保护层厚度

（1）厚度要求。根据《混凝土结构设计规范》（2015年版）（GB 50010—2010），保护层厚度不再是纵向钢筋（非箍筋）外缘至混凝土表面的最小距离，而是以最外层钢筋（包括箍筋、构造筋、分布筋等）的外缘计算混凝土的保护层厚度。

保护层最小厚度的规定是为了使混凝土结构构件符合耐久性要求和对受力钢筋有效锚固的要求。混凝土保护层厚度越大，构件的受力钢筋黏结锚固性能、耐久性以及防火性能越好。但是，过大的保护层厚度又会使构件受力后产生的裂缝宽度过大，故影响其使用性能（如破坏构件表面的装修层、过大的裂缝宽度会使人恐慌不安），而且由于设计中是不考虑混凝土的抗拉作用的，过大的保护层厚度还必然会导致经济上的浪费。所以，《混凝土结构设计规范》（2015年版）规定纵向受力的普通钢筋及预应力钢筋，其混凝土保护层厚度（钢筋外边缘至混凝土表面的距离）不应小于钢筋的公称直径$d$，且应符合表5-1中混凝土保护层最小厚度的规定。一般设计中是采用最小值。

表 5-1  混凝土保护层最小厚度　　　　单位：mm

| 环境类别 | 板、墙、壳 | 梁、柱、杆 |
| --- | --- | --- |
| 一 | 15 | 20 |
| 二 a | 20 | 25 |
| 二 b | 25 | 35 |
| 三 a | 30 | 40 |
| 三 b | 40 | 50 |

注：1. 混凝土强度等级不大于C25时，表中保护层数值增加5mm。

2. 钢筋混凝土基础宜设置混凝土垫层，基础中钢筋的混凝土保护层厚度应从垫层顶面算起，且不应小于40mm。

（2）厚度规定

① 处于一类环境且由工厂生产的预制构件，当混凝土强度等级不低于 C20 时，其保护层厚度可按《混凝土结构设计规范》（2015 年版）中表 8.2.1 中规定减少 5mm，但是预应力钢筋的保护层厚度不应小于 15mm；处于二类环境且由工厂生产的预制构件，当表面采取有效保护措施时，保护层厚度可按《混凝土结构设计规范》（2015 年版）中表 8.2.1 中一类环境数值取用。预制钢筋混凝土受弯构件钢筋端头的保护层厚度不应小于 10mm；预制肋形板主肋钢筋的保护层厚度应根据梁的数值取用。

② 板、墙、壳中分布钢筋的保护层厚度不应小于《混凝土结构设计规范》（2015 年版）中表 8.2.1 中相应数值减 10mm，且不应小于 10mm；梁、柱中箍筋和构造钢筋的保护层厚度不应小于 15mm。

③ 当梁、柱中纵向受力钢筋的混凝土保护层厚度大于 40mm 时，应当对保护层采取有效的防裂构造措施。处于二、三类环境中的悬臂板，其上表面应采取有效的保护措施。

④ 对有防火要求的建筑物，其混凝土保护层厚度尚应符合国家现行有关标准的要求。处于四、五类环境中的建筑物，其混凝土保护层厚度尚应符合国家现行有关标准的要求。

⑤ 国家标准《混凝土结构工程施工质量验收规范》（GB 50204—2015）规定必须对重要部位进行结构实体检验，主要检验混凝土强度与钢筋保护层厚度。钢筋保护层厚度检验，需要对重要构件，尤其是悬挑梁和板构件，以及易发生钢筋位移、易露筋的部位，采用非破损（用先进的钢筋保护层厚度测定仪）或者局部破损的方法检验。此时，纵向受力钢筋保护层厚度的允许偏差，对梁类构件为 $-7\sim+10$mm；对板类构件为 $-5\sim+8$mm。钢筋保护层厚度检验的合格点率为 90% 及以上时为合格。当合格点率小于 90%，但不小于 80%，可以再抽取相同数量的构件检验，当两次抽检总和计算的合格点率为 90% 及以上时才能判为合格。并且每次抽样结果中不合格点的最大偏差均不应大于允许偏差的 1.5 倍。

### 5.1.3.3 接头的位置和接头受力钢筋截面面积的百分率

结构构件中纵向受力钢筋的接头宜相互错开。钢筋机械连接的连

接区段长度应按 $35d$ 计算，当直径不同的钢筋连接时，按直径较小的钢筋计算。位于同一连接区段内的钢筋机械连接接头的面积百分率应符合以下规定。

（1）接头宜设置在结构构件受拉钢筋应力较小部位，高应力部位设置接头时，同一连接区段内Ⅲ级接头的接头面积百分率不应大于 25%，Ⅱ级接头的接头面积百分率不应大于 50%。Ⅰ级接头的接头面积百分率除（2）和（4）所列情况外可以不受限制。

（2）接头宜避开有抗震设防要求的框架的梁端、柱端箍筋加密区；当无法避开时，应采用Ⅱ级接头或Ⅰ级接头，且接头面积百分率不应大于 50%。

（3）受拉钢筋应力较小部位或者纵向受压钢筋，接头面积百分率可不受限制。

（4）对直接承受重复荷载的结构构件，接头面积百分率不应大于 50%。

### 5.1.3.4　接头的选用

对直接承受重复荷载的结构，接头应选用包含有疲劳性能的型式检验报告的认证产品。

### 5.1.4　钢筋机械连接的优点

同传统的焊接相比，钢筋机械连接有以下优点：（1）连接强度较高、质量稳定且可靠；（2）操作简单、施工快捷；（3）使用范围较广，适合各种方位同、异直径钢筋的连接；（4）钢筋的化学成分对连接质量没有影响；（5）连接质量受人为因素影响小；（6）现场施工不受气候条件影响；（7）耗电低，节约能源；（8）无污染，无火灾及爆炸隐患，施工安全可靠；（9）综合经济效益好。

## 5.2　钢筋机械连接接头的现场加工与安装

### 5.2.1　连接接头的现场加工

（1）直螺纹钢筋丝头加工。直螺纹钢筋丝头加工应当符合以下规定。

① 钢筋端部应当采用带锯、砂轮锯或带圆弧形刀片的专用钢筋切

断机切平。

② 镦粗头不应有与钢筋轴线相垂直的横向裂纹。

③ 钢筋丝头长度应当满足产品设计要求，极限偏差应为 $0\sim2.0P$（$P$ 为螺纹的螺距，下同）。

④ 钢筋丝头宜满足 6f 级精度要求，应当采用专用直螺纹量规检验，通规应能顺利旋入并达到要求的拧入长度，止规旋入不得超过 $3P$。各规格的自检数量不应少于 $10\%$，检验合格率不应小于 $95\%$。

（2）锥螺纹钢筋丝头加工。锥螺纹钢筋丝头加工应当符合以下规定。

① 钢筋端部不得有影响螺纹加工的局部弯曲。

② 钢筋丝头长度应当满足产品设计要求，拧紧后的钢筋丝头不得相互接触，丝头加工长度极限偏差应为 $-0.5P\sim-1.5P$。

③ 钢筋丝头的锥度和螺距应当采用专用锥螺纹量规检验；各规格丝头的自检数量不应少于 $10\%$，检验合格率不应小于 $95\%$。

### 5.2.2 连接接头的现场安装

（1）直螺纹接头的安装。直螺纹接头的安装应当符合下列规定。

① 安装接头时可以用管钳扳手拧紧，钢筋丝头应当在套筒中央位置相互顶紧，标准型、正反丝型、异径型接头安装后的单侧外露螺纹不宜超过 $2P$；对无法对顶的其他直螺纹接头，应当附加锁紧螺母、顶紧凸台等措施紧固。

② 接头安装后应当用力矩扳手校核拧紧扭矩，最小拧紧扭矩值应符合表 5-2 的规定。

表 5-2　直螺纹接头安装时最小拧紧扭矩值

| 钢筋直径/mm | $\leqslant16$ | $18\sim20$ | $22\sim25$ | $28\sim32$ | $36\sim40$ | 50 |
|---|---|---|---|---|---|---|
| 拧紧扭矩/（N·m） | 100 | 200 | 260 | 320 | 360 | 460 |

③ 校核用力矩扳手的准确度级别可以选用 10 级。

（2）锥螺纹接头的安装。锥螺纹接头的安装应当符合下列规定。

① 接头在安装时严格保证钢筋与连接件的规格相一致。

② 接头在安装时应用力矩扳手拧紧，拧紧扭矩值应当满足表 5-3 的要求。

**表5-3  锥螺纹接头安装时拧紧扭矩值**

| 钢筋直径/mm | ≤16 | 18~20 | 22~25 | 28~32 | 36~40 | 50 |
|---|---|---|---|---|---|---|
| 拧紧扭矩/(N·m) | 100 | 180 | 240 | 300 | 360 | 460 |

③ 校核用力矩扳手与安装用力矩扳手应当区分使用，校核用力矩扳手应每年校核1次，准确度级别不应低于5级。

（3）套筒挤压接头的安装。套筒挤压接头的安装应当符合以下规定。

① 钢筋端部不得有局部弯曲，不得有严重锈蚀和附着物。

② 钢筋端部应有挤压套筒后可以检查钢筋插入深度的明显标记，钢筋端头离套筒长度中点不宜超过10mm。

③ 挤压应当从套筒中央开始，依次向两端挤压，挤压后的压痕直径或套筒长度的波动范围应用专用量规检验；压痕处套筒外径应为原套筒外径的0.80~0.90倍，挤压后套筒长度应为原套筒长度的1.10~1.15倍。

④ 挤压后的套筒不应有可见裂纹。

# 5.3  GK型等强钢筋锥螺纹接头连接

## 5.3.1  概述

钢筋锥螺纹接头是利用锥螺纹能承受拉、压两种作用力及自锁性、密封性好的原理，将钢筋的连接端加工成锥螺纹，按照规定的力矩值把钢筋连接成一体的接头。GK型等强钢筋锥螺纹接头的基本思路是：在钢筋端头切削锥螺纹之前，先对钢筋端头沿径向通过压模施加很大的压力，使其塑性变形，形成一圆锥桩体，之后，再按照普通锥螺纹钢筋接头的工艺路线，在预压过的钢筋端头上车削锥形螺纹，再用带内锥螺纹的钢套筒用力矩扳手进行拧紧连接。在钢筋端头塑性变形过程中，根据冷作硬化的原理，变形之后的钢筋端头材料强度比钢筋母材提高10%~20%，从而使在其上车削出的锥螺纹强度也相应提高，弥补了由于车削螺纹使钢筋母材截面尺寸减小而造成的接头承载能力下降的缺陷，从而大大提高了锥螺纹接头的强度，使之不小于相应钢筋母材的强度。由于强化长度可调，因此可有效避免螺纹接头根部弱化现象。不用依赖钢筋超强，就可以达到行业标准中最高级Ⅰ级接头对强度的要求。

### 5.3.2 钢筋锥螺纹接头

#### 5.3.2.1 概述

钢筋锥螺纹接头是指能承受拉、压两种作用力的机械接头。钢筋锥螺纹接头操作时，首先用专用套丝机将钢筋的待连接端加工成锥形外螺纹；然后，通过带锥形内螺纹的钢连接套筒，将两根待接钢筋连接；最后，利用力矩扳手按规定的力矩值使钢筋和连接钢套筒拧紧在一起。

钢筋锥螺纹接头工艺简便，能够在施工现场连接直径 16～40mm 的热轧 HRB335、HRB400 同径和异径的竖向或水平钢筋，且不受钢筋是否带肋和含碳量的限制。主要适用于按一、二级抗震等级设防的工业和民用建筑钢筋混凝土结构的热轧 HRB335、HRB400 钢筋的连接施工；但不得用于预应力钢筋的连接。对于直接承受动荷载的结构构件，其接头还应当满足抗疲劳性能等设计要求。

#### 5.3.2.2 GK 型等强钢筋锥螺纹接头工艺线路线

（1）GK 型等强钢筋锥螺纹接头径向挤压，如图 5-1 所示。

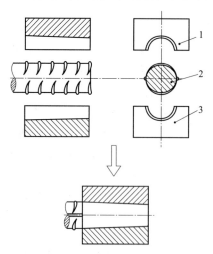

图 5-1　钢筋径向挤压

1—上压模；2—钢筋端头；3—下压模

（2）GK 型等强钢筋锥螺纹接头工艺线路，如图 5-2 所示。

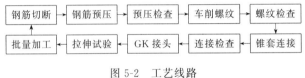

图 5-2　工艺线路

### 5.3.3　锥螺纹连接套

锥螺纹连接套材料宜采用 45 号优质碳素结构钢或其他经试验确认符合要求的材料。提供的锥螺纹连接套应当有产品合格证，两端锥孔应当有密封盖，套筒表面应当有规格标记。进场时，施工单位应当进行复检，可以用锥螺纹塞规拧入连接套，如果连接套的大端边缘在锥螺纹塞规大端的缺口范围内，则为合格。

（1）套筒的材质。通常，HRB335 钢筋采用 30 钢～40 钢；HRB400 钢筋采用 45 钢。

（2）套筒的规格尺寸。套筒的规格尺寸应当与钢筋锥螺纹相匹配，其承载力应当略高于钢筋母材。

（3）锥螺纹套筒的加工应当在专业工厂进行，从而保证产品质量。套筒加工后，经检验合格的产品，其两端锥孔应采用塑料密封盖封严。套筒的外表面应标有明显的钢筋级别及规格标记。

### 5.3.4　钢筋锥螺纹加工

（1）钢筋应当先调直，后下料。钢筋下料可以采用钢筋切断机或砂轮锯，但不得用气割下料。钢筋下料时，要求切口端面与钢筋轴线垂直，端头不得挠曲或出现马蹄形。

（2）加工好的钢筋锥螺纹丝头的锥度、牙形与螺距等，必须与连接套的锥度、牙形、螺距一致，并应进行质量检验，检验内容如下。

① 锥螺纹丝头牙形检验。

② 锥螺纹丝头锥度与小端直径检验。

（3）其加工工艺为：下料→套丝→用牙形规和卡规（或环规）逐个检查钢筋套丝质量→质量合格的丝头用塑料保护帽盖封，待查和待用。

（4）钢筋经检验合格后方可在套丝机上加工锥螺纹。为了确保钢筋的套丝质量，操作人员必须坚持上岗证制度。操作前，应先调整好定位尺，并按钢筋规格配置相对应的加工导向套。对于大直径钢筋，应当分次加工到规定的尺寸，以保证螺纹的精度和避免损坏梳刀。

（5）钢筋套丝时，必须采用水溶性切削冷却润滑液。当气温低于0℃时，应当掺入15%～20%亚硝酸钠，不得采用机油作冷却润滑液。

### 5.3.5　GK型等强钢筋锥螺纹接头连接施工

（1）预压施工

① 施工操作

a. 操作人员必须持证上岗。

b. 操作时采用的压力值、油压值应当符合产品供应单位通过型式检验确定的技术参数要求。压力值及油压值应当按表5-4执行。

表 5-4　预压压力

| 钢筋规格 | 压力值范围/t | 油压值范围/MPa |
| --- | --- | --- |
| Φ16 | 62～73 | 24～28 |
| Φ18 | 68～78 | 26～30 |
| Φ20 | 68～78 | 26～30 |
| Φ22 | 68～78 | 26～30 |
| Φ25 | 99～109 | 38～42 |
| Φ28 | 114～125 | 44～48 |
| Φ32 | 140～151 | 54～58 |
| Φ36 | 161～171 | 62～66 |
| Φ40 | 171～182 | 66～70 |

注：若改变预压机机型该表中压力值范围不变，但油压值范围要相应改变，具体数值由生产厂家提供。

c. 检查预压设备情况，并进行试压，符合要求后方可作业。

② 预压操作

a. 钢筋应当先调直再按照设计要求位置下料。钢筋切口应当垂直钢筋轴线，不宜有马蹄形或翘曲端头。不允许用气割进行钢筋下料。

b. 钢筋端部完全插入预压机，直至前挡板处。

c. 钢筋摆放位置要求。对于一次预压成形，钢筋纵肋沿竖向顺时针或逆时针旋转20°～40°。对于两次预压成形，第一次预压钢筋纵肋向上，第二次预压钢筋顺时针或逆时针旋转90°。

d. 每次按照规定的压力值进行预压，预压成形次数按表5-5

执行。

表 5-5　预压成形次数

| 预压成形次数 | 钢筋直径/mm |
|---|---|
| 1 次预压成形 | 16～25 |
| 2 次预压成形 | 28～40 |

（2）加工钢筋锥螺纹丝头

① 钢筋端头预压经检验合格。

② 钢筋套丝。套丝工人必须持上岗证作业。套丝过程必须用钢筋接头单位提供的牙形规、卡规或环规逐个检查钢筋的套丝质量。要求牙形饱满，无裂纹、无乱牙、秃牙缺陷；牙形与牙形规吻合；丝头小端直径在卡规和环规的允许误差范围内。

③ 经自检合格的钢筋锥螺纹丝头，应当一头戴上保护帽，另一头拧紧与钢筋规格相同的连接套，并按照规定堆放整齐，以便质检或监理抽查。

④ 抽检钢筋锥螺纹丝头的加工质量。质检或监理人员用钢筋套丝工人的牙形规和卡规或环规，对每种规格加工批随机抽检 10%，且不少于 10 个，并按照要求填写钢筋锥螺纹加工检验记录。如有一个丝头不合格，应当对该加工批全数检查。不合格丝头应重新加工并经再次检验合格后方可使用。

（3）钢筋连接

① 将待连接钢筋吊装到位。

② 回收密封盖和保护帽。连接前，应当检查钢筋规格与连接套规格是否一致，确认丝头无损坏时，将带有连接套的一端拧入连接钢筋。

③ 用力矩扳手拧紧钢筋接头，并达到规定的力矩值，见表 5-6。在连接时，将力矩扳手钳头咬住待连接钢筋，垂直钢筋轴线均匀加力，当力矩扳手发出"咔哒"响声时，即达到预先设定的规定力矩值。严禁钢筋丝头没拧入连接套就用力矩扳手连接钢筋。否则会损坏接头丝扣，造成钢筋连接质量事故。为了保证力矩扳手的使用精度，不用时将力矩扳手调到"0"刻度，不准用力矩扳手当锤子、撬棍等使用，

要轻拿轻放，不得乱摔、坐、踏、雨淋，避免损坏或生锈造成力矩扳手损坏。

表 5-6　接头拧紧力矩值

| 钢筋直径/mm | ≤16 | 18～20 | 22～25 | 25～32 | 36～40 |
|---|---|---|---|---|---|
| 拧紧力矩/(N·m) | 100 | 180 | 240 | 300 | 360 |

④ 钢筋接头拧紧时应当随手做油漆标记，以备检查，防止漏拧。

⑤ 鉴于国内钢筋锥螺纹接头技术参数不尽相同，施工单位采用时应当特别注意，对技术参数不一样的接头绝不能混用，避免出质量事故。

⑥ 几种钢筋锥螺纹接头的连接方法

a. 普通同径或异径接头连接方法，如图5-3 所示。

用力矩扳手分别将①与②、②与③拧到规定的力矩值。

b. 单向可调接头连接方法，如图 5-4所示。

用力矩扳手分别将①与②、③与④拧到规定的力矩值，再把⑤与②拧紧。

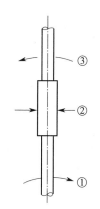

图 5-3　普通接头连接
①，③—钢筋；②—连接套

c. 双向可调接头连接方法，如图 5-5 所示。

分别用力矩扳手将①与②、③与④拧到规定的力矩值，且保持②、③的外露丝扣数相等，然后分别夹住②与③，将⑤拧紧。

⑦ 水平钢筋的连接方法。将待连接钢筋用短钢管垫平，先将钢筋丝头拧入待连接钢筋里，两人对面站立分别用扳手钳住钢筋，从一头往另一头依次拧紧接头。不得从两头往中间连接，避免造成连接质量事故。

## 5.3.6　质量检验

### 5.3.6.1　锥螺纹套筒验收检查

锥螺纹套筒验收应检查的项目有：套筒的规格、型号与标记；套筒的内螺纹圈数、螺距与齿高；螺纹有无破损、歪斜、不全或锈蚀等现象。其中，套筒检验的重要环节是用锥螺纹塞规检查同规格套筒的加工质量。当套筒大端边缘在锥螺纹塞规大端缺口范围内时，套筒为合格品。

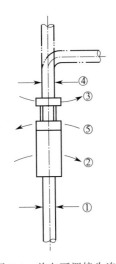

图 5-4   单向可调接头连接
①，④—钢筋；②—连接套；
③—可调连接器；⑤—锁母

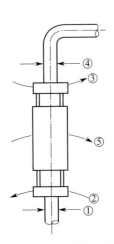

图 5-5   双向可调接头连接
①，④—钢筋；②，③—可调
连接器；⑤—连接套

### 5.3.6.2   预压后钢筋端头的自检

预压后的钢筋端头，应当逐个进行自检，经过自检合格的预压端头，质检人员应当按照要求对每种规格本次加工批抽检10％。若有一个端头不合格，则应责令操作工人对该加工批全数检查。对于不合格钢筋端头，应当进行二次预压或部分切除重新预压。

### 5.3.6.3   接头外观检验

随机抽取同规格接头数的10％进行外观检查，应当满足钢筋与连接套的规格一致，接头丝扣无完整丝扣外露。

若发现有一个完整丝扣外露，即为连接不合格，必须查明原因，责令工人重新拧紧或进行加固处理。

### 5.3.6.4   接头拧紧力矩抽检

用质检的力矩扳手，按表 5-6 规定的接头拧紧值抽检接头的连接质量。抽验数量如下。

（1）梁、柱构件按接头数的 15％，且每个构件的接头抽验数不得少于 1 个接头。

（2）基础、墙、板构件按各自接头数，每 100 个接头作为一个验收批，不足 100 个也应作为一个验收批，每批抽检 3 个接头。

抽检的接头应当全部合格，若有 1 个接头不合格，则该验收批接头应逐个检查。对于查出的不合格接头，应当采用电弧贴角焊缝方法补强，焊缝高度不得小于 5mm。

### 5.3.6.5　接头现场检验

接头的现场检验按验收批进行，同一施工条件下，同一批材料的同等级、同规格接头，以 500 个作为一个验收批进行检验与验收，不足 500 个也应作为一个验收批。

（1）对于接头的每一验收批，应在工程结构中随机抽取 3 个试件做单向拉伸试验，按设计要求的接头性能等级进行检验与评定。

（2）在现场连续检验 10 个验收批，全部单向拉伸试件一次抽样均合格时，验收批接头数量可以扩大一倍。

（3）当质检部门对钢筋接头的连接质量产生怀疑时，可以采用非破损张拉设备做接头的非破损拉伸试验。

### 5.3.6.6　关于 GK 型等强钢筋锥螺纹接头单向拉伸强度指标的特殊规定

首先，GK 接头应当达到行业标准《钢筋机械连接技术规程》（JGJ 107—2016）中Ⅰ级接头的要求，在此基础上应当做到试件在破坏时断在钢筋母材上，接头部位不破坏。当钢筋母材超强 10％（不含 10％）以上时，允许 GK 接头在接头部位破坏，但破断强度实测值应当大于等于钢筋母材标准极限强度的 1.05 倍。

### 5.3.7　钢筋锥螺纹套筒连接外观检查不合格接头的处理

如果发现接头有完整丝扣外露，则说明有丝扣损坏或有脏物进入接头，丝扣或钢筋丝头小端直径超差或使用了小规格的连接套；连接套与钢筋之间如果有周向间隙，则说明用了大规格连接套连接小直径钢筋。出现上述情况，应当及时查明原因给予排除，并重新连接钢筋。如果钢筋接头已不能重新制作和连接，则可以采用 E50×× 型焊条将钢筋与连接套焊在一起，焊缝高度应不小于 5mm。当连接的是

HRB400 钢筋时，应当先做可焊性能试验，经试验合格后，才能焊接。

# 5.4　钢筋镦粗直螺纹套筒连接

## 5.4.1　概述

钢筋镦粗直螺纹连接分钢筋冷镦粗直螺纹连接与钢筋热镦粗直螺纹连接两种。本小节主要介绍钢筋冷镦粗直螺纹连接的相关知识。

### 5.4.1.1　钢筋镦粗直螺纹套筒连接特点

钢筋镦粗直螺纹套筒连接技术是用专门机械镦头机与专用机床在钢筋制作现场进行加工，确保丝头直径和螺纹的精度，保证与套筒的良好配合与互换性。在具体施工时，只需利用普通扳手，把用套筒对接好的钢筋拧紧即可。钢筋镦粗直螺纹套筒连接技术具有以下特点。

（1）强度高。镦粗段钢筋切削螺纹后的净截面积仍大于钢筋原截面积，即螺纹不削弱截面，从而可确保接头强度大于钢筋母材强度（试验结果为 565MPa 以上，达到 SA 级）。

（2）性能稳定。接头强度不受拧紧力矩的影响，丝扣松动或少拧入 2～3 扣，均不会明显影响接头强度，排除了人工因素和测力工具对接头性能的影响。

（3）连接速度快。用连接套筒对接好钢筋，拧紧即可。由于丝扣螺距大，拧入扣数少，不必用力矩扳手，所以提高了连接速度。

（4）生产效率高。现场镦粗，切削一个丝头仅需 30～50s，每套设备每班能加工 400～600 个丝头。

（5）应用范围广。对于弯折钢筋、固定钢筋、钢筋笼等钢筋不能转动的场合均可使用。

### 5.4.1.2　钢筋镦粗直螺纹套筒连接适用范围

钢筋镦粗直螺纹连接适合于符合国家标准《钢筋混凝土用钢　第 2 部分：热轧带肋钢筋》（GB 1499.2—2018）中的 HRB335（Ⅱ级钢筋）和 HRB400（Ⅲ级钢筋）。

## 5.4.2　镦粗直螺纹接头

### 5.4.2.1　钢筋镦粗直螺纹套筒连接接头的分类

接头按使用场合的分类见表 5-7，各形式的接头及其连接如图 5-6 所示。

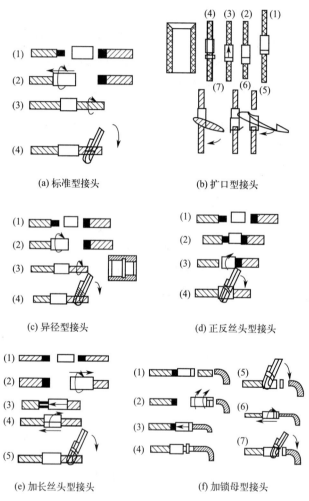

(a) 标准型接头

(b) 扩口型接头

(c) 异径型接头

(d) 正反丝头型接头

(e) 加长丝头型接头

(f) 加锁母型接头

图 5-6　各形式的接头及其连接示意

注：图中（1）~（7）表示接头连接时的操作顺序

表 5-7　接头按使用场合分类

| 形　式 | 使　用　场　合 |
| --- | --- |
| 标准型 | 正常情况下连接钢筋 |
| 扩口型 | 用于钢筋较难对中且钢筋不易转动的场合 |
| 异径型 | 用于连接不同直径的钢筋 |
| 正反丝头型 | 用于两端钢筋均不能转动而要求调节轴向长度的场合 |
| 加长丝头型 | 用于转动钢筋较困难的场合,通过转动套筒连接钢筋 |
| 加锁母型 | 钢筋完全不能转动,通过转动套筒连接钢筋,用锁母锁定套筒 |

## 5.4.2.2　镦粗直螺纹接头工艺

镦粗直螺纹接头工艺是首先利用冷镦机将钢筋端部镦粗,其次用套丝机在钢筋端部的镦粗段上加工直螺纹,最后用连接套筒将两根钢筋对接。由于钢筋端部冷镦后,不仅截面加大,而且强度也有提高,钢筋端部加工直螺纹后,其螺纹底部的最小直径应不小于钢筋母材的直径,所以该接头可与钢筋母材等强。镦粗直螺纹接头的工艺流程如图 5-7 所示。

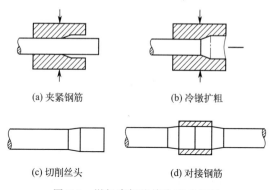

(a) 夹紧钢筋　　　　　　(b) 冷镦扩粗

(c) 切削丝头　　　　　　(d) 对接钢筋

图 5-7　镦粗直螺纹接头工艺简图

## 5.4.3　钢筋端部丝头加工

(1) 钢筋下料前应先进行调直,下料时,切口端面应当与钢筋轴线垂直,不得有马蹄形或挠曲。

(2) 镦粗后的基圆直径 $d_1$ 应当大于丝头螺纹外径,长度 $L_0$ 应当大于 1/2 套筒长度,过渡段坡度应当不小于 1:3。镦粗头的外形尺寸如图 5-8 所示。镦粗量参考数据见表 5-8 和表 5-9。

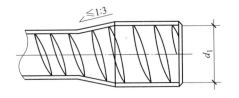

图 5-8　镦粗头外形示意

表 5-8　镦粗量参考数据 1

| 钢筋直径<br>/mm | 镦粗压力<br>/MPa | 镦粗基圆直径<br>$d_1$/mm | 镦粗缩短尺寸<br>/mm | 镦粗长度 $L_0$<br>/mm |
|---|---|---|---|---|
| 16 | 12～14 | 19.5～20.5 | 12±3 | 16～18 |
| 18 | 15～17 | 21.5～22.5 | 12±3 | 18～20 |
| 20 | 17～19 | 23.5～24.5 | 12±3 | 20～23 |
| 22 | 21～23 | 24.5～28.5 | 15±3 | 22～25 |
| 25 | 22～24 | 28.5～29.5 | 15±3 | 25～28 |
| 28 | 24～26 | 31.5～32.5 | 15±3 | 28～31 |
| 32 | 29～31 | 35.5～36.5 | 18±3 | 32～35 |
| 36 | 26～28 | 39.5～40.5 | 18±3 | 36～39 |
| 40 | 28～30 | 44.5～45.5 | 18±3 | 40～43 |

表 5-9　镦粗量参考数据 2

| 钢筋直径/mm | 22 | 25 | 28 | 32 | 36 | 40 |
|---|---|---|---|---|---|---|
| 镦粗直径 $d_1$/mm | 26 | 29 | 32 | 36 | 40 | 44 |
| 镦粗长度 $L_0$/mm | 30 | 33 | 35 | 40 | 44 | 50 |

（3）镦粗头不得有与钢筋轴线相垂直的横向表面裂纹。

（4）不合格的镦粗头应当切去后重新镦粗，严禁在原镦粗段进行二次镦粗。

（5）若选用热镦工艺镦粗钢筋，则应当在室内进行镦头加工。

（6）当加工钢筋丝头时，应当采用水溶性切削润滑液。当气温低于 0℃时，应当设有防冻措施，不得在不加润滑液的状态下套丝。

（7）钢筋丝头的螺纹应与连接套筒的螺纹相匹配，标准型丝头和加长型丝头加工长度的参数数据见表 5-10 和表 5-11。丝头长度偏差一般不宜超过 +1P（P 为螺距）。

**表 5-10　标准型丝头和加长型丝头加工参考数据**

| 钢筋直径/mm | 16 | 18 | 20 | 22 | 25 | 28 | 32 | 36 | 40 |
|---|---|---|---|---|---|---|---|---|---|
| 标准型丝头长度/mm | 16 | 18 | 20 | 22 | 25 | 28 | 32 | 36 | 40 |
| 加长型丝头长度/mm | 41 | 45 | 49 | 53 | 61 | 67 | 75 | 85 | 93 |

**表 5-11　标准型丝头加工参考数据**

| 钢筋直径/mm | 20 | 22 | 25 | 28 | 32 | 36 | 40 |
|---|---|---|---|---|---|---|---|
| 标准型丝纹规格/mm | M24×2.5 | M26×2.5 | M29×2.5 | M32×3 | M36×3 | M40×3 | M44×3 |
| 标准型丝头长度/mm | 28 | 30 | 33 | 35 | 40 | 44 | 48 |

（8）冷镦后进行套丝，套丝后的螺牙应无裂纹、无断牙及其他缺陷，表面粗糙度达到图纸要求。

（9）用牙形规检测牙形是否合格，并用环规检查其中径尺寸是否在规定误差范围之内。

（10）直螺纹加工检查合格后，应戴上塑料保护帽或拧上连接套，以防碰伤和生锈。

（11）现场加工的直螺纹应注意防潮，防止强力摔碰，并堆放整齐。

### 5.4.4　镦粗直螺纹套筒加工

（1）套筒按使用场合的分类及其特性代号见表 5-12。

**表 5-12　套筒分类及其特性代号**

| 形　式 | 使用场合 | 特性代号 |
|---|---|---|
| 标准型 | 用于标准型、加长丝头或加锁母型接头 | 省略 |
| 扩口型 | 用于扩口型、加长丝头型或加锁母型接头 | K |
| 异径型 | 用于异径型接头 | Y |
| 正反丝头型 | 用于正反丝头型接头 | ZF |

（2）镦粗直螺纹套筒内螺纹的公差带应符合《普通螺纹　公差》（GB/T 197—2018）的要求，可选用 6H。

（3）进行表面防锈处理。

（4）镦粗直螺纹套筒材料、尺寸、螺纹规格、公差带及精度等级还应符合产品设计图纸的要求。

（5）连接镦粗直螺纹套筒的加工参考数据见表 5-13～表 5-16。

表 5-13　标准型连接套筒　　　　单位：mm

| 简　　图 | 型号与标记 | $Md \times t$ | $D$ | $L$ |
|---|---|---|---|---|
| | A20S-G | 24×2.5 | 36 | 50 |
| | A22S-G | 26×2.5 | 40 | 55 |
| | A25S-G | 29×2.5 | 43 | 60 |
| | A28S-G | 32×3 | 46 | 65 |
| | A32S-G | 36×3 | 52 | 72 |
| | A36S-G | 40×3 | 58 | 80 |
| | A40S-G | 44×3 | 65 | 90 |

表 5-14　正反扣型连接套筒　　　　单位：mm

| 简　　图 | 型号与标记 | 右 $Md \times t$ | 左 $Md \times t$ | $D$ | $L$ | $l$ | $b$ |
|---|---|---|---|---|---|---|---|
| | A20SLR-G | 24×2.5 | 24×2.5 | 38 | 56 | 24 | 8 |
| | A22SLR-G | 26×2.5 | 26×2.5 | 42 | 60 | 26 | 8 |
| | A25SLR-G | 29×2.5 | 29×2.5 | 45 | 66 | 29 | 8 |
| | A28SLR-G | 32×3 | 32×3 | 48 | 72 | 31 | 10 |
| | A32SLR-G | 36×3 | 36×3 | 54 | 80 | 35 | 10 |
| | A36SLR-G | 40×3 | 40×3 | 60 | 86 | 38 | 10 |
| | A40SLR-G | 44×3 | 44×3 | 67 | 96 | 43 | 10 |

表 5-15　变径型连接套筒　　　　单位：mm

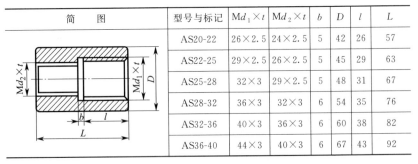

| 简　　图 | 型号与标记 | $Md_1 \times t$ | $Md_2 \times t$ | $b$ | $D$ | $l$ | $L$ |
|---|---|---|---|---|---|---|---|
| | AS20-22 | 26×2.5 | 24×2.5 | 5 | 42 | 26 | 57 |
| | AS22-25 | 29×2.5 | 26×2.5 | 5 | 45 | 29 | 63 |
| | AS25-28 | 32×3 | 29×2.5 | 5 | 48 | 31 | 67 |
| | AS28-32 | 36×3 | 32×3 | 6 | 54 | 35 | 76 |
| | AS32-36 | 40×3 | 36×3 | 6 | 60 | 38 | 82 |
| | AS36-40 | 44×3 | 40×3 | 6 | 67 | 43 | 92 |

**表 5-16 可调型连接套筒** 单位：mm

| 简　图 | 型号和规格 | 钢筋规格 | $D_0$ | $L_0$ | $L'$ | $L_1$ | $L_2$ |
|---|---|---|---|---|---|---|---|
| | DSJ-22 | Φ22 | 40 | 73 | 52 | 35 | 35 |
| | DSJ-25 | Φ25 | 45 | 79 | 52 | 40 | 40 |
| | DSJ-28 | Φ28 | 48 | 87 | 60 | 45 | 45 |
| | DSJ-32 | Φ32 | 55 | 89 | 60 | 50 | 50 |
| | DSJ-36 | Φ36 | 64 | 97 | 66 | 55 | 55 |
| | DSJ-40 | Φ40 | 68 | 121 | 84 | 60 | 60 |

## 5.4.5 冷镦粗直螺纹套筒连接

（1）对于连接可以自由转动的钢筋，首先将套筒预先部分或全部拧入一个被连接钢筋的螺纹内，然后转动连接钢筋或反拧套筒到预定位置，最后用扳手转动连接钢筋，使其相互对顶锁定连接套筒。

（2）对于钢筋完全不能转动，如弯折钢筋或还要调整钢筋内力的场合，如施工缝、后浇带，可以先将锁定螺母与连接套筒预先拧入加长的螺纹内，再反拧入另一根钢筋端头螺纹上，最后用锁定螺母锁定连接套筒或采用配套带有正反螺纹的套筒，以便从一个方向上能松开或拧紧两根钢筋。

（3）直螺纹钢筋连接时，应采用力矩扳手按表 5-2 规定的力矩值把钢筋接头拧紧。

## 5.4.6 质量检验

### 5.4.6.1 钢筋套筒进场检验

钢筋套筒进场必须有原材料试验单与套筒出厂合格证，并由该技术提供单位提交有效的形式检验报告。

### 5.4.6.2 钢筋套筒工艺检验

钢筋套筒挤压连接开始前及施工过程中，应当对每批进场钢筋进行挤压连接工艺检验。工艺检验应当符合下列要求。

（1）每种规格钢筋的接头试件不应少于 3 个。

（2）接头试件的钢筋母材应当进行抗拉强度试验。

（3）3 个接头试件强度均应符合行业标准《钢筋机械连接技术规

程》（JGJ 107—2016）中相应等级的强度要求，对于 I 级接头，试件抗拉强度尚应大于等于 0.9 倍钢筋母材的实际抗拉强度（在计算实际抗拉强度时，应当采用钢筋的实际横截面面积）。

### 5.4.6.3 钢筋套筒挤压接头现场检验

钢筋套筒挤压接头现场检验，一般只进行接头外观检查和单向拉伸试验。

（1）取样数量。同批条件为：材料、等级、形式、规格、施工条件相同。每一验收批的数量为 500 个接头，不足此数时也作为一个验收批。

对每一验收批，应当随机抽取 10% 的挤压接头做外观检查；抽取 3 个试件做单向拉伸试验。在现场检验合格的基础上，当连续 10 个验收批单向拉伸试验合格率为 100% 时，可以扩大验收批所代表的接头数量一倍。

（2）外观检查。挤压接头的外观检查应当符合下列要求。

① 挤压后套筒长度应为原套筒长度的 1.10～1.15 倍，或压痕处套筒的外径为原套筒外径的 0.8～0.9 倍。

② 挤压接头的压痕道数应符合形式检验确定的道数；接头处弯折不得大于 4°。

③ 挤压后的套筒不得有肉眼可见的裂缝。

如果外观质量合格数大于等于抽检数的 90%，则该批为合格。如果不合格数超过抽检数的 10%，则应逐个进行复验。在外观不合格的接头中，抽取 6 个试件做单向拉伸试验，再进行判别。

（3）单向拉伸试验。3 个接头试件的抗拉强度均应满足 A 级或 B 级抗拉强度的要求。如果有一个试件的抗拉强度不符合要求，则加倍抽样复验。复验中如果仍有一个试件检验结果不符合要求，则该验收批单向拉伸试验判为不合格。

### 5.4.6.4 钢筋套筒连接丝头加工现场检验

在合格的镦头上用专用车床套丝机进行套丝，丝头的质量要求如下。

（1）丝头加工现场检验项目、方法及要求见表 5-17。

（2）丝头加工工人应当逐个目测检查丝头的加工质量，每加工 10

个丝头应用环规检查一次，并剔除不合格丝头。

**表 5-17　丝头加工现场检验项目、方法及要求**

| 检验项目 | 量具名称 | 检验要求 |
|---|---|---|
| 外观质量 | 目测 | 牙形饱满、牙顶宽超过 0.6mm 的秃牙部分累计长度不超过一个螺纹周长 |
| 外形尺寸 | 卡尺或专用量具 | 丝头长度应满足图纸要求,标准型接头的丝头长度公差为 +1P |
| 螺纹中径及小径 | 通端螺纹环规 | 能顺利旋入螺纹并达到旋合长度 |
| | 止端螺纹环规 | 允许环规与端部螺纹部分旋合,旋入量不应超过 3P |

（3）自检合格的丝头，应当由质检员随机抽样进行检验，以一个工作班内生产的钢筋丝头为一个验收批，随机抽检 10%。当合格率小于 95% 时，应加倍抽检。复检中合格率仍小于 95% 时，应当对全部钢筋丝头逐个进行检验，并切去不合格丝头，重新镦粗和加工螺纹。

（4）丝头检验合格后，应当用塑料帽或连接套筒保护。

# 5.5　钢筋滚轧直螺纹套筒连接

## 5.5.1　概述

钢筋滚轧直螺纹套筒连接是利用金属材料塑性变形后，冷作硬化增强金属材料强度的特性，使接头与母材等强的连接方法。钢筋滚轧直螺纹连接是一项新技术，发展速度很快。它具有接头强度高、相对变形小、工艺操作简便、施工速度快、连接质量稳定等优点。钢筋滚轧直螺纹套筒连接的工艺特点是先将钢筋端头切平，然后用滚轧机床滚轧成直螺纹，最后用相应的连接套筒将两根钢筋利用螺纹咬合连接在一起，连接套筒则在工厂成批生产。

## 5.5.2　滚轧直螺纹套筒

滚轧直螺纹接头用连接套筒的类型主要包括标准型、正反丝扣型、变径型、可调型等，与镦粗直螺纹套筒类型相同。

（1）连接套筒应当按照产品设计图纸的要求制造，重要的尺寸（外径、长度）及螺纹牙形、精度应经检验合格。

（2）连接套筒的尺寸应满足产品设计的要求，见表 5-18～表 5-20。

表 5-18　标准型套筒的几何尺寸　　　　单位：mm

| 钢筋直径 | 螺纹规格 | 套筒外径 | 套筒长度 |
|---|---|---|---|
| 16 | M16.5×2 | 25 | 43 |
| 18 | M19×2.5 | 29 | 55 |
| 20 | M21×2.5 | 31 | 60 |
| 22 | M23×2.5 | 33 | 65 |
| 25 | M26×3 | 39 | 70 |
| 28 | M29×3 | 44 | 80 |
| 32 | M33×3 | 49 | 90 |
| 36 | M37×3.5 | 54 | 98 |
| 40 | M41×3.5 | 59 | 105 |

表 5-19　常用变径型套筒几何尺寸　　　　单位：mm

| 套筒规格 | 外　径 | 小端螺纹 | 大端螺纹 | 套筒总长 |
|---|---|---|---|---|
| 16～18 | 29 | M16.5×2 | M19.5×2.5 | 50 |
| 16～20 | 31 | M16.5×2 | M21×2.5 | 53 |
| 18～20 | 31 | M19×2.5 | M21×2.5 | 58 |
| 18～22 | 33 | M19×2.5 | M23×2.5 | 60 |
| 20～22 | 33 | M21×2.5 | M23×2.5 | 63 |
| 20～25 | 39 | M21×2.5 | M26×3 | 65 |
| 22～25 | 39 | M23×2.5 | M26×3 | 68 |
| 22～28 | 44 | M23×2.5 | M29×3 | 73 |
| 25～28 | 44 | M26×3 | M29×3 | 75 |
| 25～32 | 49 | M26×3 | M33×3 | 80 |
| 28～32 | 49 | M29×3 | M33×3 | 85 |
| 28～36 | 54 | M29×3 | M37×3.5 | 89 |
| 32～36 | 54 | M33×3 | M37×3.5 | 94 |
| 32～40 | 59 | M33×3 | M41×3.5 | 98 |
| 36～40 | 59 | M37×3.5 | M41×3.5 | 102 |

**表 5-20　可调型套筒几何尺寸**　　　　　单位：mm

| 钢筋直径 | 螺纹规格 | 套筒总长 | 旋出后长度 | 增加长度 |
|---|---|---|---|---|
| 16 | M16.5×2 | 118 | 141 | 96 |
| 18 | M19×2.5 | 141 | 169 | 114 |
| 20 | M21×2.5 | 153 | 183 | 123 |
| 22 | M23×2.5 | 166 | 199 | 134 |
| 25 | M26×3 | 179 | 214 | 144 |
| 28 | M29×3 | 199 | 239 | 159 |
| 32 | M33×3 | 222 | 267 | 117 |
| 36 | M37×3.5 | 244 | 293 | 195 |
| 40 | M41×3.5 | 261 | 314 | 209 |

注：表中"增加长度"为可调型套筒比普通套筒加长的长度，施工配筋时应将钢筋的长度按此数进行缩短。

钢筋连接套筒内螺纹尺寸应按照国家标准《普通螺纹　基本尺寸》（GB/T 196—2003）中的相应规定确定；螺纹中径公差宜满足国家标准《普通螺纹　公差》（GB/T 197—2018）中 6H 级精度规定的要求。

（3）连接套筒装箱前，应带有保护端盖，套筒内不得混入杂物。

### 5.5.3　钢筋丝头加工

#### 5.5.3.1　钢筋下料

钢筋下料时，不应用热加工方法切断；钢筋端面应平整，并与钢筋轴线垂直；不得有马蹄形或扭曲；钢筋端部不得有弯曲；当钢筋端部出现弯曲时，应调直。

#### 5.5.3.2　钢筋丝头加工工艺

在钢筋滚轧直螺纹连接中，丝头的加工工艺有三种形式：直接滚轧、剥肋滚轧，以及介于两者之间的部分剥肋滚轧。

（1）直接滚轧。将钢筋被连接端头不经过任何整形处理，直接滚轧加工成直螺纹。直接滚轧的优点是钢筋截面积基本未受到削弱，接头力学性能能够得到充分保证；缺点是滚丝轮使用寿命短，容易产生不完整螺纹，影响观感效果。

（2）剥肋滚轧。先将钢筋端部的纵肋与横肋凸起部分通过切削加工剥切去掉，然后滚轧加工成直螺纹。剥肋滚丝头加工尺寸应符合表5-21的规定。

表5-21　剥肋滚丝头加工尺寸

| 钢筋直径/mm | 剥肋直径/mm | 螺纹规格/mm | 丝头长度/mm | 完整螺纹圈数 |
|---|---|---|---|---|
| 16 | 15.1±0.2 | M16.5×2 | 22.5 | ≥8 |
| 18 | 16.9±0.2 | M19×2.5 | 27.5 | ≥7 |
| 20 | 18.8±0.2 | M21×2.5 | 30 | ≥8 |
| 22 | 20.8±0.2 | M23×2.5 | 32.5 | ≥9 |
| 25 | 23.7±0.2 | M26×3 | 35 | ≥9 |
| 28 | 26.6±0.2 | M29×3 | 40 | ≥10 |
| 32 | 30.5±0.2 | M33×3 | 45 | ≥11 |
| 36 | 34.5±0.2 | M37×3.5 | 49 | ≥9 |
| 40 | 38.1±0.2 | M41×3.5 | 52.5 | ≥10 |

剥肋滚轧的优点是滚丝轮不易损坏，螺纹比较光洁；缺点是由于多了一道工序，所以钢筋承载截面积受到削弱，力学性能降低，容易在丝头的螺尾处被拉断。

（3）部分剥肋滚轧。将钢筋端部的纵肋与横肋凸起部分通过切削加工部分剥切去掉，然后滚轧加工成直螺纹。部分剥肋滚轧的性能特点介于直接滚轧与剥肋滚轧之间，此处不再赘述。

### 5.5.3.3　钢筋丝头质量检验

钢筋的丝头质量应符合下列要求。

（1）外观质量。丝头表面不得有影响接头性能的损坏、锈蚀。

（2）外形质量。丝头有效螺纹数量不得少于设计规定；牙顶宽度大于 $0.3P$ 的不完整螺纹累计长度，不得超过两个螺纹周长；标准型接头的丝头有效螺纹长度应当不小于 1/2 连接套筒长度，允许误差为 $+2P$；其他连接形式应符合产品设计的要求。

（3）丝头尺寸的检验用专用的螺纹环规检验，其环通规应能顺利地旋入，环止规旋入的长度不得超过 $3P$，如图5-9所示。

丝头加工完毕经检验合格后，应当立即戴上丝头保护帽或拧上连接套筒，防止装卸钢筋时损坏。

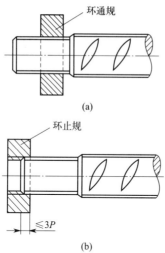

图 5-9　剥肋滚扎丝头质量检查

### 5.5.4　钢筋连接

（1）在进行钢筋连接时，被连接钢筋规格应当与连接套筒规格相一致，并要求保证丝头与连接套筒内螺纹干净、完好无损。

（2）当采用预埋接头时，连接套筒的位置、规格与数量应当符合设计要求。带连接套筒的钢筋应当固定牢靠，连接套筒的外露端应当设置保护盖。

（3）滚轧直螺纹接头应当使用力矩扳手或管钳进行施工，将两个钢筋丝头在套筒中间位置相互顶紧。力矩扳手的精度为±5％。

（4）经拧紧后的滚轧直螺纹接头，应当做出标记，单边外露螺纹长度不应超过 2P。

（5）根据待接钢筋所在部位与转动难易情况，选用不同的套筒类型，采取不同的安装方法，如图 5-10～图 5-13 所示。

### 5.5.5　接头质量检验

#### 5.5.5.1　接头工艺检验

在工程中应用滚轧直螺纹接头时，技术提供单位应当提交有效的型式检验报告。钢筋连接作业开始前及施工过程中，应当对每批进场钢筋进行接头连接工艺检验。工艺检验应符合下列要求。

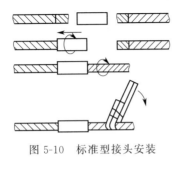

图 5-10　标准型接头安装

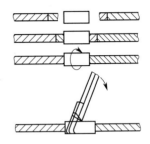

图 5-11　正反螺纹型接头安装

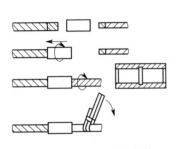

图 5-12　变径型接头安装

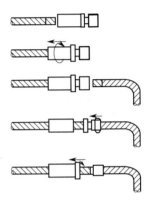

图 5-13　可调型接头安装

（1）每种规格钢筋的接头试件不应少于 3 根。

（2）接头试件的钢筋母材应进行抗拉强度试验。

（3）3 根接头试件的抗拉强度均不应小于该级别钢筋抗拉强度的标准值，同时应不小于钢筋母材实际抗拉强度的 90%。

### 5.5.5.2　接头现场检验

接头现场检验应当进行拧紧力矩检验与单向拉伸强度试验。对于接头有特殊要求的结构，应当在设计图样中另行注明相应的检验项目。

滚轧直螺纹接头的单向拉伸强度试验按验收批进行。同一施工条件下，采用同一批材料的同等级、同形式、同规格接头，以 500 个为一个验收批进行检验。

在现场连续检验 10 个验收批，当其全部单向拉伸试验一次抽样

# 5 钢筋机械连接

合格时，验收批接头数量可以扩大为 1000 个。

对每一验收批，应当在工程结构中随机抽取 3 个试件做单向拉伸试验。当 3 个试件抗拉强度均不小于 I 级接头的强度要求时，该验收批判为合格。如果有两个试件的抗拉强度不符合要求，则应加倍取样复验。

滚轧直螺纹接头的单向拉伸试验破坏形式有 3 种：钢筋母材拉断、套筒拉断、钢筋从套筒中滑脱，只要满足强度要求，任何破坏形式均可判断为合理。

## 5.5.6 钢筋滚轧直螺纹套筒连接常见问题与处理措施

### 5.5.6.1 连接套筒的加工、出厂常见问题与处理措施

连接套筒的加工、出厂常见问题分析及处理措施见表 5-22。

表 5-22 连接套筒的加工、出厂常见问题分析及处理措施

| 常见问题 | 原因分析 | 处理措施 |
|---|---|---|
| 连接套筒内螺纹牙形不完整，外径、长度及螺纹直径偏差大 | (1)车削螺纹的刀具形状和精度不符合要求<br>(2)套筒坯料内外圆不同轴<br>(3)机床精度低 | (1)更换车削刀具<br>(2)加强上道工序的检验<br>(3)调试和恢复基础精度 |
| 套筒有严重锈蚀、杂物、油渍等污染物 | (1)出厂前库存受潮<br>(2)其他工地退货未仔细检查清理 | 打开包装全数检查,对有影响混凝土质量的套筒清理退场 |

### 5.5.6.2 钢筋丝头加工常见问题与处理措施

钢筋丝头加工常见问题分析及处理措施见表 5-23。

表 5-23 钢筋丝头加工常见问题分析及处理措施

| 常见问题 | 原因分析 | 处理措施 |
|---|---|---|
| 丝头螺纹长度偏差大 | 滚轧机工作行程开关失灵或行程距离控制未正确调整 | 检查、维修、重新调整设备的行程控制机构 |
| 丝头螺纹牙形不饱满，同一丝头牙顶宽度普遍大于 0.3P，螺纹沟槽浅或夹有铁屑 | (1)滚丝轮磨损<br>(2)采用剥肋滚轧工艺时，钢筋直径有负差或剥肋过深 | (1)更换滚丝轮<br>(2)调整剥肋机构 |

| 常见问题 | 原因分析 | 处理措施 |
|---|---|---|
| 丝头螺纹不完整,有牙顶宽度大于 0.3P 的不连续螺纹 | (1)钢筋端面有马蹄形<br>(2)钢筋端部有严重损伤 | 用砂轮片切割机切掉有缺陷的钢筋端部 |
| 丝头螺纹直径偏差过大 | (1)采用直接滚轧工艺时,滚丝轮精度低或磨损程度大<br>(2)采用剥肋滚轧工艺时,剥肋机构的剥肋尺寸未调整正确 | (1)更换滚丝轮<br>(2)调整剥肋机构 |

### 5.5.6.3　钢筋现场连接常见问题与处理措施

钢筋现场连接常见问题分析及处理措施见表 5-24。

**表 5-24　钢筋现场连接常见问题分析及处理措施**

| 常见问题 | 原因分析 | 处理措施 |
|---|---|---|
| 连接套筒不能完全旋拧到位 | (1)开始连接时,操作人员未将套筒对正钢筋中线,在螺纹未完全咬正情况下即采用扳手旋拧<br>(2)连接套筒与钢筋丝头加工工艺方式不匹配<br>(3)套筒螺纹中径偏小或钢筋丝头螺纹中径偏大 | (1)拆除已连接套筒,对操作人员就技术要求重新交底<br>(2)检查套筒出厂标志,更换工艺不匹配的连接套筒<br>(3)更换套筒重新连接,更换后仍无法旋拧到位的,当一侧钢筋已经固定于混凝土中时,及时加工特制套筒重新连接<br>(4)加强连接套筒进场检验和现场钢筋丝头检验,不合格套筒全部退出工地,不合格丝头重新加工 |
| 连接套筒用手即可旋拧到位,螺纹配合间隙过大 | (1)连接套筒与钢筋丝头加工工艺方式不匹配<br>(2)套筒螺纹中径偏大或钢筋丝头螺纹中径偏小 | (1)检查套筒出厂标志,更换工艺不匹配的连接套筒<br>(2)更换套筒重新连接,更换后仍有较松的,当一侧钢筋已经固定于混凝土中时,及时加工特制套筒重新连接<br>(3)加强连接套筒进场检验和现场钢筋丝头检验,不合格套筒全部退出工地,不合格丝头重新加工 |

| 常见问题 | 原因分析 | 处理措施 |
|---|---|---|
| 接头试件拉伸试验不合格 | （1）试件的拧紧力矩不足或过大<br>（2）拧紧后螺纹配合间隙大<br>（3）使用了漏检的不合格套筒或与不合格钢筋丝头（主要是牙形不完整）进行连接 | 按标准要求重新取样进行试验，且试件数量增加一倍，若再出现不合格时，该批接头全部返工 |
| 接头试件拉伸试验时，螺尾处拉断 | 采用剥肋滚轧工艺时，螺尾处剥肋过深，未经滚轧强化 | 重新调整剥肋和滚轧参数，防止螺尾处拉断 |

# 5.6　带肋钢筋套筒挤压连接

## 5.6.1　概述

带肋钢筋套筒挤压连接是将需要连接的带肋钢筋，插到特制的钢套筒内，利用挤压机压缩套筒，使之产生塑性变形，利用靠变形后的钢套筒与带肋钢筋之间的紧密咬合来实现钢筋的连接。带肋钢筋套筒挤压连接适用于钢筋直径为 16～40mm 的热轧 HRB335、HRB400 带肋钢筋的连接。

## 5.6.2　带肋钢筋套筒径向挤压连接

### 5.6.2.1　钢筋径向挤压连接原理

带肋钢筋套筒径向挤压连接是采用挤压机沿径向（即与套筒轴线垂直方向）将钢套筒挤压产生塑性变形，使之紧密地咬住带肋钢筋的横肋，实现两根钢筋的连接，如图 5-14 所示。当不同直径的带肋钢筋采用挤压接头连接时，如果套筒两端外径与壁厚相同，则被连接钢筋的直径相差应不大于 5mm。

### 5.6.2.2　钢筋径向挤压工艺参数

（1）压接顺序。钢筋径向挤压的压接顺序是从中间逐步向外压接，这样可以节省套筒材料约 10%。

（2）压接力。压接力的大小以套筒金属与钢筋紧密挤压在一起为

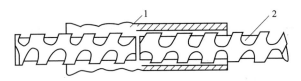

图 5-14　钢筋径向挤压

1—钢套管；2—钢筋

好。压接力过大，会使套筒过度变形，而导致接头强度降低（即拉伸时在套筒压痕处破坏）；压接力过小，接头强度或残余变形量则不能满足要求。试验结果表明，采用不同型号的挤压设备，其压接参数是不同的，具体见表 5-25～表 5-28。

（3）压接道数。压接道数直接关系着钢筋连接的质量和施工速度。压接道数过多，施工速度慢；压接道数过少，则接头性能特别是残余变形量不能满足要求。采用不同型号的挤压机，其压接道数参见表 5-25～表 5-28。

表 5-25　采用 YJH-25、YJH-32、YJH-40 挤压机压接
同直径钢筋挤压连接工艺参数

| 连接钢筋<br>规格/mm | 钢套筒型号 | 压模型号 | 压痕最小直径<br>允许范围/mm | 挤压道数 |
| --- | --- | --- | --- | --- |
| φ40～φ40 | G40 | M40 | 61～64 | 8×2 |
| φ36～φ36 | G36 | M36 | 55～58 | 7×2 |
| φ32～φ32 | G32 | M32 | 49～52 | 6×2 |
| φ28～φ28 | G28 | M28 | 42～44.5 | 5×2 |
| φ25～φ25 | G25 | M25 | 37.5～40 | 4×2 |
| φ22～φ22 | G22 | M22 | 33～35 | 3×2 |
| φ20～φ20 | G20 | M20 | 30～32 | 3×2 |

表 5-26　采用 YJH-25、YJH-32、YJH-40 挤压机挤压
异径钢筋挤压连接工艺参数

| 连接钢筋规格<br>/mm | 钢套筒型号 | 压模型号 | 压痕最小直径<br>允许范围/mm | 压痕总宽度<br>/mm |
| --- | --- | --- | --- | --- |
| φ40～φ36 | G40 | φ40 端 M40<br>φ36 端 M36 | 61～64<br>58～60.5 | 8<br>8 |
| φ36～φ32 | G36 | φ36 端 M36<br>φ32 端 M32 | 55～58<br>52～54.5 | 7<br>7 |

| 连接钢筋规格<br>/mm | 钢套筒型号 | 压模型号 | 压痕最小直径<br>允许范围/mm | 压痕总宽度<br>/mm |
|---|---|---|---|---|
| $\phi32\sim\phi28$ | G32 | $\phi32$端 M32<br>$\phi28$端 M28 | $49\sim52$<br>$46.5\sim48.5$ | 6<br>6 |
| $\phi28\sim\phi25$ | G28 | $\phi28$端 M28<br>$\phi25$端 M25 | $42\sim44.5$<br>$39.5\sim41.5$ | 5<br>5 |
| $\phi25\sim\phi22$ | G25 | $\phi25$端 M25<br>$\phi22$端 M22 | $37.5\sim40$<br>$33.5\sim35$ | 4<br>4 |
| $\phi22\sim\phi20$ | G22 | $\phi22$端 M22<br>$\phi20$端 M20 | $33\sim35$<br>$31.5\sim33$ | 3<br>3 |

注：应采用 10 钢钢套筒。

**表 5-27　采用 YJ650 和 YJ800 型挤压机的技术参数**

| 钢筋直径<br>/mm | 钢套筒外径×长度<br>（$\phi\times L$）/mm | 挤压力<br>/kN | 每端压接道数 |
|---|---|---|---|
| 25 | $43\times175$ | 550 | 3 |
| 28 | $49\times196$ | 600 | 4 |
| 32 | $54\times244$ | 650 | 5 |
| 36 | $60\times252$ | 750 | 6 |

**表 5-28　采用 YJ32 型挤压机的技术参数**

| 钢筋直径<br>/mm | 钢套筒<br>型号 | 钢套筒尺寸/mm | | | 压模<br>型号 | 挤压力<br>/kN | 每端压<br>接道数 | 压痕深度<br>允许尺寸<br>/mm |
|---|---|---|---|---|---|---|---|---|
| | | 外径 | 内径 | 长度 | | | | |
| 32 | G32 | 55.5 | 36.5 | 240 | M32 | 588 | 6 | $46.0\sim49.5$ |
| 28 | G28 | 50.5 | 34.0 | 210 | M28 | 588 | 5 | $40.5\sim44.0$ |
| 25 | G25 | 45.0 | 30.0 | 200 | M25 | 588 | 4 | $36.0\sim40.5$ |

通常，压痕最小直径是通过挤压机上的压力表读数来间接控制的。由于钢套筒的材质不同，造成其硬度与韧性等也不同，所以会造成挤压至所要求的压痕最小直径时所需要的压力也不同。当实际挤压时，压力表读数一般为 $60\sim70$MPa，也有为 $54\sim80$MPa 的，这就要求操作者在挤压不同批号和炉号的钢套筒时，必须进行试压，从而确定挤压到标准所要求的压痕直径时所需的压力值。

### 5.6.2.3　钢筋径向挤压连接

（1）将钢筋套入钢套筒内，使钢套筒端面与钢筋伸入位置标记线对齐，如图 5-15 所示。为减少高空作业的难度，加快施工速度，可以先在地面预先压接半个钢筋接头，然后集装吊运到作业区，完成另半个钢筋接头的压接，如图 5-16 所示。

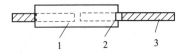

图 5-15　钢筋伸入位置标记线

1—钢套筒；2—标记线；3—钢筋

(a) 把已下好料的钢筋插到套管中央　　　(b) 放在挤压机内，压接已插钢筋的半边

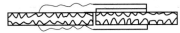 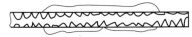

(c) 把已预压半边的钢筋插到待接钢筋上　　(d) 压接另一半套筒

图 5-16　预制半个钢筋接头工序示意

（2）按照钢套筒压痕的位置标记，对正压模位置，并使压模运动方向与钢筋两纵肋所在的平面相垂直，即保证最大压接面能够在钢筋的横肋上。

压痕一般由各生产厂家根据各自设备、压模刃口的尺寸与形状，通过在其所售钢套筒上喷上挤压道数标志或在出厂技术文件中确定。凡是属于压痕道数只在出厂技术文件中确定的，均应在施工现场按出厂技术文件涂刷压接标记，压痕宽度为 12mm（允许偏差±1mm）、压痕间距为 4mm（允许偏差±1.5mm），如图 5-17 所示。

### 5.6.3　带肋钢筋套筒轴向挤压连接

#### 5.6.3.1　钢筋轴向挤压连接原理

钢筋轴向挤压连接是采用挤压机与压模对钢套筒及插入的两根对接钢筋，朝其轴向方向进行挤压，使套筒咬合到带肋钢筋的肋间，并使其结合成一体，如图 5-18 所示。

#### 5.6.3.2　钢筋轴向挤压连接

（1）为能够准确地判断钢筋伸入钢套筒内的长度，首先应在钢筋两端用标尺画出油漆标志线。

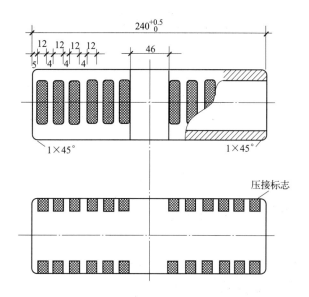

图 5-17　钢套筒（G32）的尺寸及压接
标志（单位：mm）

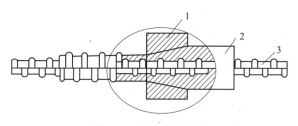

图 5-18　钢筋轴向挤压
1—压模；2—钢套管；3—钢筋

（2）选定套筒与压模，并使其配套。

（3）接好泵站电源及其与半挤压机（或挤压机）的超高压油管。

（4）启动泵站，按下手控开关的"上""下"按钮，往复动作油缸几次，检查泵站与半挤压机（或挤压机）是否正常。

（5）一般采取预先压接半个钢筋接头后，再运往作业地点进行另半个钢筋接头的整根压接连接。

（6）半根钢筋挤压作业步骤，见表5-29。

表 5-29　半根钢筋挤压作业步骤

| 步骤顺序 | 图示 | 说明 |
|---|---|---|
| 1 | 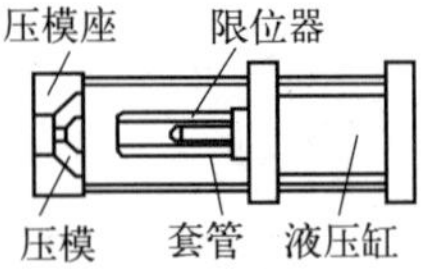 压模座　限位器<br>压模　套管　液压缸 | 装好高压油管和钢筋配用的限位器、套管、压模，并在压模内孔涂润滑油 |
| 2 | 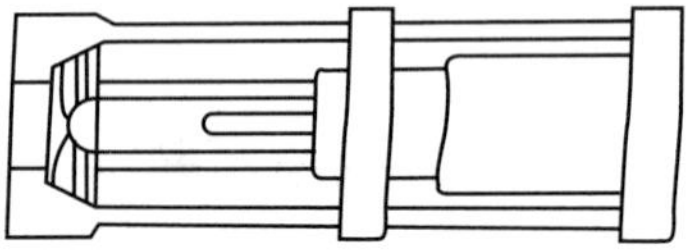 | 按手控"上"按钮，使套管对正压模内孔，再按手控"停止"按钮 |
| 3 | 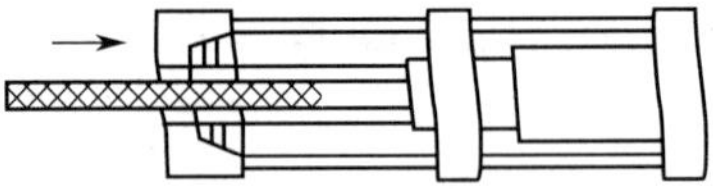 | 插入钢筋，顶在限位器立柱上，扶正 |
| 4 | 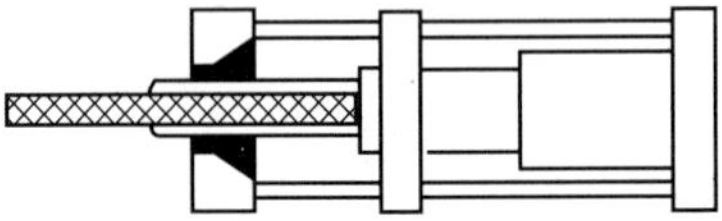 | 按手控"上"按钮，进行挤压 |
| 5 | 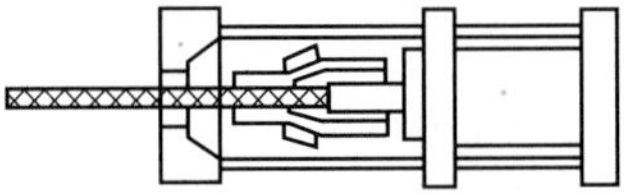 | 当听到溢流"吱吱"声，再按手控"下"按钮，退回柱塞，取下压模 |
| 6 | 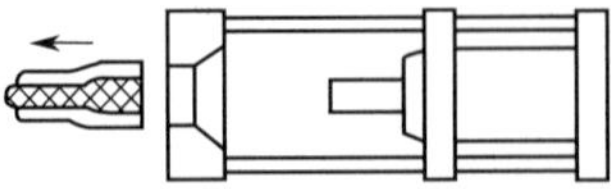 | 取出半套管接头，挤压作业结束 |

（7）整根钢筋挤压作业步骤，见表 5-30。

（8）压接后的接头，其套筒握裹钢筋的长度应当达到油漆标记线，对于达不到的接头，可以采取绑扎补强钢筋或切去重新压接措施。

# 5 钢筋机械连接

表 5-30　整根钢筋挤压作业步骤

| 步骤顺序 | 图示 | 说明 |
|---|---|---|
| 1 | 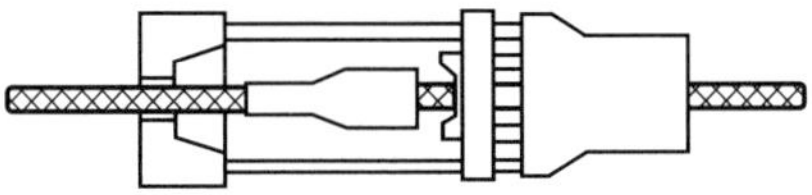 | 将半套管接头,插入结构钢筋,挤压机就位 |
| 2 | 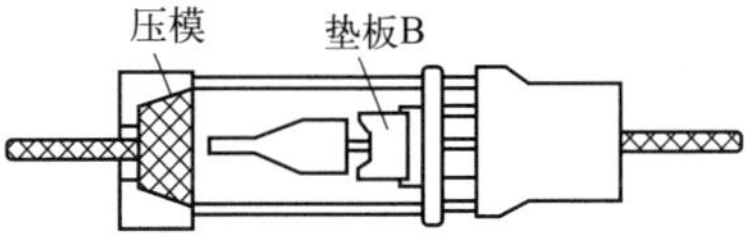 压模　垫板B | 放置与钢筋配用的垫块 B 和压模 |
| 3 | 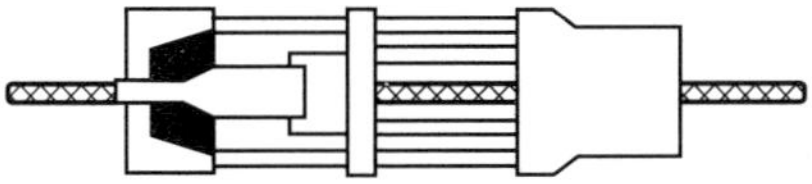 | 按手控"上"按钮,进行挤压,听到"吱吱"溢流声 |
| 4 | 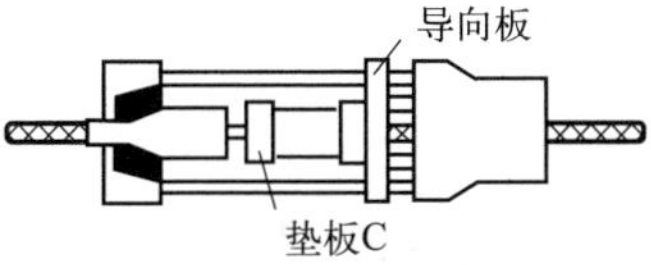 导向板　垫板C | 按手控"下"按钮,退回柱塞及导向板;装上垫块 C |
| 5 | 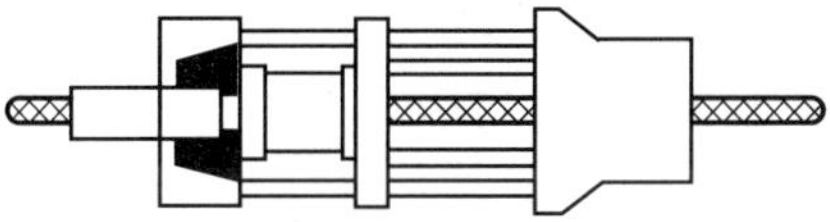 | 按手控"上"按钮,进行挤压 |
| 6 | 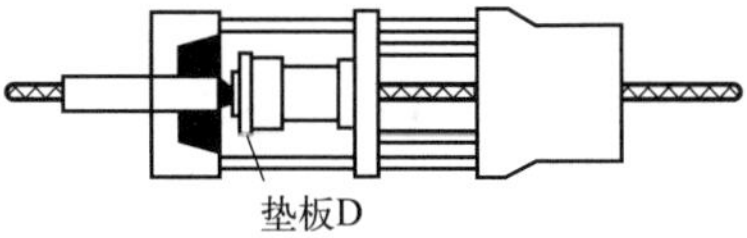 垫板D | 按手控"下"按钮,退回柱塞,再加垫块 D |
| 7 | 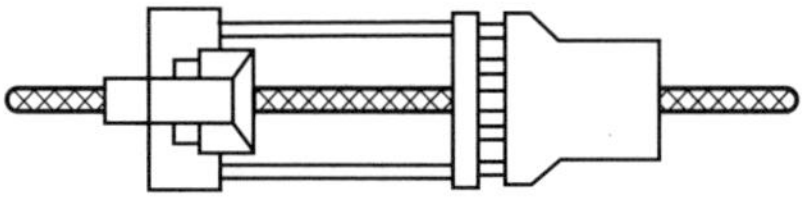 | 按手控"上"按钮,进行挤压;再按手控"下"按钮,退回柱塞 |
| 8 |  | 取下垫块、模具、挤压机;接头挤压连接完毕 |

（9）压接后的接头应用量规检测，见表5-31。凡是量规通不过的套筒接头，均应补压一次。如果仍达不到要求，则需要更换压模再进行挤压。经过两次挤压，套筒接头仍达不到要求的压模，不得再继续使用。

表 5-31　量规外形尺寸及通过尺寸　　单位：mm

| 量规简图 | 通过尺寸 A | | |
|---|---|---|---|
| | $\phi 25$ | $\phi 28$ | $\phi 32$ |
| | 39.1 | 43 | 49.2 |

### 5.6.4　质量检验

带肋钢筋套筒挤压连接的质量检验参照本章5.4.6部分的相关内容。

### 5.6.5　套筒挤压连接异常现象与消除措施

在套筒挤压连接中，若出现异常现象或连接缺陷时，应按表5-32查找原因，采取措施，及时消除。

表 5-32　套筒挤压连接异常现象及消除措施

| 异常现象和缺陷 | 原因或消除措施 |
|---|---|
| 挤压机无挤压力 | （1）高压油管连接位置不正确<br>（2）油泵故障 |
| 钢套筒套不进钢筋 | （1）钢筋弯折或纵肋超偏差<br>（2）砂轮修磨纵肋 |
| 压痕分布不均匀 | 压接时，将压模与钢套筒的压接标志对正 |
| 接头弯折超过规定值 | （1）压接时摆正钢筋<br>（2）切除或调直钢筋弯头 |
| 压接程度不够 | （1）泵压不足<br>（2）钢套筒材料不符合要求 |

续表

| 异常现象和缺陷 | 原因或消除措施 |
|---|---|
| 钢筋伸入套筒内长度不够 | (1)未按钢筋伸入位置、标志挤压<br>(2)钢套筒材料不符合要求 |
| 压痕明显不均匀 | 检查钢筋在套筒内的伸入度是否有压空现象 |

# 5.7　钢筋套筒灌浆连接

## 5.7.1　概述

　　钢筋套筒灌浆连接是用高强、快硬的无收缩无机浆料填充在钢筋与灌浆套筒连接件之间，浆料凝固硬化后形成钢筋接头。灌浆连接主要适用于预制装配式混凝土结构中的竖向构件、横向构件的钢筋连接，也可以用于混凝土后浇带钢筋连接、钢筋笼整体对接及加固补强等方面，可以连接直径为12～40mm热轧带肋钢筋或余热处理钢筋。

## 5.7.2　钢筋套筒灌浆连接施工操作

　　首先将灌浆料按照规定水灰比称量后加水搅拌均匀，然后将灰浆从注浆口注入套筒中。当采用构件上端预埋套筒时，可以预先注入灰浆，然后将上层构件接头钢筋插入套筒灰浆内；当采用构件下端预埋套筒方式时，在构件安装完毕后自下端注入口注入灰浆到上端排出口出浆为止，然后堵塞上下口；用于水平接头时，应将套筒套入一端的插筋内，待另一端构件安装完毕之后，再将套筒推到接头中间，然后固定套筒注入灰浆，即可完成全部接头。

　　(1)灌浆套筒封闭环剪力槽宜符合表5-33中的规定，其他非封闭环剪力槽结构形式的灌浆套筒应通过灌浆接头试验确定，并满足《钢筋连接用灌浆套筒》（JG/T 398—2019）5.5的规定，且灌浆套筒结构的锚固低于同等灌浆接头封闭环剪力槽的作用。

表 5-33　灌浆套筒封闭环剪力槽数量

| 连接钢筋直径/mm | 12～20 | 22～32 | 36～40 |
|---|---|---|---|
| 剪力槽数量/个 | ≥3 | ≥4 | ≥5 |
| 剪力槽两侧凸台轴向宽度/mm | ≥2 | | |
| 剪力槽两侧凸台径向高度/mm | ≥2 | | |

灌浆套筒计入负公差后的最小壁厚应符合表 5-34 的规定。

**表 5-34　灌浆套筒计入负公差后的最小壁厚**　　单位：mm

| 连接钢筋公称直径 | 12～14 | 16～40 |
|---|---|---|
| 机械加工成型灌浆套筒 | 2.5 | 3 |
| 铸造成型灌浆套筒 | 3 | 4 |

（2）半灌浆套筒螺纹端与灌浆连接处的通孔直径设计不宜过大，螺纹小径与通孔直径差不应小于 1mm，通孔的长度不应小于 3mm。

（3）灌浆套筒最小内径与被连接钢筋的公称直径的差值应符合表 5-35 的规定。

**表 5-35　灌浆套筒最小内径与被连接钢筋的公称直径的差值**

单位：mm

| 连接钢筋公称直径 | 12～25 | 28～40 |
|---|---|---|
| 灌浆套筒最小内径与被连接钢筋公称直径的差值 | ≥10 | ≥15 |

（4）分体式全灌浆套筒和分体式半灌浆套筒的分体连接部分的力学性能和螺纹应符合下列规定。

① 设计抗拉承载力不应小于被连接钢筋抗拉承载力标准值的 1.15 倍。

② 设计屈服承载力不应小于被连接钢筋屈服承载力标准值。螺纹副精度应符合《普通螺纹 公差》（GB/T 197—2018）中 6H/6f 的规定。

（5）灌浆套筒使用时螺纹副的旋紧力矩应符合表 5-36 的规定。

**表 5-36　灌浆套筒螺纹副旋紧力矩值**

| 钢筋公称直径/mm | 12～16 | 18～20 | 22～25 | 28～32 | 36～40 |
|---|---|---|---|---|---|
| 铸造灌浆套筒的螺纹副旋紧扭矩/(N·m) | ≥80 | ≥200 | ≥260 | ≥320 | ≥360 |
| 机械加工灌浆套筒的螺纹副旋紧扭矩/(N·m) | ≥100 | | | | |

注：扭矩值是直螺纹连接处最小安装拧紧扭矩值。

（6）采用球墨铸铁制造的灌浆套筒，其材料性能、几何形状及尺寸公差等应符合《球墨铸铁件》（GB/T 1348—2019）的规定，材料性能参数见表 5-37。

表5-37 球墨铸铁灌浆套筒的材料性能

| 材料 | 抗拉强度 $R_m$/MPa | 断后伸长率 $A$/% | 球化率/% | 硬度（HBW） |
|---|---|---|---|---|
| QT500 | ≥500 | ≥7 | | 170~230 |
| QT550 | ≥550 | ≥5 | ≥85 | 180~250 |
| QT600 | ≥600 | ≥3 | | 190~270 |

① 机械加工灌浆套筒原材料宜选用优质碳素结构钢、碳素结构钢、低合金高强度结构钢、合金结构钢、冷拔或冷轧无缝钢管、结构用无缝钢管，其力学性能及外观、尺寸应符合《优质碳素结构钢》（GB/T 699—2015）、《碳素结构钢》（GB/T 700—2006）、《合金结构钢》（GB/T 3077—2015）、《冷拔或冷轧精密无缝钢管》（GB/T 3639—2021）、《结构用无缝钢管》（GB/T 8162—2018）、《热轧钢棒尺寸、外形、重量及允许偏差》（GB/T 702—2017）、《无缝钢管尺寸、外形、重量及允许偏差》（GB/T 17395—2008）的规定，优质碳素结构钢热轧和锻制圆管坯应符合《优质碳素结构钢热轧和锻制圆管坯》（YB/T 5222—2014）的规定，材料性能参数见表5-38。

表5-38 机械加工灌浆套筒常用钢材料性能

| 项目 | 性能指标 | | | | | |
|---|---|---|---|---|---|---|
| 材料 | 45号圆钢 | 45号圆管 | Q390 | Q345 | Q235 | 40Cr |
| 屈服强度 $R_{eL}$/MPa | ≥355 | ≥335 | ≥390 | ≥345 | ≥235 | ≥785 |
| 抗拉强度 $R_m$/MPa | ≥600 | ≥590 | ≥490 | ≥470 | ≥375 | ≥980 |
| 断后伸长率 $A$/% | ≥16 | ≥14 | ≥18 | ≥20 | ≥25 | ≥9 |

注：当屈服现象不明显时，用规定塑性延伸强度 $R_{p02}$ 代替。

② 当机械加工灌浆套筒原材料采用45号钢的冷轧精密无缝钢管时，应进行退火处理，并应符合《冷拔或冷轧精密无缝钢管》（GB/T 3639—2021）的规定，其抗拉强度不应大于800MPa，断后伸长率不应小于14%，45号钢冷轧精密无缝钢管的原材料应采用牌号为45号的管坯钢，并应符合《优质碳素结构钢热轧和锻制圆管坯》（YB/T 5222—2014）的规定。

③ 当机械加工灌浆套管原材料采用冷压或冷轧加工工艺成型时，宜进行退火处理，并应符合 GB/T 3639—2021 的规定，其抗拉强度不应小于800MPa，断后伸长率不宜小于14%，且灌浆套筒设计时不应利用冷加工提高强度而减少灌浆套筒横截面面积，机械滚压或挤压

加工的灌浆套筒材料宜选用 Q345、Q390 及其他符合 GB/T 8162—2018 规定的钢管材料，亦可选用符合 GB/T 699—2015 规定的机械加工钢管材料。

④ 机械加工灌浆套筒原材料可选用经接头型式检验证明符合《钢筋套筒灌浆连接应用技术规程》（JGJ 355—2015）中接头性能规定的其他钢材。

（7）尺寸偏差和外观质量要求。灌浆套筒的尺寸偏差应符合表 5-39 的规定。

表 5-39　灌浆套筒尺寸偏差

| 序号 | 项目 | 灌浆套筒尺寸偏差 | | | | | |
| --- | --- | --- | --- | --- | --- | --- | --- |
| | | 铸造灌浆套筒 | | | 机械加工灌浆套筒 | | |
| 1 | 钢筋直径/mm | 10～20 | 22～32 | 36～40 | 10～20 | 22～32 | 36～40 |
| 2 | 内、外径允许偏差/mm | ±0.8 | ±1.0 | ±1.5 | ±0.5 | ±0.6 | ±0.8 |
| 3 | 壁厚 $t$ 允许偏差/mm | ±0.8 | ±1.0 | ±1.2 | ±12.5%$t$ 或 ±0.4 较大者取其中较大者 | | |
| 4 | 长度允许偏差/mm | ±2.0 | | | ±1.0 | | |
| 5 | 最小内径允许偏差/mm | ±1.5 | | | ±1.0 | | |
| 6 | 剪力槽两侧凸台顶部轴向宽度允许偏差/mm | ±1.0 | | | ±1.0 | | |
| 7 | 剪力槽两侧凸台径向高度允许偏差/mm | ±1.0 | | | ±1.0 | | |
| 8 | 直螺纹精度 | GB/T 197—2018 中 6H 级 | | | GB/T 197—2018 中 6H 级 | | |

铸造灌浆套筒内外表面不应有影响使用性能的夹渣、冷隔、砂眼、缩孔、裂纹等质量缺陷。机械加工灌浆套筒外表面可为加工表面或无缝钢管、圆钢的自然表面，表面应无目测可见裂纹等缺陷，端面和外表面的边棱处应无尖棱、毛刺。灌浆套筒表面允许有锈斑或浮锈，不应有锈皮。滚压型灌浆套筒滚压加工时，灌浆套筒内外表面不应出现微裂纹等缺陷。

（8）灌浆套筒组成钢筋套筒灌浆连接接头的极限抗拉承载力不应小于被连接钢筋抗拉承载力标准值的 1.15 倍，屈服承载力不应小于被连接钢筋屈服承载力的标准值。当接头拉力达到连接钢筋抗拉荷载标准值的 1.15 倍而发生破坏时，可停止试验。灌浆套筒除应符合上述规定外，钢筋套筒灌浆连接接头的抗拉强度和变形性能应符合表 5-40 和表 5-41 的规定。

表 5-40　钢筋套筒灌浆连接接头的抗拉强度

| 项目 | 强度要求 |
|------|----------|
| 抗拉强度 | 接头破坏时 $f_{mst}^{0} \geq 1.15 f_{stk}$ |

注：1. $f_{mst}^{0}$ 为接头试件实测抗拉强度。$f_{stk}$ 为钢筋抗拉强度标准值。

2. 接头破坏指断于钢筋、断于套筒、套筒开裂、钢筋从套筒中拔出、钢筋外露螺纹部分破坏、钢筋镦粗过渡段破坏或套筒内螺纹部分拉脱以及其他连接组件破坏。

表 5-41　钢筋套筒灌浆连接接头的变形性能

| 项目 | | 变形性能 |
|------|------|----------|
| 对中和偏置单向拉伸 | 残余变形/mm | $u_0 \leq 0.10 (d \leq 32)$ |
| | | $u_0 \leq 0.14 (d > 32)$ |
| | 最大力总伸长率/% | $A_{sgt} \geq 6.0$ |
| 高应力反复拉压 | 残余变形/mm | $u_{20} \leq 0.3$ |
| 大变形反复拉压 | 残余变形/mm | $u_4 \leq 0.3$ 且 $u_8 \leq 0.6$ |

注：$u_0$ 为接头试件加载至 0.6 倍钢筋屈服强度标准值并卸载后在规定标距内的残余变形；$u_{20}$ 为接头经高应力反复拉压 20 次后的残余变形；$u_4$ 为接头经大变形反复拉压 4 次后的残余变形；$u_8$ 为接头经大变形反复拉压 8 次后的残余变形；$A_{sgt}$ 为接头试件的最大力总伸长率。

灌浆套筒用于有疲劳性能要求的钢筋套筒灌浆连接接头时，其疲劳性能应符合《钢筋机械连接技术规程》(JGJ 107—2016)的规定。

(9) 套筒灌浆料应按产品设计（说明书）要求的用水量进行配制。拌合用水应符合《混凝土用水标准》(JGJ 63—2006)的规定。常温套筒灌浆料使用时，施工及养护过程中 24h 内灌浆部位所处的环境温度不应低于 5℃，低温型套筒灌浆料使用时，施工及养护过程中 24h 内灌浆部位所处的环境温度不应低于 −5℃，且不应超过 10℃。

常温型套筒灌浆料的性能应符合表 5-42 的规定。

表 5-42　常温型套筒灌浆料的性能指标

| 检测项目 | | 性能指标 |
|----------|------|----------|
| 流动度/mm | 初始 | ≥300 |
| | 30min | ≥260 |
| 抗压强度/MPa | 1d | ≥35 |
| | 3d | ≥60 |
| | 28d | ≥85 |

| 检测项目 | | 性能指标 |
|---|---|---|
| 竖向膨胀率/% | 3h | 0.02～2 |
| | 24h 与 3h 差值 | 0.02～0.40 |
| 28d 自干燥收缩/% | | ≤0.045 |
| 氯离子含量/% | | ≤0.03 |
| 泌水率/% | | 0 |

注：氯离子含量以灌浆料总量为基准。

低温型套筒灌浆料的性能应符合表 5-43 的规定。

**表 5-43　低温型套筒灌浆料的性能指标**

| 检测项目 | | 性能指标 |
|---|---|---|
| －5℃流动度/mm | 初始 | ≥300 |
| | 30min | ≥260 |
| 5℃流动度/mm | 初始 | ≥300 |
| | 30min | ≥260 |
| 抗压强度/MPa | －1d | ≥35 |
| | －3d | ≥60 |
| | －7d＋21d[①] | ≥85 |
| 竖向膨胀率/% | 3h | 0.02～2 |
| | 24h 与 3h 差值 | 0.02～0.40 |
| 28d 自干燥收缩/% | | ≤0.045 |
| 氯离子含量[②]/% | | ≤0.03 |
| 泌水率/% | | 0 |

①　－1d 代表在负温养护 1d，－3d 代表在负温养护 3d，－7d＋21d 代表在负温养护 7d 转标养 21d。

②　氯离子含量以灌浆料总量为基准。

（10）套筒灌浆施工规定。套筒灌浆连接施工前应当制定套筒灌浆操作的专项质量保证措施，套筒灌浆连接时所用的有关材料、机具、作业人员应满足专项施工检查和质量控制要求；被连接钢筋与套筒中心线的偏移量不应超过 5mm，灌浆操作全过程应当有人员旁站监督施工；灌浆料应当由经培训合格的专业人员按照配比要求计量灌浆材料和水的用量，经搅拌均匀后测定其流动度满足标准要求后方可灌注；搅拌的浆料应当在制备后 30min 内用完，灌浆作业应当采取压浆法从下口灌注，当浆料从上口流出时应当及时封堵，待压 30s 再封堵下口；灌浆作业应当及时形成施工质量检查记录表，并按照要求每工作班制作一组 40mm×40mm×160mm 的长方体试件；冬期施工

## 5 钢筋机械连接

时环境温度应在 5℃以上，并应当对连接处采取加热保温措施，确保浆料在 48h 凝结硬化过程中连接部位温度不低于 10℃。

混凝土框架或剪力墙结构中装配节点灌浆套筒连接区，后浇混凝土、砂浆或水泥浆强度均达到设计要求后，方可承受全部设计荷载。混凝土浇筑时，应当采取留置必要数量的同条件试块或其他混凝土实体强度检测措施，以核对混凝土的强度已达到后续施工的条件。临时固定措施，可在不影响结构安全性前提下分阶段拆除，对拆除方法、时间及顺序，应当事先进行验算及制定方案。拆除临时固定措施前，应当确认装配式结构达到后续施工的承载能力、刚度及稳定性要求。

套筒和钢筋宜配套使用，连接钢筋型号可比套筒型号小一级，预留钢筋型号可比套筒型号大一级；连接钢筋和预留钢筋伸入套筒内长度的偏差应当分别在 ±20mm 和 0～10mm 范围内；连接钢筋和预留钢筋应对中、顺直，在套筒内每 1000mm 偏移量不应大于 10mm；相邻套筒的间距不应小于 20mm；用于柱的主筋连接时，套筒区段内柱的箍筋间距不应当大于 100mm；用于抗震墙或承重墙的主筋续接时，应当沿套筒全长设置加强螺旋筋，螺旋筋直径不应当小于 6mm，螺距不应当大于 80mm；拆除采用套筒灌浆连接构件的临时支撑或使其承受由相邻构件传来的荷载时，同条件养护的砂浆试块立方体抗压强度不应当小于 35MPa。钢筋套筒灌浆连接接头如图 5-19 所示。

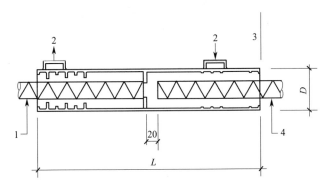

图 5-19　钢筋套筒灌浆连接接头示意

1—连接钢筋；2—灌浆排出口；3—柱底；4—预留钢筋

$L$—试样长度；$D$—直径

（11）钢筋套筒灌浆螺纹连接技术。钢筋套筒灌浆螺纹连接技术采用灌浆-直螺纹复合连接结构，接头一端采用等强直螺纹连接，套筒直螺纹连接段，可以采用剥肋滚轧直螺纹连接，也可以采用镦粗直螺纹连接，连接螺纹孔底部设有限位凸台，使钢筋直螺纹丝头拧到规定位置后可顶紧在凸台上，进而降低了直螺纹配合间隙；另一端采用套筒灌浆连接，套筒灌浆连接段内壁设计为多个凹槽与凸肋交替的结构，能够保证钢筋受拉或受压时套筒与水泥砂浆、水泥砂浆与钢筋之间的连接达到设计承载力，如图 5-20 所示。接头灌浆材料均采用水泥基灌浆材料，是由水泥基胶凝材料、细骨料、外加剂和矿物掺合料等原材料组成，并具备合理级配的一种干混料，加适当比例的水，均匀搅拌即可使用。钢筋连接灌浆材料不仅能够在套筒灌浆腔内壁和钢筋之间快速流动，密实填充，而且操作时间长，在无养护条件下快硬、高强。与传统灌浆接头相比，接头一端采用等强直螺纹连接，钢筋的连接长度以及套筒长度可以大大减小，达到节约钢材的目的，又可以缩短连接时间，加快施工进度。

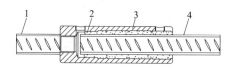

图 5-20　钢筋套筒灌浆-直螺纹连接接头
1—螺纹连接端钢筋；2—接头灌浆料；3—连接套筒；4—灌浆端带肋钢筋

钢筋套筒灌浆直螺纹连接施工包括螺纹接头连接和灌浆连接两部分，这两部分的生产加工分别在预制构件生产工厂内和建筑施工现场进行，其连接施工工艺如图 5-21 所示。

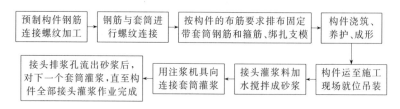

图 5-21　钢筋套筒灌浆连接施工工艺

在构件连接施工现场，当构件为竖向安装的墙板时，套筒灌浆可以采用图 5-22 所示方式，将砂浆从接头下方灌浆口注入，直至接头上端排浆孔流出砂浆，一个接头灌浆结束。为了加快灌浆速度，可以在构件间建立一个连通的灌浆腔，从一个接头套筒灌浆腔注入砂浆，直到该构件全部接头依次充满砂浆。

当预制构件为横向安装的梁或楼板时，可以采用图 5-23 所示方式灌浆，套筒的灌浆孔和排浆孔口向上，从套筒一端灌浆孔注入砂浆，直到另一端排浆孔流出砂浆。也可以反之，从排浆孔灌入砂浆，至灌浆孔有砂浆流出。

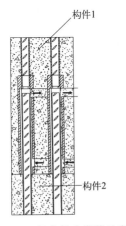

图 5-22　竖向接头灌浆示意

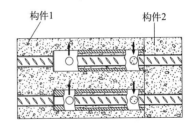

图 5-23　横向接头灌浆示意

## 5.8　带肋钢筋熔融金属充填接头连接

### 5.8.1　概述

钢筋热剂焊的基本原理为，将容易点燃的热剂（通常为铝粉、氧化铁粉、某些合金元素相混合的粉末）填入于石墨坩埚当中，然后点燃，形成放热反应，使氧化铁粉还原成液态钢水，温度在 2500℃以上，穿过坩埚底部的封口片（小圆钢片），经石墨浇注槽，注入两钢筋间预留间隙，使钢筋端面熔化，冷却后形成钢筋焊接接头。为了确保钢筋端部的充分熔化，必须设置预热金属储存腔，让最初进入铸型的高温钢水在流过钢筋间缝隙后进入预热金属储存腔时，将钢筋端部预热，而后续浇注的钢水则填满钢筋接头缝隙，冷却后形成牢固焊接接头，焊接如图 5-24 所示。

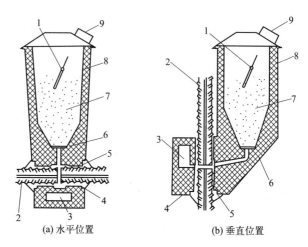

(a) 水平位置      (b) 垂直位置

图 5-24　钢筋热剂焊接

1—高温火柴；2—钢筋；3—预热金属储存腔；4—石棉；5—型砂；
6—封底片；7—热剂；8—带有出钢口的坩埚；9—坩埚盖

此种方法亦称钢筋铝热焊；由于工艺比较繁杂，已很少使用。

### 5.8.2　连接工艺

（1）钢筋准备。钢筋端面必须切平，最好采用圆片锯切割；当采用气割时，应当事先将附在切口端面上的氧化皮、熔渣清除干净。

（2）套筒制作。钢套筒通常采用 45 号优质碳素结构钢或低合金结构钢制成。

在设计连接套筒的横截面面积时，套筒的屈服承载力应当大于或等于钢筋母材屈服承载力的 1.1 倍，套筒的抗拉承载力应大于或是等于钢筋母材抗拉承载力的 1.1 倍。套筒内径与钢筋外径之间应当留一定间隙，以使钢水能顺畅地注入各个角落。

设计连接套筒的长度时，应当考虑充填金属抗剪承载力。充填金属抗剪承载力等于充填金属抗剪强度乘钢筋外圆面积（套筒长度乘钢筋外圆长度）。充填金属的抗剪强度可按照其抗拉强度 0.6 倍计算。钢筋母材承载力等于国家标准中规定的屈服强度或抗拉强度乘公称横截面面积。充填金属抗拉强度可按 Q215 钢材的抗拉强度 $335N/mm^2$ 计算。

设计连接套筒的内螺纹或齿状沟槽时，应当考虑套筒与充填金属之间是否具有良好的锚固力（咬合力）。应当在连接套筒接近中部的适当位置加工一个小圆孔，以便钢水从此注入。

（3）热剂准备。热剂的主要成分为雾滴状或花瓣状铝粉和鱼鳞状氧化铁粉，两者比例应当通过计算和试验确定。为了提高充填金属的强度，在必要时，可加入少量合金元素。热剂中两种主要成分应当调和均匀。如果是购入袋装热剂，在使用前应当抛摔几次，务必使其拌和均匀，以确保反应充分进行。

（4）坩埚准备。坩埚通常由石墨制成，也可以由钢板制成，内部涂以耐火材料。耐火材料的制作：将清洁而很细的石英砂3份及黏土1份，再加1/10份胶质材料相均匀混合，并放水1/12份，使产生合宜的混合体。如果是手工调和，则在未曾混合之前，砂与黏土必须是干燥的，该两种材料经混合后，才可以加入胶质材料和水。其中，水分应越少越好。胶质材料常用的为水玻璃。

坩埚内壁涂毕耐火材料后，应当缓缓使其干燥，直至无潮气存在；如果加热干燥，其加热温度不得超过150℃。

当工程中大量使用该种连接方法时，所有不同规格的连接套筒、热剂、坩埚、一次性衬管、支架等均可以由专门工厂批量生产，包装供应，方便施工。

### 5.8.3　现场操作

（1）固定钢筋。安装并固定钢筋，使两钢筋之间，留有约5mm的间隙。

（2）安装连接套筒。安装连接套筒，使套筒中心在两钢筋端面之间。

（3）固定坩埚。用支架固定坩埚，放好坩埚衬管、放正封口片；安装钢水浇注槽（导流块），连接好钢水出口与连接套筒的注入孔。用耐火材料封堵所有连接处的缝隙。

（4）坩埚使用。为防止坩埚过热，一个坩埚不应重复使用超过15～20min。如果希望连续作业，应当配备几个坩埚轮流使用。在使用前，应当彻底清刷坩埚内部，但不得使用钢丝刷或金属工具。

（5）热剂放入。先将少量热剂粉末倒入坩埚，检查是否有粉末从底部漏出。然后将所有热剂徐徐地放入，不可以全部倾倒，避免破坏其良好的调和状况。

（6）点火燃烧。全部准备工作完成之后，用点火枪或高温火柴点火，热剂开始化学反应过程。之后，迅速盖上坩埚盖。

（7）钢水注入套筒。热剂化学反应过程通常为 4～7s，稍待冶金反应平静之后，高温的钢水熔化封口片，随即流入预置的连接套筒内，填满所有间隙。

（8）扭断结渣。冷却之后，立即慢慢来回转动坩埚，以便扭断浇口至坩埚底间的结渣。

（9）拆卸各项装置。卸下坩埚、导流块、支承托架和钢筋固定装置，去除浇冒口，清除接头附近的熔渣杂物，连接工作结束。

## 5.9　钢筋机械连接常见问题与解决方法

### 5.9.1　直螺纹连接不合格

（1）直螺纹连接不合格主要表现。如图 5-25 所示，钢筋螺纹连接不规范。

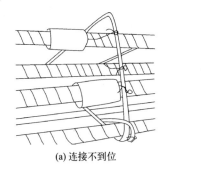

(a) 连接不到位　　　　　　　　　(b) 螺纹过多

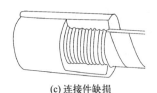

(c) 连接件缺损

图 5-25　钢筋螺纹连接不规范

（2）产生原因。直螺纹连接不到位，直螺纹接头外露螺纹偏多，有的套筒和钢筋直径不配套。

（3）解决方法。在现场施工过程中应当建立完善的质量验收制度、有专业的技术人员进行指导施工，发现连接不合格的应当立即进行整改，整改后再报有关部门进行验收。

① 钢筋直螺纹连接加工与安装时要注意的问题

a. 丝头加工长度为标准型套筒长度的 1/2，其公差为 $+2P$。

b. 连接钢筋时，检查套筒和钢筋的规格是否一致，钢筋和套筒的螺纹是否干净、完好无损，连接套筒的位置、规格和数量应当符合设计的要求。经检查无误后拧下钢筋螺纹保护帽和套筒保护帽，手工将两个待接钢筋的丝头拧入套筒中两到三个扣，以钢筋不脱离套筒为准，然后由两名操作工人各持一把力矩扳手，一把咬住钢筋，另一把咬住套筒，检查两钢筋螺纹在连接套两端外露是否一致，并确保偏差量不大于 $P$，再用两把力矩扳手共同用力直到接头拧紧为止。对已经拧紧的接头做标记，与未拧紧的接头区分开。

② 直螺纹钢筋接头的安装质量应当符合的要求

a. 在安装接头时，可以用管钳扳手拧紧，应当使钢筋丝头在套筒中央位置相互顶紧。标准型接头安装后的外露螺纹不宜超过 $2P$。

b. 安装后应用力矩扳手校核拧紧扭矩，拧紧扭矩值应当符合表 5-44 的规定。

表 5-44  直螺纹钢筋接头安装时的最小拧紧扭矩值

| 钢筋直径/mm | ≤16 | 18～20 | 22～25 | 28～32 | 36～40 | 50 |
|---|---|---|---|---|---|---|
| 拧紧扭矩/(N·m) | 100 | 200 | 260 | 320 | 360 | 460 |

c. 校核用力矩扳手的准确度级别可以选用 10 级。

d. 钢筋连接应当做到表面顺直、端面平整，其截面与钢筋轴线垂直，不得歪斜、滑丝。

e. 对个别经检验不合格的接头，可以采用电弧焊、贴角焊方法补强，但其焊缝高度和厚度应由施工、设计、监理人员共同确定，持有焊工考试合格证的人员才能够施焊。

## 5.9.2  螺纹加工长度不够

（1）螺纹加工长度不够主要表现。施工现场问题主要表现为螺纹长度不够（图 5-26）、螺纹不合格、螺纹受损。

（2）产生原因。在钢筋加工时没有很好地进行技术交底，工人对工艺不熟练，钢筋螺纹加工不到位，影响后续连接质量。

（3）解决方法。施工时应当认真地进行技术交底，找经验丰富的工人进行螺纹加工。发现加工不合格的应重新进行加工，使其螺纹加工长度符合要求以确保质量合格。

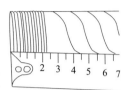

图 5-26　螺纹加工长度不够

① 钢筋同径连接的加工要求。钢筋同径连接的加工要求应符合表 5-45 的规定。

表 5-45　钢筋同径连接的加工要求

| 直径/mm | 20 | 22 | 25 | 28 | 32 | 36 | 40 |
|---|---|---|---|---|---|---|---|
| $L$/mm | 30 | 32 | 35 | 38 | 42 | 46 | 50 |

注：$L$ 为接头试件连接件长度。

② 直螺纹接头的现场加工应当符合的规定

a. 钢筋端部应当切平或镦平后再加工螺纹。

b. 墩粗头不得有与钢筋轴线相垂直的横向裂纹。

c. 钢筋螺纹长度应满足企业标准中产品设计要求，公差应当为 $0\sim2P$。

d. 钢筋螺纹宜满足 6f 级精度要求，应当用专用直螺纹量规检验，通规能顺利旋入并达到要求的拧入长度，止规旋入不得超过 $3P$。抽检数量 10%，检验合格率不应当小于 95%。

③ 直螺纹加工质量检查

a. 连接套必须逐个检查，要求管内螺纹圈数、螺距、齿高等必须与锥纹校验塞规相咬合；螺纹无损破、歪斜、不全、滑丝、混丝现象，螺纹处无锈蚀。

b. 目测牙型饱满，压顶宽超过 0.75mm 的秃牙部分累计长度不超过 1/2 螺纹周长。

c. 螺纹长度检查：长度不小于连接套的 1/2，允许偏差为 $(0,\pm2\text{mm})$。

## 5.9.3　柱筋的螺纹外露过多

（1）柱筋的螺纹外露过多主要表现。施工现场问题主要表现为柱筋的螺纹外露过多、连接不规范、连接不到位。

（2）产生原因。通常而言，套丝机调好了螺纹长度都是固定的，如果没有出现大范围的套丝外漏过多的话跟加工就没有多少关系，主要还是现场连接时工人偷懒，连接未拧紧。根据 JGJ 107—2016 中的规定，旋紧后螺纹外露不应当超过 2 个扣。一端露出过多，肯定旋入时不到位，中间的空隙过大，将大大降低钢筋的受力性能。

（3）解决方法。在实际施工中，这种错误出现的概率较高，一般都是因为施工人员责任心不到位，或疏忽大意所导致的，可从以下两个方面加以防止。

① 按照规定的力矩值，用力矩扳手拧紧接头，应当使钢筋螺纹在套筒中央位置相互顶紧，标准型接头安装后的外露螺纹不宜超过 2P。

② 连接完的接头必须立即用油漆做上标志，防止漏拧。

此外，在钢筋接头安装连接之后，应当进行检查，避免出现质量问题。随机抽取同规格接头数的 10% 进行外观检查，应当满足钢筋与连接套的规格一致。

6

# 钢筋焊接连接

## 6.1 钢筋的焊接性和基本规定

### 6.1.1 钢筋的焊接性

焊接性包括工艺焊接性和使用焊接性两个方面。

（1）工艺焊接性。即接合性能，指在一定焊接工艺条件下焊接接头中出现各种裂纹及其他工艺缺陷的敏感性和可能性。这种敏感性和可能性越大，则其工艺焊接性越差。

（2）使用焊接性。指在一定焊接条件下焊接接头对使用要求的适应性，及影响使用可靠性的程度。这种适应性和使用可靠性越大，则其使用焊接性越好。

### 6.1.2 基本规定

（1）各种焊接方法的适用范围。钢筋在焊接时，各种焊接方法的适用范围应当符合表 6-1 的规定。

（2）钢筋焊接一般规定

① 电渣压力焊适用于柱、墙、构筑物等现浇混凝土结构中竖向受

表 6-1 钢筋焊接方法的适用范围

| 焊接方法 | 接头型式 | 适用范围 | |
| --- | --- | --- | --- |
| | | 钢筋牌号 | 钢筋直径/mm |
| 电阻点焊 | | HPB300 | 6～16 |
| | | HRB335　　HRBF335 | 6～16 |
| | | HRB400　　HRBF400 | 6～16 |
| | | HRB500　　HRBF500 | 6～16 |
| | | CRB550 | 4～12 |
| | | CDW550 | 3～8 |

# 6 钢筋焊接连接

续表

| 焊接方法 | | 接头型式 | 适用范围 | |
|---|---|---|---|---|
| | | | 钢筋牌号 | 钢筋直径/mm |
| 闪光对焊 | | | HPB300 | 8～22 |
| | | | HRB335　HRBF335 | 8～40 |
| | | | HRB400　HRBF400 | 8～40 |
| | | | HRB500　HRBF500 | 8～40 |
| | | | RRB400W | 8～32 |
| 箍筋闪光对焊 | | | HPB300 | 6～18 |
| | | | HRB335　HRBF335 | 6～18 |
| | | | HRB400　HRBF400 | 6～18 |
| | | | HRB500　HRBF500 | 6～18 |
| | | | RRB400W | 8～18 |
| 电弧焊 | 帮条焊 | 双面焊 | HPB300 | 10～22 |
| | | | HRB335　HRBF335 | 10～40 |
| | | | HRB400　HRBF400 | 10～40 |
| | | | HRB500　HRBF500 | 10～32 |
| | | | RRB400W | 10～25 |
| | | 单面焊 | HPB300 | 10～22 |
| | | | HRB335　HRBF335 | 10～40 |
| | | | HRB400　HRBF400 | 10～40 |
| | | | HRB500　HRBF500 | 10～32 |
| | | | RRB400W | 10～25 |
| | 搭接焊 | 双面焊 | HPB300 | 10～22 |
| | | | HRB335　HRBF335 | 10～40 |
| | | | HRB400　HRBF400 | 10～40 |
| | | | HRB500　HRBF500 | 10～32 |
| | | | RRB400W | 10～25 |
| | | 单面焊 | HPB300 | 10～22 |
| | | | HRB335　HRBF335 | 10～40 |
| | | | HRB400　HRBF400 | 10～40 |
| | | | HRB500　HRBF500 | 10～32 |
| | | | RRB400W | 10～25 |
| | 熔槽帮条 | | HPB300 | 20～22 |
| | | | HRB335　HRBF335 | 20～40 |
| | | | HRB400　HRBF400 | 20～40 |
| | | | HRB500　HRBF500 | 20～32 |
| | | | RRB400W | 20～25 |

| 焊接方法 | | 接头型式 | 适用范围 | |
|---|---|---|---|---|
| | | | 钢筋牌号 | 钢筋直径/mm |
| 电弧焊 | 坡口焊 平焊 | | HPB300 | 18～22 |
| | | | HRB335　　HRBF335 | 18～40 |
| | | | HRB400　　HRBF400 | 18～40 |
| | | | HRB500　　HRBF500 | 18～32 |
| | | | RRB400W | 18～25 |
| | 立焊 | | HPB300 | 18～22 |
| | | | HRB335　　HRBF335 | 18～40 |
| | | | HRB400　　HRBF400 | 18～40 |
| | | | HRB500　　HRBF500 | 18～32 |
| | | | RRB400W | 18～25 |
| | 钢筋与钢板搭接焊 | | HPB300 | 8～22 |
| | | | HRB335　　HRBF335 | 8～40 |
| | | | HRB400　　HRBF400 | 8～40 |
| | | | HRB500　　HRBF500 | 8～32 |
| | | | RRB400W | 8～25 |
| | 窄间隙焊 | | HPB300 | 16～22 |
| | | | HRB335　　HRBF335 | 16～40 |
| | | | HRB400　　HRBF400 | 16～40 |
| | | | HRB500　　HRBF500 | 18～32 |
| | | | RRB400W | 18～25 |
| | 预埋件钢筋 | 角焊 | HPB300 | 6～22 |
| | | | HRB335　　HRBF335 | 6～25 |
| | | | HRB400　　HRBF400 | 6～25 |
| | | | HRB500　　HRBF500 | 10～20 |
| | | | RRB400W | 10～20 |
| | | 穿孔塞焊 | HPB300 | 20～22 |
| | | | HRB335　　HRBF335 | 20～32 |
| | | | HRB400　　HRBF400 | 20～32 |
| | | | HRB500 | 20～28 |
| | | | RRB400W | 20～28 |
| | | 埋弧压力焊 埋弧螺柱焊 | HPB300 | 6～22 |
| | | | HRB335　　HRBF335 | 6～28 |
| | | | HRB400　　HRBF400 | 6～28 |

# 6 钢筋焊接连接

| 焊接方法 | | 接头型式 | 适用范围 | |
|---|---|---|---|---|
| | | | 钢筋牌号 | 钢筋直径/mm |
| 电渣压力焊 | | | HPB300 | 12～22 |
| | | | HRB335 | 12～32 |
| | | | HRB400 | 12～32 |
| | | | HRB500 | 12～32 |
| 气压焊 | 固态 | | HPB300 | 12～22 |
| | | | HRB335 | 12～40 |
| | 熔态 | | HRB400 | 12～40 |
| | | | HRB500 | 12～32 |

注：1. 电阻点焊时，适用范围的钢筋直径指两根不同直径钢筋交叉叠接中较小钢筋的直径。

2. 电弧焊含焊条电弧焊和二氧化碳气体保护电弧焊两种工艺方法。

3. 在生产中，对于有较高要求的抗震结构用钢筋，在牌号后加 E，焊接工艺可以按照同级别热轧型钢筋施焊；焊条应当采用低氢型碱性焊条。

4. 生产中，如果有 HPB235 钢筋需要进行焊接时，可以按照 HPB300 钢筋的焊接材料和焊接工艺参数，以及接头质量检验与验收的有关规定施焊。

力钢筋的连接；不得在竖向焊接后横置于梁、板等构件中作水平钢筋用。

② 在工程开工正式焊接之前，参与该项施焊的焊工应进行现场条件下的焊接工艺试验，并经过试验合格后，方可正式生产。试验结果应符合质量检验与验收时的要求。

③ 钢筋焊接施工之前，应清除钢筋、钢板焊接部位以及钢筋与电极接触处表面上的锈斑、油污与杂物等；当钢筋端部有弯折、扭曲时，应予以矫直或切除。

④ 带肋钢筋进行闪光对焊、电弧焊、电渣压力焊与气压焊时，应将纵肋对纵肋安放和焊接。

⑤ 当采用低氢型碱性焊条时，应按使用说明书的要求烘焙，且应放入保温筒内保温使用；酸性焊条如果在运输或存放中受潮，使用前应烘焙，方可使用。

⑥ 焊剂应存放在干燥的库房内，当受潮时，在使用前应经 250～350℃烘焙 2h。使用中回收的焊剂应清除熔渣和杂物，并应与新焊剂混合均匀后使用。

⑦ 在环境温度低于 $-5\,℃$ 条件下施焊时，焊接工艺应符合下列要求。

a.闪光对焊时，应采用预热闪光焊或闪光-预热闪光焊；可以增加调伸长度，采用较低变压器级数，增加预热次数和间歇时间。

b.电弧焊时，应当增大焊接电流，降低焊接速度。电弧帮条焊或搭接焊时，第一层焊缝应从中间引弧，向两端施焊；以后各层控温施焊，层间温度控制在 $150\sim350\,℃$ 之间。多层施焊时，可以采用回火焊道施焊。

c.当环境温度低于 $-20\,℃$ 时，不应进行各种焊接。

⑧ 雨天、雪天不宜在现场进行施焊；必须施焊时，应采取有效遮蔽措施。焊后未冷却接头不得碰到冰雪。并应采取有效的防滑、防触电措施，确保人身安全。当焊区风速超过 $8m/s$ 在现场进行闪光对焊或焊条电弧焊时，当风速超过 $5m/s$ 进行气压焊时，当风速超过 $2m/s$ 进行二氧化碳气体保护电弧焊时，均应采取挡风措施。

⑨ 进行电阻点焊、闪光对焊、电渣压力焊、埋弧压力焊时，应随时观察电源电压的波动情况，当电源电压下降大于 $5\%$，小于 $8\%$ 时，应采取提高焊接变压器级数的措施；当大于或等于 $8\%$ 时，不得进行焊接。

⑩ 焊机应经常维护保养和定期检修，确保正常使用。

⑪ 对从事钢筋焊接施工的班组及有关人员应经常进行安全生产教育，执行国家标准《焊接与切割安全》（GB 9448—1999）中有关规定，对氧、乙炔、液化石油气等易燃、易爆材料，应妥善管理，注意周边环境，制定和实施各项安全技术措施，加强焊工的劳动保护，防止发生烧伤、触电、火灾、爆炸以及烧坏焊接设备等事故。

# 6.2　钢筋电弧焊

## 6.2.1　概述

钢筋电弧焊是最常见的焊接方法，它利用电弧产生的高温，集中热量熔化钢筋端面与焊条末端，使焊条金属过渡到熔化的焊缝内，待金属冷却凝固后，便形成焊接接头，如图 6-1 所示。

# 6 钢筋焊接连接

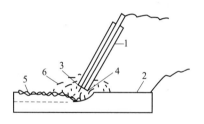

图 6-1　钢筋电弧焊示意

1—焊条；2—钢筋；3—电弧；4—熔池；5—熔渣；6—保护气体

钢筋电弧焊的接头形式较多，主要有帮条焊、搭接焊、坡口焊、熔槽帮条焊等。其中，帮条焊、搭接焊有双面焊、单面焊之分；坡口焊有平焊、立焊之分。

另外，还有钢筋与钢板的搭接焊、钢筋与钢板垂直的预埋件 T 形接头电弧焊。这些接头形式分别适用于不同牌号、不同直径的钢筋。

## 6.2.2　焊条

钢筋电弧焊所采用的焊条主要有碳钢焊条与低合金钢焊条。焊条型号根据熔敷金属的抗拉强度、焊接位置和焊接形式选用。

### 6.2.2.1　一般要求

电弧焊所采用的焊条应符合国家标准《非合金钢及细晶粒钢焊条》（GB/T 5117—2012）或《热强钢焊条》（GB/T 5118—2012）的规定，其型号应根据设计确定；如果设计无规定时，可按表 6-2 选用。

表 6-2　钢筋电弧焊焊条型号

| 钢筋牌号 | 电弧焊接头形式 | | | |
|---|---|---|---|---|
| | 帮条焊搭接焊 | 坡口焊熔槽帮条焊预埋件穿孔塞焊 | 窄间隙焊 | 钢筋与钢板搭接焊预埋件 T 形角焊 |
| HPB300 | E4303 | E4303 | E4316,E4315 | E4303 |
| HRB335 | E4303 | E5003 | E5016,E5015 | E4303 |
| HRB400 | E5003 | E5503 | E6016,E6015 | E5003 |
| RRB400 | E5003 | E5503 | — | — |

#### 6.2.2.2 焊条型号划分

根据熔敷金属的抗拉强度，焊条型号可以分为 E43 系列、E50 系列与 E55 系列三种，它们分别表示抗拉强度高于等于 420MPa、490MPa 与 540MPa。在个别情况下，钢筋施工也应用 E60 系列的焊条。

#### 6.2.2.3 碳钢焊条型号

碳钢焊条包括 E43 系列、E50 系列以及 E57 系列，它们的型号分别见表 6-3 和表 6-4。表 6-4 中 E5018M 的"M"表示耐吸潮和力学性能有特殊规定的焊条。

**表 6-3　E43 系列焊条型号**

| 焊条型号 | 药皮类型 | 焊接位置① | 电流种类 |
|---|---|---|---|
| E4303 | 钛型 | 全位置② | 交流和直流正、反接 |
| E4310 | 纤维素 | 全位置 | 直流反接 |
| E4311 | 纤维素 | 全位置 | 交流和直流反接 |
| E4312 | 金红石 | 全位置② | 交流和直流正接 |
| E4313 | 金红石 | 全位置② | 交流和直流正、反接 |
| E4315 | 碱性 | 全位置② | 直流反接 |
| E4316 | 碱性 | 全位置② | 交流和直流反接 |
| E4318 | 碱性＋铁粉 | 全位置② | 交流和直流反接 |
| E4319 | 钛铁矿 | 全位置② | 交流和直流正、反接 |
| E4320 | 氧化铁 | PA、PB | 交流和直流正接 |
| E4324 | 金红石＋铁粉 | PA、PB | 交流和直流正、反接 |
| E4327 | 氧化铁＋铁粉 | PA、PB | 交流和直流正、反接 |
| E4328 | 碱性＋铁粉 | PA、PB、PC | 交流和直流反接 |
| E4340 | 不做规定 | 由制造商确定 | |

① 焊接位置见《中国煤炭编码系统》（GB/T 16772—1997），其中 PA＝平焊、PB＝平角焊、PC＝横焊。

② 此处"全位置"并不一定包含向下立焊，由制造商确定。

**表 6-4　E50、E57 系列焊条型号**

| 焊条型号 | 药皮类型 | 焊接位置① | 电流种类 |
|---|---|---|---|
| E5003 | 钛型 | 全位置② | 交流和直流正、反接 |
| E5010 | 纤维素 | 全位置 | 直流反接 |
| E5011 | 纤维素 | 全位置 | 交流和直流反接 |
| E5012 | 金红石 | 全位置② | 交流和直流正接 |
| E5013 | 金红石 | 全位置② | 交流和直流正、反接 |
| E5014 | 金红石＋铁粉 | 全位置② | 交流和直流正、反接 |
| E5015 | 碱性 | 全位置② | 直流反接 |

| 焊条型号 | 药皮类型 | 焊接位置<sup>①</sup> | 电流种类 |
|---|---|---|---|
| E5016 | 碱性 | 全位置<sup>②</sup> | 交流和直流反接 |
| E5016-1 | 碱性 | 全位置<sup>②</sup> | 交流和直流反接 |
| E5018 | 碱性＋铁粉 | 全位置<sup>②</sup> | 交流和直流反接 |
| E5018-1 | 碱性＋铁粉 | 全位置<sup>②</sup> | 交流和直流反接 |
| E5019 | 钛铁矿 | 全位置<sup>②</sup> | 交流和直流正、反接 |
| E5024 | 金红石＋铁粉 | PA、PB | 交流和直流正、反接 |
| E5024-1 | 金红石＋铁粉 | PA、PB | 交流和直流正、反接 |
| E5027 | 氧化铁＋铁粉 | PA、PB | 交流和直流正、反接 |
| E5028 | 碱性＋铁粉 | PA、PB、PC | 交流和直流反接 |
| E5048 | 碱性 | 全位置 | 交流和直流反接 |
| E5716 | 碱性 | 全位置<sup>②</sup> | 交流和直流反接 |
| E5728 | 碱性＋铁粉 | PA、PB、PC | 交流和直流反接 |

①　焊接位置见《中国煤炭编码系统》(GB/T 16772—1997)，其中 PA 代表平焊、PB 代表平角焊、PC 代表横焊。

②　此处"全位置"并不一定包含向下立焊，由制造商确定。

#### 6.2.2.4　热强钢焊条

低合金钢焊条有 E50 系列、E55 系列与 E62 系列等多种，焊条型号另外补充后缀字母，并应以"-"与前面数字分开，成为 E×××
×-×，后缀字母为熔敷金属的化学成分分类代号。

各类型号焊条的药皮类型、焊接位置、电流种类根据第三位和第四位数字的组合根据表 6-3、表 6-4 取用。

#### 6.2.2.5　焊条药皮类型选用

各种系列的各型号焊条均可用于焊接钢筋，通常采用"03"（型号的第三位和第四位数字），重要结构的钢筋最好采用低氢型碱性焊条"15"或"16"。这三种焊条的特性如下。

（1）"03"这类焊条为钛钙型。此类焊条适用于全位置焊接，焊接电流为交流或直流正、反接。药皮中含质量分数为 30%以上的氧化钛与 20%以下的钙或镁的碳酸盐矿；熔渣流动性较好，脱渣容易，电弧稳定，熔深适中，飞溅较少，焊波整齐；主要焊接较重要的碳钢钢筋。

（2）"15"这类焊条为低氢钠型。此类焊条可全位置焊接，焊接电流为直流反接；主要焊接重要的碳钢钢筋，也可焊接与焊条强度相当的低合金钢筋。此类焊条的熔敷金属具有良好的抗裂性能与力学性能。药皮主要组成物为碳酸盐矿与萤石，碱度较高；熔渣流动性好，焊接工艺性能一般，焊波较粗，角焊缝略凸，熔深适中，脱渣性较好。焊接时，要求焊条烘干，并采取短弧焊。

（3）"16"这类焊条为低氢钾型。此类焊条主要焊接重要的碳钢钢筋，也可焊接与焊条强度相当的低合金钢钢筋。此类焊条的熔敷金属具有良好的抗裂性能与力学性能。药皮在与"15"型焊条药皮基本相似的基础上添加了稳弧剂，如钾水玻璃等，电弧稳定；工艺性能、焊接位置与"15"型焊条相似；焊接电流为交流或直流反接。

### 6.2.2.6 焊条的一般技术要求

（1）根据焊件厚薄、粗细的不同，通常常用的焊条直径为 3.2mm、4.0mm、5.0mm 和 5.6mm，直径的极限偏差为 ±0.05mm。

（2）焊条夹持端长度为 10～30mm（当焊条直径≤4mm）和 3～15mm（当焊条直径≥5mm）。

（3）药皮。焊条引弧端药皮应当倒角，焊芯端面应露出，从而保证易于引弧。

① 焊条露芯。对于低氢型焊条，沿长度方向的露芯长度不应大于焊芯直径的 1/2，也不应大于 1.6mm；对于其他型号的焊条，沿长度方向的露芯长度不应大于焊芯直径的 1/3，也不应大于 2.4mm。各种直径的焊条沿圆周方向的露芯均不应大于圆周的 1/2。

② 焊条偏心度。直径为 3.2mm 和 4.0mm 的焊条，偏心度不应大于 7%；直径不小于 5.0mm 的焊条，偏心度不应大于 4%。

（4）每箱焊条均必须附有出厂合格证和使用说明书，焊接操作应按说明书执行。

## 6.2.3 焊剂

常用焊剂牌号及主要用途见表 6-5。

表 6-5 常用焊剂牌号及主要用途

| 牌号 | 焊剂类型 | 电流种类 | 主要用途 |
| --- | --- | --- | --- |
| HJ350 | 中锰、中硅、中氟 | 交、直流 | 焊接低碳钢及普通低合金钢 |
| HJ360 | 中锰、高硅、中氟 | 交、直流 | 用于电渣焊大型低碳钢及普通低合金钢 |
| HJ430 | 高锰、高硅、低氟 | 交、直流 | 焊接重要的低碳钢及普通低合金钢 |
| HJ431 | 高锰、高硅、低氟 | 交、直流 | 焊接重要的低碳钢及普通低合金钢 |
| HJ433 | 高锰、高硅、低氟 | 交、直流 | 焊接低碳钢结构，有较高的熔点和黏度 |

## 6.2.4　焊接工艺

### 6.2.4.1　电弧焊接基本要求

钢筋采用电弧焊接时,应符合下列要求。

(1) 应当根据钢筋级别、直径、接头形式与焊接位置,选择焊条、焊接工艺和焊接参数。

(2) 焊接时,引弧应在垫板、帮条或形成焊缝的部位进行,不得烧伤主筋。

(3) 焊接地线与钢筋应接触紧密。

(4) 在焊接过程中,应及时清渣,焊缝表面应光滑,焊缝余高应平缓过渡,弧坑应填满。

以上各点对于各牌号钢筋焊接时均适用,尤其是 HRB335、HRB400、RRB400 钢筋焊接时更为重要。如果焊接地线乱搭,与钢筋接触不好,很容易发生起弧现象,烧伤钢筋或局部产生淬硬组织,形成脆断起源点。在钢筋焊接区外随意引弧,同样也会产生上述缺陷,这些都是焊接工人容易忽视而又十分重要的问题。

### 6.2.4.2　搭接焊

钢筋搭接焊可以用于直径为 10～40mm 的热轧光圆及带肋钢筋、直径为 10～25mm 的余热处理钢筋。焊接时,应采用双面焊。当不能进行双面焊时,也可采用单面焊搭接。搭接长度 $l$ 应与帮条长度相同,见表 6-6 和图 6-2。

表 6-6　钢筋帮条(搭接)长度

| 钢筋牌号 | 焊缝形式 | 帮条长度 $l$ |
|---|---|---|
| HPB300 | 单面焊 | ≥8$d$ |
| | 双面焊 | ≥4$d$ |
| HRB335<br>HRB400<br>RRB400 | 单面焊 | ≥10$d$ |
| | 双面焊 | ≥5$d$ |

注:$d$ 为钢筋直径。

钢筋搭接接头的焊缝厚度 $h$ 应小于 $0.3d$($d$ 为主筋直径);焊缝宽度 $b$ 不小于 $0.7d$($d$ 为主筋直径),如图 6-3 所示。焊接前,钢筋应预弯,从而保证两钢筋的轴线在一条直线上,使接头受力性能良好。

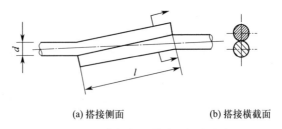

(a) 搭接侧面　　　　(b) 搭接横截面

图 6-2　钢筋帮条（搭接）长度示意

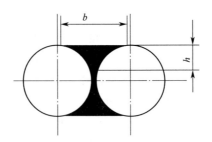

图 6-3　焊缝尺寸示意

$b$—焊缝宽度；$h$—焊缝厚度

钢筋与钢板搭接焊时，接头形式如图 6-4 所示。HPB300 钢筋的接头长度 $l$ 不小于 4 倍钢筋直径，HRB335 钢筋的搭接长度 $l$ 不小于 $5d$（$d$ 为钢筋直径），焊缝宽度 $b$ 不小于 $0.5d$，焊缝厚度 $h$ 不小于 $0.35d$。

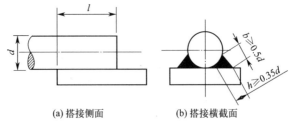

(a) 搭接侧面　　　　(b) 搭接横截面

图 6-4　钢筋与钢板搭接接头

$d$—钢筋直径；$l$—搭接长度；$b$—焊缝宽度；$h$—焊缝厚度

# 6 钢筋焊接连接

## 6.2.4.3 帮条焊

帮条焊主要适用于直径为 10～40mm 的 HPB300、HRB335、HRB400 钢筋。帮条焊宜采用双面焊，如图 6-5(a) 所示；当条件所限不能进行双面焊时，也可采用单面焊，如图 6-5(b) 所示。

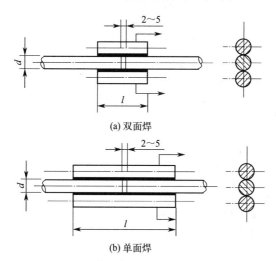

(a) 双面焊

(b) 单面焊

图 6-5　钢筋帮条焊接头（单位：mm）

$d$—钢筋直径；$l$—帮条长度

帮条宜采用与主筋同级别、同直径的钢筋制作，其帮条长度为 $l$，见表 6-6。当帮条直径与主筋相同时，帮条钢筋的级别可比主筋低一个级别；当帮条级别与主筋相同时，帮条直径可比主筋小一个规格。

钢筋帮条焊接头的焊缝厚度与宽度的要求同搭接焊。帮条焊时，两主筋端面的间隙应为 2～5mm；帮条与主筋之间，应用四点定位焊固定，定位焊缝与帮条端部的距离应当大于等于 20mm。

## 6.2.4.4 熔槽帮条焊

熔槽帮条焊主要适用于直径为 20～40mm 的 HPB300、HRB335、HRB400 钢筋现场安装焊接和直径为 20～25mm 的 RRB400 钢筋，如图 6-6 所示。

熔槽帮条焊焊接时，应当加角钢作垫板。角钢的边长应为 40～60mm，长度应为 80～100mm。熔槽帮条焊焊接工艺应符合下列要求。

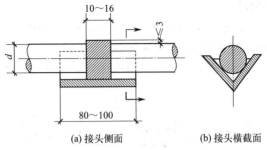

(a) 接头侧面　　　　　　(b) 接头横截面

图 6-6　钢筋熔槽帮条焊接头（单位：mm）

（1）钢筋端头应加工平整，两根钢筋端面的间隙应为 10～16mm。

（2）从接缝处垫板引弧后，应连续施焊，并应使钢筋端头熔合，防止未焊透、气孔或夹渣。

（3）在焊接过程中，应当停焊清渣一次，焊平后再进行焊缝余高的焊接，其高度不得大于 3mm。

（4）钢筋与角钢垫板之间，应加焊侧面焊缝 1～3 层，焊缝应饱满，表面应平整。

### 6.2.4.5　坡口焊

钢筋坡口焊主要分为坡口平焊接头和坡口立焊接头两种，如图 6-7 所示。钢筋坡口焊适用于直径为 18～40mm 的 HPB300、HRB335、HRB400 钢筋焊接和直径为 18～25mm 的 RRB400 钢筋，主要用于装配式结构安装节点的焊接。

（1）施工准备。钢筋坡口焊施焊前的准备工作，应符合下列要求。

① 钢筋坡口面应平顺，切口边缘不得有裂纹、钝边或缺棱。

② 钢筋坡口平焊时，V 形坡口角度应为 55°～65°，如图 6-7（a）所示；坡口立焊时，坡口角度应为 40°～55°，其中下钢筋为 0°～10°，上钢筋为 35°～45°，如图 6-7（b）所示。

③ 钢垫板的长度应为 40～60mm，厚度应为 4～6mm；坡口平焊时，垫板宽度应为钢筋直径加 10mm；坡口立焊时，垫板宽度宜等于钢筋直径。

④ 坡口平焊时，钢筋根部间隙应为 4～6mm；坡口立焊时，钢筋

根部间隙应为 3～5mm。其最大间隙均不宜超过 10mm。

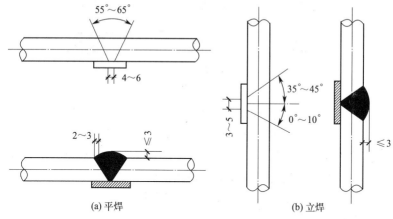

图 6-7　钢筋坡口焊接头（单位：mm）

（2）工艺要求。坡口焊工艺应符合下列要求。

① 焊缝根部、坡口端面以及钢筋与钢板之间均应熔合良好。在焊接过程中，应经常清渣，钢筋与钢垫板之间，应加焊二三层侧面焊缝，从而提高接头强度，保证质量。

② 为了防止接头过热，应采用几个接头轮流进行施焊。

③ 焊缝的宽度应超过 V 形坡口的边缘 2～3mm，焊缝余高不得大于 3mm，并平缓过渡至钢筋表面。

④ 如果发现接头中有弧坑、气孔及咬边等缺陷，则应立即补焊。HRB400 钢筋接头冷却后补焊时，需用氧乙炔焰预热。

### 6.2.4.6　窄间隙焊

窄间隙焊具有焊前准备简单、焊接操作难度较小、焊接质量好、生产率高、焊接成本低及受力性能好的特点。窄间隙焊适用于直径为 16mm 及 16mm 以上 HPB300、HRB335、HRB400 钢筋的现场水平连接，但不适用于经余热处理过的 HRB400 钢筋。钢筋窄间隙焊接头如图 6-8 所示，其成形过程如图 6-9 所示。

图 6-8　钢筋窄间隙焊接头

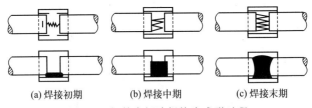

(a) 焊接初期　　　　(b) 焊接中期　　　　(c) 焊接末期

图 6-9　钢筋窄间隙焊接头成形过程

　　窄间隙焊接时，钢筋应置于钢模中，并应留出一定间隙，用焊条连续焊接，熔化金属端面使熔敷金属填充间隙，形成接头。从焊缝根部引弧后，应连续进行焊接，左、右来回运弧，在钢筋端面处电弧应少许停留，并使之熔合；当焊至端面间隙的 4/5 高度后，焊缝应当逐渐加宽；焊缝余高不得大于 3mm，并应平缓过渡至钢筋表面。端面间隙和焊接参数参照表 6-7 选用。

表 6-7　窄间隙焊端面间隙和焊接参数

| 钢筋直径/mm | 端面间隙/mm | 焊条直径/mm | 焊接电流/A |
|---|---|---|---|
| 16 | 9～11 | 3.2 | 100～110 |
| 18 | 9～11 | 3.2 | 100～110 |
| 20 | 10～12 | 3.2 | 100～110 |
| 22 | 10～12 | 3.2 | 100～110 |
| 25 | 12～14 | 4.0 | 150～160 |
| 28 | 12～14 | 4.0 | 150～160 |
| 32 | 12～14 | 4.0 | 150～160 |
| 36 | 13～15 | 5.0 | 220～230 |
| 40 | 13～15 | 5.0 | 220～230 |

### 6.2.4.7　预埋件 T 形接头电弧焊

　　预埋件电弧焊 T 形接头的形式主要分为角焊和穿孔塞焊，如图 6-10 所示。装配和焊接时，应符合下列要求。

　　(1) 钢板厚度 $\delta$ 应不小于 $0.6d$（$d$ 为钢筋直径），并不应小于 6mm。

　　(2) 钢筋可以采用 HPB300、HRB335、HRB400，受力锚固钢筋直径不应小于 8mm，构造锚固钢筋直径不应小于 6mm。

　　(3) 当采用 HPB300 钢筋时，角焊缝焊脚不得小于 $0.5d$；采用

HRB335、HRB400 钢筋时，角焊缝焊脚不得小于 $0.6d$。

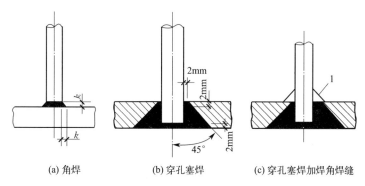

(a) 角焊　　　　　(b) 穿孔塞焊　　　　(c) 穿孔塞焊加焊角焊缝

图 6-10　预埋件钢筋电弧焊 T 形接头

1—内侧加焊角焊缝；$k$—焊脚

（4）在施焊过程中，电流不宜过大，并应防止钢筋咬边和烧伤。

预埋件 T 形接头采用焊条电弧焊，操作比较灵活，但要防止烧伤主筋和咬边。

（5）在采用穿孔塞焊中，当需要时，可以在内侧加焊一圈角焊缝，以提高接头强度，如图 6-10(c) 所示。

### 6.2.4.8　钢筋与钢板搭接焊

钢筋与钢板搭接焊适用于直径为 8 ～ 40mm 的 HPB300、HRB335、HRB400 热轧钢筋与钢板的连接，如图 6-11 所示。

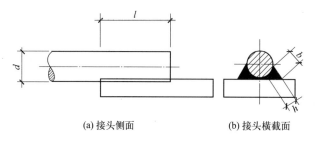

(a) 接头侧面　　　　　　　(b) 接头横截面

图 6-11　钢筋与钢板搭接焊接头

$d$—钢筋直径；$l$—搭接长度；$b$—焊缝宽度；$h$—焊缝厚度

钢筋与钢板搭接焊时，焊接接头应符合下列要求。

（1）HPB300 钢筋的搭接长度 $l$ 不应小于 $4d$（$d$ 为钢筋直径），HRB335、HRB400 钢筋搭接长度 $l$ 不应小于 $5d$。

（2）焊缝宽度不应小于 $0.6d$，焊缝厚度不应小于 $0.35d$。

### 6.2.4.9　装配式框架安装焊接

在装配式框架结构的安装中，钢筋焊接应当符合下列要求。

（1）柱间节点采用坡口焊时，当主筋根数为 14 根及以下时，钢筋从混凝土表面伸出长度不小于 250mm；当主筋为 14 根以上时，钢筋的伸出长度不小于 350mm。采用搭接焊时，其伸出长度可适当增加，从而减少内应力和防止混凝土开裂。

（2）当两钢筋轴线偏移时，应采用冷弯矫正，但不得用锤敲打。当冷弯矫正有困难时，应采用氧乙炔焰加热后矫正，钢筋加热部位的温度不应大于 850℃。

（3）在焊接过程中，应选择焊接顺序。对于柱间节点，可由两名焊工对称焊接，以减少结构的变形。

## 6.2.5　焊接质量检验

### 6.2.5.1　接头外观检查数量

焊接接头外观检查时，首先应由焊工对所焊接头或制品进行自检；然后，由施工单位专业质量检查员检验；监理（建设）单位进行验收记录。

当纵向受力钢筋焊接接头外观检查时，每一检验批中，应随机抽取 10% 的焊接接头。检查结果，当外观质量各小项不合格数均小于等于抽检数的 10% 时，则该批焊接接头外观质量评为合格。

当某一小项不合格数超过抽检数的 10% 时，应对该批焊接接头该小项逐个进行复检，并应剔除不合格接头；对外观检查不合格接头采取修整或焊补措施后，可以提交二次验收。

### 6.2.5.2　接头力学性能检验

进行力学性能检验时，应在接头外观检查合格后随机抽取试件进行试验。试验方法应按行业标准《钢筋焊接接头试验方法标准》（JGJ/T 27—2014）中有关规定执行。

### 6.2.5.3　焊接接头或焊接制品质量验收

钢筋焊接接头或焊接制品质量验收时，应当在施工单位自行质量评定合格的基础上，由监理（建设）单位对检验批有关资料进行核查，组织项目专业质量检查员等进行验收，并对焊接接头合格与否做出结论。

### 6.2.5.4　电弧焊接头质量检验

电弧焊接头的质量检验应当分批进行外观检查与力学性能检验，并应按下列规定作为一个检验批。

（1）在现浇混凝土结构中，应以 300 个同牌号钢筋、同形式接头作为一批；在房屋结构中，应在不超过二楼层中 300 个同牌号钢筋、同形式接头作为一批。每批随机切取 3 个接头，做拉伸试验。

（2）在装配式结构中，可以按照生产条件制作模拟试件，每批 3 个，做拉伸试验。

（3）钢筋与钢板电弧搭接焊接头可以只进行外观检查。

注：在同一批中若有几种不同直径的钢筋焊接接头，应在最大直径钢筋接头中切取 3 个试件。以下电渣压力焊接头、气压焊接头取样均同。

### 6.2.5.5　电弧焊接头外观检查

电弧焊接头外观检查结果应当符合下列要求。

（1）焊缝表面应平整，不得有凹陷或焊瘤。

（2）焊接接头区域不得有肉眼可见的裂纹。

（3）咬边深度、气孔与夹渣等缺陷允许值及接头尺寸的允许偏差，应符合表 6-8 的规定。

**表 6-8　钢筋电弧焊接头尺寸偏差及缺陷允许值**

| 项　目 | 接头形式 | | |
|---|---|---|---|
| 帮条沿接头中心线的纵向偏移/mm | $0.3d$ | — | |
| 接头处弯折角/(°) | 3 | 3 | 3 |
| 接头处钢筋轴线的偏移/mm | $0.1d$ | $0.1d$ | $0.1d$ |
| 焊缝厚度/mm | $+0.05d$<br>0 | $+0.05d$<br>0 | — |
| 焊缝宽度/mm | $+0.1d$<br>0 | $+0.1d$<br>0 | — |

| 项　　目 | | 接头形式 | | |
|---|---|---|---|---|
| 焊缝长度/mm | | $-0.3d$ | $-0.3d$ | — |
| 横向咬边深度/mm | | 0.5 | 0.5 | 0.5 |
| 在长 $2d$ 焊缝表面上的气孔及夹渣 | 数量/个 | 2 | 2 | — |
| | 面积/mm² | 6 | 6 | — |
| 在全部焊缝表面上的气孔及夹渣 | 数量/个 | — | — | 2 |
| | 面积/mm² | — | — | 6 |

注：$d$ 为钢筋直径，mm。

（4）坡口焊、熔槽帮条焊和窄间隙焊接头的焊缝余高不得大于 3mm。

### 6.2.5.6　复验

当模拟试件试验结果不符合要求时，应进行复验。复验应当从现场焊接接头中切取，其数量和要求与初始试验时相同。

### 6.2.6　钢筋电弧焊焊接过程中应注意的事项

（1）焊接前，应清除焊件表面油污、铁锈、熔渣、毛刺、残渣及其他杂质。

（2）帮条焊应用 4 条焊缝的双面焊，在有困难时，才采用单面焊。帮条总截面面积不应小于被焊钢筋截面积的 1.2 倍（HPB300 钢筋）和 1.5 倍（HRB335、HRB400、RRB400 钢筋）。帮条应采用与被焊钢筋同牌号、直径的钢筋，并使两帮条的轴线与被焊钢筋的中心处于同一平面内，如果与被焊钢筋牌号不同时，则应按钢筋设计强度进行换算。

（3）搭接焊也应采用双面焊，在操作位置受阻时，才采用单面焊。

（4）钢筋坡口加工应采用氧乙炔焰切割或锯割，不得采用电弧切割。

（5）钢筋坡口焊应采取对称、等速施焊与分层轮流施焊等措施，从而减少变形。

（6）焊条使用前，应当检查药皮的厚度，有无脱落现象。药皮如果受潮，则应先在 100～350℃下烘 1～3h 或在阳光下晒干。

（7）中碳钢焊缝厚度大于 5mm 时，应当分层施焊，每层厚 4～5mm。低碳钢和 20 锰钢焊接层数无严格规定，可以按照焊缝具体情况确定。

（8）应当注意调节电流，焊接电流过大，容易咬肉、飞溅、焊条发红；电流过小，则电流不稳定，会出现夹渣或未焊透现象。

（9）引弧时，应在帮条或搭接钢筋的一端开始；收弧时，应在帮条或搭接钢筋的端头上。第一层应有足够的熔深，主焊缝与定位缝结合应良好，焊缝表面应平顺，弧坑应填满。

（10）在负温条件下，进行 HRB335、HRB400、RRB400 级钢筋焊接时，应加大焊接电流（比夏季增大 10%～15%），减缓焊接的速度，使焊件减小温度梯度，并延缓冷却。同时，从焊件中部起弧，逐步向端部运弧，或在中间先焊一段短焊缝，以使焊件预热，减小温度梯度。

## 6.3　钢筋闪光对焊

### 6.3.1　概述

钢筋闪光对焊是将两根钢筋放置成对接形式，然后利用焊接电流通过两根钢筋接触点产生的电阻热，使接触点金属熔化，产生强烈的飞溅，形成闪光，迅速施加顶锻力完成焊接的一种压焊方法。

钢筋闪光对焊具有生产效率高、节约能源、节约钢材、操作方便、接头受力性能好及焊接质量高等优点，所以钢筋的对接焊接应优先采用闪光对焊。

钢筋闪光对焊适用于 HPB300、HRB335、HRB400、HRB500、Q235 热轧钢筋，以及 RRB400 余热处理钢筋。

根据所用对焊机功率大小与钢筋品种、直径的不同，闪光对焊分为连续闪光焊、预热闪光焊、闪光-预热-闪光焊等不同工艺。当钢筋直径较小时，可以采用连续闪光焊；当钢筋直径较大，且端面较平整时，应采用预热闪光焊；当钢筋直径较大，且端面不够平整时，应采用闪光-预热-闪光焊。RRB400 钢筋必须采用预热闪光焊或闪光-预热-闪光焊；对于 RRB400 钢筋中焊接性较差的钢筋，还应采取焊后通电热处理的方法，以改善接头焊接质量。

### 6.3.2 对焊参数

钢筋焊接的质量与焊接参数有关。闪光对焊参数主要包括调伸长度、烧化留量、预热留量、烧化速度、顶锻留量、顶锻速度及变压器级次等。

#### 6.3.2.1 调伸长度

调伸长度是指焊接前，两根钢筋端部从电极钳口伸出的长度，如图 6-12 所示。调伸长度的选择与钢筋的品种、直径有关。在焊接时，应使接头能均匀加热，并使顶锻时钢筋不致产生侧弯。当焊接 HRB400、RRB400 钢筋时，调伸长度应在 $40\sim60\text{mm}$ 内选用。当调伸长度过小时，向电极散热增加，加热区变窄，不利于塑性变形，顶锻时所需压力较大；当调伸长度过大时，加热区变宽，如果钢筋较细，容易产生弯曲。

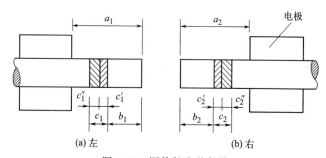

图 6-12 调伸长度及留量

$a_1$，$a_2$—左右钢筋的调伸长度；$b_1$，$b_2$—烧化留量；$c_1$，$c_2$—顶锻留量；
$c_1'$，$c_2'$—有电顶锻留量；$c_1''$，$c_2''$—无电顶锻留量

#### 6.3.2.2 烧化留量及预热留量

烧化留量是指钢筋在烧化过程中，由于金属烧化而消耗的钢筋长度。预热留量是指在采用预热闪光焊或闪光-预热-闪光焊时，预热过程所烧化的钢筋长度。

烧化留量的选择应使烧化结束时，钢筋端部能均匀加热，并达到足够的温度。连续闪光焊的烧化留量应当等于两根钢筋切断时刀口严重压伤部分之和，另加 8mm；预热闪光焊时的预热留量应为 $4\sim7\text{mm}$，烧化留量应为 $8\sim10\text{mm}$。当采用闪光-预热-闪光焊时，一次烧化留量应当等于两根钢筋切断时刀口严重压伤部分之和，预热留量为

2~7mm，二次烧化留量为 8~10mm。

### 6.3.2.3 顶锻留量

顶锻留量是指在闪光结束，并将钢筋顶锻压紧时，由于接头处挤出金属而缩短的钢筋长度。顶锻包括有电顶锻与无电顶锻两个过程。顶锻留量的选择与控制应使顶锻过程结束时，接头整个断面能获得紧密接触，并有适当变形。顶锻留量应当随着钢筋直径的增大与钢筋级别的提高而有所增加，一般可以在 4~6.5mm 内选择。其中，有电顶锻留量约占 1/3，而无电顶锻留量约占 2/3。

### 6.3.2.4 烧化速度

烧化速度是指闪光过程的快慢。烧化速度随着钢筋直径的增大而降低，在烧化过程中，烧化速度由慢到快，开始时近于 0，然后约为 1mm/s，终止时约为 1.5~2mm/s，这时闪光比较强烈，高热产生的金属蒸气足以保护焊缝金属免受氧化。

### 6.3.2.5 顶锻速度

顶锻速度是指在挤压钢筋接头时的速度。顶锻速度应当越快越好，尤其是在顶锻开始的 0.1s 内，应将钢筋压缩 2~3mm，使焊口迅速闭合，从而避免空气进入焊接空间导致氧化，而后断电，并应以 6mm/s 的速度继续顶锻至终止。

### 6.3.2.6 变压器级次

变压器级次主要用来调节焊接电流的大小。在实际生产中，应当根据钢筋的直径来选择。当钢筋直径较大时，应采用较高的变压器级次，以产生较高的电压。

在焊接时，应当合理选择焊接参数，注意使烧化过程稳定、强烈，防止焊缝金属氧化，并使顶锻在足够大的压力下快速完成，从而保证焊口闭合良好，且对焊接头处有适当的镦粗变形。

## 6.3.3 钢筋闪光对焊

### 6.3.3.1 钢筋对焊过程

钢筋对焊过程如下。首先，将钢筋夹入对焊机的两电极中（钢筋与电极接触处应清除锈污，电极内应通入循环冷却水），闭合电源；然后，使钢筋两端面轻微接触，此时即有电流通过，由于接触轻微，钢筋端面不平，接触面很小，所以电流密度与接触电阻很大，所以接触点会很快熔化，形成"金属过梁"。过梁被进一步加热，产生金属蒸气飞溅（火花般的熔化金属微粒自钢筋两端面的间隙中喷出，这个过程称为烧化），形成闪光现象，所以也称为闪光对焊。通过烧化使钢筋端部温度升高到要求的温度后，便快速将钢筋挤压（称顶锻），然后断电，即形成对焊接头。

### 6.3.3.2　连续闪光焊

当采用连续闪光焊时，首先闭合电源，然后使两钢筋端面轻微接触，形成闪光。闪光一旦开始，则应徐徐移动钢筋，形成连续闪光过程。当钢筋烧化到规定的长度时，应以适当的压力迅速进行顶锻，使两根钢筋焊牢。连续闪光焊工艺过程如图 6-13(a) 所示。

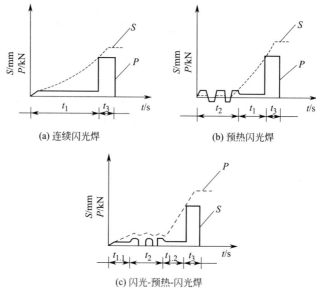

(a) 连续闪光焊　　　　　(b) 预热闪光焊

(c) 闪光-预热-闪光焊

图 6-13　钢筋闪光焊工艺过程

$S$—移动钳口位移；$P$—压力；$t$—时间；$t_1$—烧化时间；

$t_{1.1}$—一次烧化时间；$t_{1.2}$—二次烧化时间；

$t_2$—预热时间；$t_3$—顶锻时间

连续闪光焊所能焊接的最大钢筋直径应当随着焊机容量的降低与钢筋级别的提高而减小，如表 6-9 所列。

表 6-9 连续闪光焊钢筋上限直径

| 焊机容量/kV·A | 钢筋牌号 | 钢筋直径/mm |
|---|---|---|
| 160(150) | HPB300 | 20 |
| | HRB335 | 22 |
| | HRB400 | 20 |
| | RRB400 | 20 |
| 100 | HPB300 | 20 |
| | HRB335 | 18 |
| | HRB400 | 16 |
| | RRB400 | 16 |
| 80(75) | HPB300 | 16 |
| | HRB335 | 14 |
| | HRB400 | 12 |
| | RRB400 | 12 |
| 40 | HPB300 | 10 |
| | Q235 | |
| | HRB335 | |
| | HRB400 | |
| | RRB400 | |

### 6.3.3.3 预热闪光焊

预热闪光焊是在连续闪光焊前增加一次预热过程，从而达到均匀加热目的的焊接工艺。在采用这种焊接工艺时，首先闭合电源，然后使两钢筋端面交替地接触和分开。这时，钢筋端面的间隙中便发出断续的闪光，从而形成预热过程。当钢筋烧化到规定的预热留量后，随即进行连续闪光和顶锻，使钢筋焊牢。预热闪光焊工艺过程如图 6-13（b）所示。

### 6.3.3.4 闪光-预热-闪光焊

闪光-预热-闪光焊是在预热闪光焊前加一次闪光过程的焊接工艺，其目的是使不平整的钢筋端面烧化平整，使预热均匀。这种焊接工艺的焊接过程为：首先连续闪光，使钢筋端部闪平，然后断续闪光，进行预热，接着连续闪光，最后进行顶锻，从而完成整个焊接过程。闪光-预热-闪光焊工艺过程如图 6-13（c）所示。

### 6.3.4 焊接后通电热处理

RRB400 钢筋等焊接性差的钢筋对氧化、淬火与过热比较敏感，容易产生氧化缺陷和脆性组织。为了改善焊接质量，可以采用焊后通电热处理的方法，对焊接接头进行一次退火或高温回火处理，从而达到消除热影响区产生的脆性组织，改善塑性的目的。通电热处理应当在接头稍冷却后进行，过早则会使加热不均匀，近焊缝区容易过热。热处理温度与焊接的温度有关，焊接温度较低者，宜采用较低的热处理温度；反之，宜采用较高的热处理温度。

热处理时，采用脉冲通电，其频率主要与钢筋直径和电流大小有关，当钢筋较细时，采用高值；当钢筋较粗时，采用低值。通电热处理可以在对焊机上进行，其过程为：当焊接完毕后，待接头冷却至300℃以下时（钢筋呈暗黑色），松开夹具，并将电极钳口调到最大距离，将焊好的接头放在两钳口间的中心位置，重新夹紧钢筋，采用较低的变压器级次，对接头进行脉冲式通电加热（频率以 0.51s/次为宜）。当加热到 750～850℃时（钢筋呈橘红色），通电结束，然后让接头在空气中自然冷却。

### 6.3.5 焊接质量检验

#### 6.3.5.1 闪光对焊接头质量检验

闪光对焊接头的质量检验，应当分批进行外观检查和力学性能检验，并应按下列规定作为一个检验批。

（1）在同一台班内，由同一焊工完成的 300 个同牌号、同直径钢筋焊接接头应作为一批。当同一台班内焊接的接头数量较少，可在一周之内累计计算；累计仍不足 300 个接头时，应按一批计算。

（2）进行力学性能检验时，应当从每批接头中随机切取 6 个接头，其中 3 个做拉伸试验，3 个做弯曲试验。

（3）当焊接等长的预应力钢筋（包括螺栓端杆与钢筋）时，可按生产时同等条件制作模拟试件。

（4）螺线端杆接头可只做拉伸试验。

（5）封闭环式箍筋闪光对焊接头，以 600 个同牌号、同规格的接头作为一批，只做拉伸试验。

#### 6.3.5.2 闪光对焊接头外观检查

闪光对焊接头外观检查结果应当符合下列要求。

（1）接头处不得有横向裂纹。

（2）与电极接触处的钢筋表面不得有明显烧伤。

（3）接头处的弯折角不得大于3°。

（4）接头处的轴线偏移不得大于钢筋直径的0.1倍，且不得大于2mm。

### 6.3.5.3　复验

当模拟试件试验结果不符合要求时，应进行复验。复验应从现场焊接接头中切取，其数量和要求与初始试验相同。

### 6.3.6　钢筋闪光对焊焊接缺陷及其消除措施

在闪光对焊生产中，要重视焊接过程的任何一个环节，以确保焊接质量。如出现异常现象或焊接缺陷，参照表6-10查找原因，及时消除。

表6-10　钢筋闪光对焊异常现象、焊接缺陷及其消除措施

| 异常现象和缺陷种类 | 消除措施 |
| --- | --- |
| 烧化过分剧烈并产生强烈的爆炸声 | （1）降低变压器级数<br>（2）减慢烧化速度 |
| 闪光不稳定 | （1）清除电极底部和表面的氧化物<br>（2）提高变压器级数<br>（3）加快烧化速度 |
| 接头中有氧化膜、未焊透或夹渣 | （1）增加预热程度<br>（2）加快临近顶锻时的烧化速度<br>（3）确保带电顶锻过程<br>（4）加快顶锻速度<br>（5）增大顶锻压力 |
| 接头中有缩孔 | （1）降低变压器级数<br>（2）避免烧化过程过分强烈<br>（3）适当增大顶锻留量及顶锻压力 |
| 焊缝金属过烧 | （1）减小预热程度<br>（2）加快烧化速度，缩短焊接时间<br>（3）避免过多带电顶锻 |
| 接头区域裂纹 | （1）检验钢筋的碳、硫、磷含量；如不符合规定时，应更换钢筋<br>（2）采取低频预热方法，增加预热程度 |
| 钢筋表面微熔及烧伤 | （1）清除钢筋被夹紧部位的铁锈和油污<br>（2）清除电极内表面的氧化物<br>（3）改进电极槽口形状，增大接触面积<br>（4）夹紧钢筋 |

| 异常现象和缺陷种类 | 消除措施 |
|---|---|
| 接头弯折或轴线偏移 | (1)正确调整电极位置<br>(2)修整电极钳口或更换已变形的电极<br>(3)切除或矫直钢筋的弯头 |

# 6.4　箍筋闪光对焊

## 6.4.1　概述

（1）待焊箍筋。用调直的钢筋，按照箍筋的内净空尺寸和角度弯制成设计规定的形状，等待进行闪光对焊的箍筋。

（2）对焊箍筋。待焊箍筋经闪光对焊而成的封闭环式箍筋。

（3）箍筋闪光对焊。把待焊箍筋两端以对接形式安放在对焊机上，利用电阻热使接触点金属熔化，产生强烈飞溅，形成闪光，迅速施加顶锻力完成箍筋焊接的一种压焊方法。

（4）对焊箍筋检验批。同一组班完成且不超过 600 个同牌号、同直径钢筋的对焊箍筋作为一个检验批。

## 6.4.2　待焊箍筋加工制作

（1）设备安装。应当按照使用说明书规定，正确安装各加工设备，掌握操作技能，专人负责，确保待焊箍筋的加工质量。

（2）钢筋平直。钢筋调直后应平直，无局部弯折。

（3）下料长度。钢筋切断下料时，矩形箍筋下料长度可以按照下式计算：

$$L_g = 2(a_g + b_g) + \Delta \qquad (6-1)$$

式中，$L_g$ 为箍筋下料长度，mm；$a_g$ 为箍筋内净长度，mm；$b_g$ 为箍筋内净宽度，mm；$\Delta$ 为焊接总留量，mm，见图 6-14。

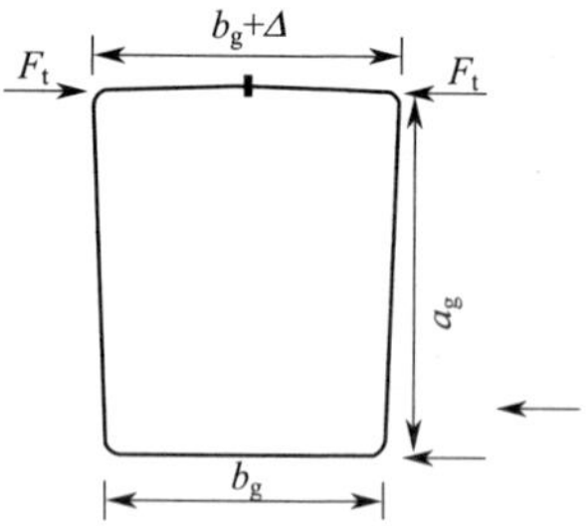

图 6-14　待焊箍筋

$a_g$—箍筋内净长度；$b_g$—箍筋内净宽度；

$\Delta$—焊接总留量；$F_t$—弹性压力

上列计算值经试焊后核对，箍筋的外皮尺寸应当符合设计图纸的规定。

（4）切断机下料。在采用钢筋切断机下料时，应当将切断机的刀口间隙调整到 0.3mm；多根钢筋应单列垂直排放，紧贴固定刀片，如图 6-15 所示。切断后的钢筋端面应与轴线垂直，无压弯，无斜口。

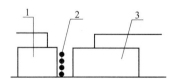

图 6-15　多根钢筋用切断机断料示意
1—固定刀片；2—钢筋单列垂直排；3—活动刀片

（5）箍筋弯曲。矩形箍筋弯曲时，应当符合以下规定。

① 对焊边内侧的两角应呈直角，另外两角宜为 $90°-(1°～3°)$。

② 箍筋弯曲成形后，将待焊箍筋和重叠部分拉至完全对准，使箍筋对焊端面有一定弹性压力，见图 6-14。

③ 待焊箍筋应当分类堆放整齐。

（6）待焊箍筋质量检测。待焊箍筋为半成品，应当进行加工质量的检查，属中间的质量检查。按每一工作班、同一牌号钢筋、同一加工设备完成的待焊箍筋作为一个检验批，每批随机抽查 5%。检查两钢筋头端面是否闭合，无斜口；接口处是否有一定弹性压力。

## 6.4.3　箍筋对焊操作

（1）箍筋对焊生产准备

① 清理待焊箍筋两端约为 120mm 部位的铁锈及其他污物；如果发现箍筋有局部变形，应当矫直调整。

② 安装闪光对焊机，应当平稳牢固；设置配电箱，要求一机一箱，接通电源。

③ 接通焊机冷却用水；应当检查焊机各项性能是否完好。

④ 在大量下料前，要进行箍筋长度的下料和施焊试验，核对下料长度是否准确。

⑤ 由于分流现象产生电阻热，焊毕之后，箍筋温度约为 45～100℃。操作工人应当戴手套防止烫伤。

（2）三种工艺方法焊接参数。箍筋闪光对焊包括三种工艺方法：

① 小直径箍筋采用连续闪光对焊；

② 中直径箍筋采用预热闪光对焊；

③ 大直径或歪斜箍筋采用闪光-预热-闪光对焊。

其应用原则与钢筋闪光对焊相同，但应适当提高焊机容量，选择较大变压器级数，具体焊接参数，见表 6-11～表 6-13，最常用的为预热闪光对焊。

表 6-11　箍筋连续闪光对焊的焊接参数　　单位：mm

| 箍筋直径 | 烧化留量 | 顶锻留量 | 焊接总留量 | 调伸长度 |
|---|---|---|---|---|
| 8 | 0 | 2 | 7 | 25 |
| 10 | 7 | 2 | 9 | 25 |
| 12 | 8 | 2 | 10 | 30 |
| 14 | 9 | 2 | 11 | 30 |

表 6-12　箍筋预热闪光对焊的焊接参数　　单位：mm

| 箍筋直径 | 预热留量 | 烧化留量 | 顶锻留量 | 焊接总留量 | 调伸长度 |
|---|---|---|---|---|---|
| 10 | 9 | 5 | 2 | 9 | 25 |
| 12 | 9 | 8 | 2 | 12 | 30 |
| 14 | 3 | 8 | 2 | 13 | 30 |
| 16 | 3 | 9 | 3 | 15 | 35 |
| 18 | 3 | 10 | 3 | 16 | 30 |

表 6-13　箍筋闪光-预热-闪光对焊的焊接参数　　单位：mm

| 箍筋直径 | 一次烧化留量 | 预热留量 | 二次烧化留量 | 顶锻留量 | 焊接总留量 | 调伸长度 |
|---|---|---|---|---|---|---|
| 10 | 4 | 1 | 3 | 2 | 10 | 25 |
| 12 | 4 | 1 | 5 | 2 | 12 | 30 |
| 14 | 4 | 1 | 7 | 2 | 14 | 30 |
| 16 | 4 | 1 | 9 | 3 | 17 | 35 |
| 18 | 4 | 1 | 10 | 3 | 18 | 35 |

# 6.5　钢筋气压焊

## 6.5.1　概述

钢筋气压焊是采用一定比例的氧气和乙炔焰为热源，对需要连接的两钢筋端部接缝处进行加热，使其达到热塑状态，同时对钢筋施加 30～40MPa 的轴向压力，使钢筋顶锻在一起。该焊接方法使钢筋在还原气体的保护下，发生塑性流变后相互紧密接触，促使端面金属晶体相互扩散渗透，再结晶，再排列，形成牢固的焊接接头。这种方法设备投资少、施工安全、节约钢材和电能，不仅适用于竖向钢筋的连接，也适用于各种方向布置的钢筋连接。适用范围为直径为 14～40mm 的 HPB300、HRB335 和 HRB400 钢筋（25MnSi HRB400 钢筋除外）；当不同直径钢筋焊接时，两钢筋直径差不得大于 7mm。

### 6.5.2 气压焊基本要求

（1）施工前，应对现场有关人员和操作工人进行钢筋气压焊的技术培训。培训的重点是焊接原理、工艺参数的选用、操作方法、接头检验方法、不合格接头产生的原因与防治措施等。对磨削、装卸等辅助作业工人，也需要了解有关规定和要求。焊工必须经考核并取得合格证后，方可准允进行操作。

（2）在正式焊接前，对所有需做焊接的钢筋，应当按《混凝土结构工程施工质量验收规范》（GB 50204—2015）中的有关规定截取试件进行试验。试件应切取 6 根，3 根做弯曲试验，3 根做拉伸试验，并按试验合格所确定的工艺参数进行施焊。

（3）竖向压接钢筋时，应先搭好脚手架。

（4）对钢筋气压焊设备和安全技术措施进行仔细检查，从而确保正常使用。

### 6.5.3 焊接钢筋端部加工

（1）钢筋端面应切平，切割时应当考虑钢筋接头的压缩量，一般为 0.6～1.0$d$（$d$ 为钢筋公称直径）。断面应与钢筋的轴线相垂直，并应去掉端面周边毛刺。钢筋端部如果有弯折或扭曲，应进行矫正或切除。切割钢筋应用砂轮锯，不宜用切断机。

钢筋气压焊

（2）清除压接面上的锈、油污、水泥等附着物，并打磨见新面，使其露出金属光泽，并不得有氧化现象。压接端头清除的长度一般为 50～100mm。

（3）钢筋的压接接头应当布置在数根钢筋的直线区段内，不得在弯曲段内布置接头。当有多根钢筋压接时，接头位置应当按 GB 50204—2015 中的规定错开。

（4）两钢筋安装于夹具上，应夹紧并加压顶紧。两钢筋轴线应当对正，并对钢筋轴向施加 5～10MPa 的压力。两根钢筋之间的缝隙不得大于 3mm，压接面要求如图 6-16 所示。

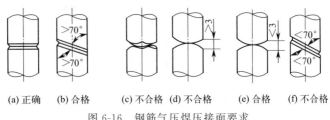

(a) 正确　(b) 合格　　(c) 不合格 (d) 不合格　　(e) 合格　(f) 不合格

图 6-16　钢筋气压焊压接面要求

## 6.5.4　焊接施工及操作要求

（1）钢筋气压焊的开始阶段应当采用碳化焰（还原焰），对准两钢筋接缝处集中加热，使淡白色羽状内焰包住缝隙或伸入缝隙内，并应始终不离开接缝，以防止压焊面产生氧化。焊接火焰标准见表 6-14。当接缝处钢筋红黄后，当压力表针大幅度下降时，随即对钢筋施加顶锻压力（初期压力），直到焊口缝隙完全闭合。应当注意的是：

表 6-14　焊接火焰的标准

| 名　称 | 示意图 | $O_2 : C_2H_2$ |
|---|---|---|
| 碳化焰<br>（乙炔过剩焰） | 火焰<br>乙炔微火<br>白芯<br>火口 | $(0.85 : 1) \sim (0.95 : 1)$ |
| 中性焰<br>（标准焰） | 火焰<br>白芯<br>火口 | $1 : 1$ |

碳化火焰内焰应呈淡白色，如果呈黄色，则说明乙炔过多，必须适当减少乙炔量。不得使用碳化焰外焰加热，严禁用氧化过剩的氧化焰加热。初期加压时机应当适宜，宁早勿晚，升降应当平稳。

（2）在确认两钢筋的缝隙完全黏合后，应改用中性焰，在压焊面中心 1～2 倍钢筋直径的长度范围内，均匀摆动火焰并往返加热。摆幅由小到大，摆速逐渐加大，从而使其迅速达到合适的压接温度（即 1150～1300℃）。

（3）当钢筋表面变成白炽色，氧化物变成芝麻粒大小的灰白色球状物，继而聚集成泡沫状并开始随加热器的摆动方向移动时，则可以边加热边加压，先慢后快，达到 30～40N/mm²，使接缝处隆起的直径为母材直径的 1.4～1.6 倍、变形长度为母材直径鼓包的 1.2～1.5 倍。

操作时，应当掌握好变换火焰的时机，尽快由碳化焰调整到所需的中性焰，并应当掌握好火焰功率。火焰功率主要取决于氧-乙炔流量，过大容易引起过烧现象，偏小则会延长压接时间，还易造成接合面"夹生"现象。对于各种不同直径的钢筋，采用的火焰功率大小主要靠经验确定。

（4）压接后，当钢筋火红消失（即温度为 600～650℃）时，才能解除压接器上的卡具。过早取下，则容易产生弯曲变形。

（5）在加热过程中，如果火焰突然中断，并发生在钢筋接缝已完全闭合以后，则可继续加热、加压，直到完成全部压接过程，气压焊焊接时间参考见表 6-15；如果火焰突然中断发生在钢筋接缝完全闭合之前，则应切掉接头部分，重新压接。压接步骤如图6-17 所示。

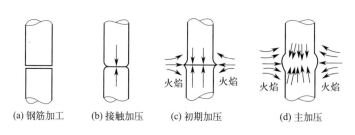

(a) 钢筋加工　　(b) 接触加压　　(c) 初期加压　　(d) 主加压

图 6-17　压接步骤

表 6-15    气压焊焊接时间参考

| 钢筋直径/mm | 加热器喷嘴数/个 | 配用焊把 | 加热时间/s |
|---|---|---|---|
| 16～22 | 6～8 | H01-20 | 60～90 |
| 25 | 8～10 | H01-20 | 90～120 |
| 28 | 8～10 | H01-20 | 120～150 |
| 32 | 8～12 | H01-20 | 150～180 |
| 40 | 12～14 | YQH-40 | 180～240 |
| 50 | 16～18 | YQH-40 | 270～420 |

## 6.5.5    焊接质量检验

### 6.5.5.1    气压焊接头质量检验

气压焊接头的质量检验，应当分批进行外观检查和力学性能检验，并应按下列规定作为一个检验批。

（1）在现浇钢筋混凝土结构中，应以 300 个同牌号钢筋接头作为一批。在房屋结构中，应将不超过两层楼层的 300 个同牌号钢筋接头作为一批；当不足 300 个接头时，仍应作为一批。

（2）在柱、墙的竖向钢筋连接中，应当从每批接头中随机切取 3 个接头做拉伸试验；在梁、板的水平钢筋连接中，应当另切取 3 个接头做弯曲试验。

### 6.5.5.2    压接部位检查

压接部位应符合有关规范及设计要求，一般可按表 6-16 进行检查。

表 6-16    压接部位检查

| 项　　目 | | 允许压接范围 | 同截面压接点数 | 压接点错开距离/mm |
|---|---|---|---|---|
| 柱 | | 柱净高的中间 1/3 部位 | 不超过全部接头的 1/2 | 500 |
| 梁 | 上钢筋 | 梁净跨的中间 1/2 部位 | | |
| | 下钢筋 | 梁净跨的两端 1/4 部位 | | |
| 墙 | 墙端柱 | 柱净高的中间 1/3 部位 | | |
| | 墙体 | 底部、两端 | | |
| 有水平荷载构件 | | 梁净跨的中间 1/2 部位（上钢筋）梁净跨的两端 1/4 部位（下钢筋） | | |

### 6.5.5.3　气压焊接头外观检查

气压焊接头外观检查结果应当符合下列要求。

（1）接头处的轴线偏移 $e$ 不得大于 $0.15d$（$d$ 为钢筋直径），且不得大于 4mm，如图 6-18 所示；当不同直径钢筋焊接时，应当按照较小钢筋直径计算；当大于上述规定值，但在 $0.30d$ 以下时，可以加热矫正；当大于 $0.30d$ 时，则应当切除重焊。

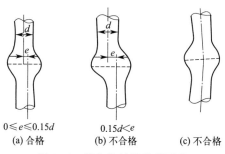

$0 \leq e \leq 0.15d$

(a) 合格　　　　(b) 不合格　　　　(c) 不合格

$0.15d < e$

图 6-18　接头处轴线偏移要求

（2）当接头部位的两根钢筋轴线不在同一直线上时，其弯折角不得大于 4°；当大于规定值时，则应重新加热矫正。

（3）镦粗最大直径 $d_c$ 应为 $1.4\sim1.6d$，如图 6-19 所示；当小于上述规定值时，则应重新加热镦粗。

（4）镦粗长度 $L_c$ 应为 $0.9\sim1.2d$，且凸起部分平缓圆滑，如图 6-19 所示；当小于上述规定值时，则应重新加热镦粗。

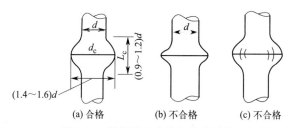

$(1.4\sim1.6)d$

(a) 合格　　　　(b) 不合格　　　　(c) 不合格

图 6-19　镦粗最大直径和长度要求

（5）镦粗最大直径处应为压焊面。如果有偏移，则压焊面最大偏移 $d_h$ 小于 $0.2d$，如图 6-20 所示。

（6）钢筋压焊区表面不得有横向裂纹或严重烧伤。

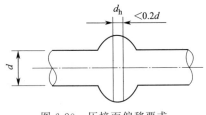

图 6-20　压接面偏移要求

### 6.5.6　钢筋气压焊焊接过程中应注意的事项

（1）每个氧气瓶、乙炔瓶的减压器，只允许安装一把多嘴环管加热器。

（2）当风速超过三级（5.4m/s）时，必须采取有效的挡风措施。

（3）雨、雪天气不宜进行焊接作业。当必须施焊作业时，应采取有效的遮蔽措施。压接后的接头不得马上接触雨、雪。

（4）在负温条件下施工时，应采取适当的保温、防冻措施并对钢筋接头采取预热、缓冷等措施。当环境温度低于−20℃时，不宜进行施焊。

### 6.5.7　钢筋气压焊焊接缺陷及其消除措施

在焊接生产中焊工要自检，当发现焊接缺陷时，要查找原因及采取措施，及时消除。

#### 6.5.7.1　接头成形不良

当发现焊接接头成形不良（图 6-21）时，应采用以下消除措施。

（1）焊接时，焊缝区加热温度应达到可焊温度，最终顶锻压力应达到 30MPa 以上。

（2）加热时，焊炬摆幅应达到 $2d$（$d$ 为钢筋直径），并且高温区应集中在焊缝处，温度分布均匀。加压时注意，使镦粗区直径达到 $1.4d$ 以上，变形长度达（$1.2\sim1.5$）$d$，形状均匀、平滑。

（3）装夹前，需检查夹具的活动夹头是否已回到原来位置。施焊前，应检查顶紧螺栓是否顶紧。对于抱紧式夹具或凸轮压紧式夹具，也应检查钢筋上紧情况。

（4）对于镦粗头直径小、变形长度不够的焊接接头，可以装上夹具，重新加热、加压，使镦粗头达到合格要求。帽檐状镦粗头应当割掉重新焊接。

## 6.5.7.2　接头偏心和倾斜

当发现接头偏心和倾斜时（图6-22），应采取以下消除措施。

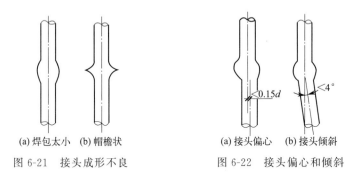

| (a) 焊包太小　(b) 帽檐状 | (a) 接头偏心　(b) 接头倾斜 |
| --- | --- |

图6-21　接头成形不良　　　图6-22　接头偏心和倾斜

（1）钢筋需用砂轮切割机下料，使钢筋端面与轴线垂直，端头处理不合格的不能焊接。

（2）两钢筋夹持于夹具内，轴线应对正，注意调整好调节器调向螺栓。

（3）焊接前应检查夹具质量，有无产生偏心和弯折的可能。用两根光圆短钢筋安装在夹具上，直观检查两夹头是否同轴。不能用变形钢筋，变形钢筋不便于直观检查。

（4）确认夹紧钢筋后再施焊。

（5）焊接完成后，不得立即卸下夹具，等接头红色消失后，再卸下夹具，以防钢筋倾斜。

（6）弯折角大于4°的可以加热后校正。偏心大于0.15d或大于4mm的应割掉重焊接。

## 6.5.7.3　偏凸、压焊面偏移

当发现偏凸、压焊面偏移时（图6-23），应采取以下消除措施。

（1）同直径钢筋两端头加热幅度需对称。

（2）异直径钢筋焊接时，对较大直径钢筋加热时间较长。

（3）焊接镦粗区有偏凸或压焊面偏移现象时，应切除重新焊接。

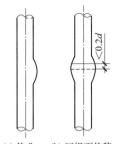

(a) 偏凸　(b) 压焊面偏移

图6-23　偏凸、压焊
面偏移

#### 6.5.7.4　过烧、纵向裂纹

当发现过烧、纵向裂纹时（图 6-24），应采取以下消除措施。

（1）加热、加压操作应当符合工艺规程要求。

（2）施焊钢筋应当经过仔细检查，有裂纹的钢筋不能施焊。

（3）焊炬功率的选择应当与钢筋直径相适应。

（4）过烧的接头是无法挽救的缺陷，一定要割除重焊。当镦粗区纵向裂纹大于 3mm 时，应当割掉重焊。

#### 6.5.7.5　平破面 (未焊合)

当发现平破面（未焊合）时（图 6-25），应采取以下消除措施。

图 6-24　过烧、纵向裂纹　　　　　图 6-25　平破面（未焊合）

（1）平破面产生的概率与间隙大小有关，间隙越大，产生平破面的可能性就越大。用磨光机削除周边的尖角、毛刺（注意倒角不要过大，防止压焊后形成凹痕），使压焊面装卡时，尽量不产生间隙。

（2）加热初期，应当特别注意用碳化焰包围焊缝隙，火焰不得离开，否则压焊容易产生氧化膜，导致平破面的产生。

（3）气压焊时，应当根据钢筋直径及焊接设备等具体条件选用等压法、二次加压法或三次加压法焊接工艺。

（4）气压焊的开始阶段需采用碳化焰，对准两钢筋接缝中心集中加热，并应当使其内焰包住缝隙，以防钢筋端面产生氧化。在确认两根钢筋缝隙完全密合后，应当改用中性焰，以压焊面为中心，在两侧各 $1d$ 长度范围内往复宽幅加热。

（5）气压焊施焊中，通过最终的加热加压，需使接头的镦粗区形成规定的形状；然后停止加热，略为延时，卸除压力，拆下焊接

夹具。

（6）在加热过程中，当钢筋端面缝隙完全密合之前发生灭火中断现象时，需将钢筋取下重新打磨、安装，然后点燃火焰进行焊接；若发生在钢筋端面缝隙完全密合之后，可继续加热加压。

## 6.6　钢筋电渣压力焊

### 6.6.1　概述

电渣压力焊是将钢筋的待焊接端部置于焊剂的包围之中，通过引燃电弧加热，最后在断电的同时，迅速将钢筋进行顶压，使上、下钢筋焊接成一体的一种焊接方法。图6-26 为钢筋电渣压力焊焊接原理示意。

钢筋电渣压力焊

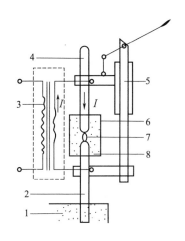

图 6-26　钢筋电渣压力焊焊接原理示意

1—混凝土；2—下钢筋；3—焊接电源；4—上钢筋；5—焊接夹具；
6—焊剂盒；7—铁丝球；8—焊剂

电渣压力焊属于熔化压力焊的范畴，适用于直径为 14～40mm 的 HRB335、HRB400 竖向钢筋的连接，但直径 28mm 以上钢筋的焊接技术难度较大。而全自动电渣压力焊机可以排除人为因素干扰，使钢筋的焊接质量更有保障。

电渣压力焊不适用于水平钢筋或倾斜钢筋（斜度大于 4：1）的连

接，也不适用于可焊性差的钢筋。对于焊工水平低、供电条件差（电压不稳等）、雨季或防火要求高的场合，也应慎用。

钢筋电渣压力焊所用的焊机主要由焊接电源、焊接机头和控制箱三部分组成，图 6-27 为电动凸轮式钢筋自动电渣压力焊机示意。

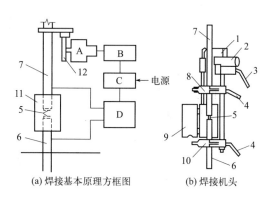

(a) 焊接基本原理方框图　　(b) 焊接机头

图 6-27　电动凸轮式钢筋自动电渣压力焊机示意

1—把子；2—电动机传动部分；3—电源线；4—焊把线；5—铁丝圈；6—下钢筋；
7—上钢筋；8—上夹头；9—焊药盒；10—下夹头；11—焊剂；12—凸轮；
A—电动机与减速箱；B—操作箱；C—控制箱；D—焊接变压器

## 6.6.2　焊接参数

电渣压力焊的主要焊接参数有焊接电流、焊接电压与焊接通电时间等。根据直径选择，焊接电流将直接影响渣池的温度、黏度、电渣过程的稳定性和钢筋熔化时间。焊接电压影响电渣过程的稳定，电压过低，表示两钢筋间距过小，容易产生短路；而电压过高，表示两钢筋间距过大，容易产生断路，通常应控制在 $40\sim60V$。焊接通电时间与钢筋熔化量均根据钢筋直径的大小确定。竖向钢筋电渣压力焊的焊接参数见表 6-17。

## 6.6.3　焊接工艺

焊接工艺一般分为引弧、电弧、电渣与顶压四个过程，如图 6-28 所示。

表 6-17　竖向钢筋电渣压力焊的焊接参数

| 钢筋直径 /mm | 焊接电流 /A | 熔化量 /mm | 焊接电压/V | | 焊接通电时间/s | |
|---|---|---|---|---|---|---|
| | | | $u_{2\cdot1}$ (电弧过程) | $u_{2\cdot2}$ (电渣过程) | $t_1$ 电弧过程 | $t_2$ 电渣过程 |
| 14 | 200～220 | 20～25 | | | 12 | 3 |
| 16 | 200～250 | 20～25 | | | 14 | 4 |
| 18 | 250～300 | 20～25 | | | 15 | 5 |
| 20 | 300～350 | 20～25 | | | 17 | 5 |
| 22 | 350～400 | 20～25 | 35～45 | 18～22 | 18 | 6 |
| 25 | 400～450 | 20～25 | | | 21 | 6 |
| 27 | 500～550 | 20～25 | | | 24 | 6 |
| 32 | 600～650 | 25～30 | | | 27 | 7 |
| 36 | 700～750 | 25～30 | | | 30 | 8 |
| 40 | 850～900 | 25～30 | | | 33 | 9 |

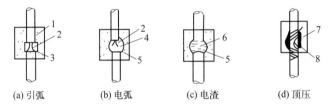

(a) 引弧　　　　(b) 电弧　　　　(c) 电渣　　　　(d) 顶压

图 6-28　竖向钢筋电渣压力焊工艺过程示意

1—散状焊剂；2—电弧；3—空穴；4—渣池；5—熔池；

6—钢筋潜入渣池部分；7—凝固焊剂；

8—被挤出的熔化金属

### 6.6.3.1　引弧过程

用焊接机头的夹具将上下钢筋待焊接的端部夹紧，并保持两钢筋的同心度，然后在接合处放置直径不小于 1cm 的铁丝圈，使其与两钢筋端面紧密接触，最后将焊剂灌入焊药盒内，封闭后，接通电源，引燃电弧，如图 6-28(a) 所示。

### 6.6.3.2　电弧过程

引燃电弧所产生的高温将接口周围的焊剂充分熔化，在气体弧腔作用下，使电弧稳定燃烧，将钢筋端部的氧化物烧掉，形成一个渣池，如图 6-28(b) 所示。

### 6.6.3.3　电渣过程

当渣池在接口周围达到一定的深度时，将上部钢筋慢慢插入渣池中（但不可与下部钢筋短路）。此时，电弧熄灭，进入电渣过程。在这个过程中，通过渣池的电流加大，由于渣池电阻很大，所以产生较高的电阻热，渣池温度可升至2000℃以上，将钢筋迅速均匀地熔化，如图6-28(c)所示。

### 6.6.3.4　顶压过程

当钢筋端头达到全截面熔化时，迅速将上钢筋向下顶压，将熔化的金属、熔渣与氧化物等杂质全部挤出结合面，并切断电源，焊接即告结束，如图6-28(d)所示。接头焊毕，应稍做停歇后，方可回收焊剂，卸下焊接夹具，并敲去渣壳；四周焊包应均匀，凸出钢筋表面的高度应大于等于4mm。

## 6.6.4　焊接操作要求

（1）焊接夹具的上、下钳口应夹紧于上、下钢筋的适当位置，钢筋一经夹紧，严防晃动，以免上、下钢筋错位和夹具变形。

（2）引弧应采用钢丝圈或焊条头引弧法，也可以采用直接引弧法。

（3）引燃电弧后，首先进行电弧过程，然后转变为电渣过程的延时，最后在断电的同时，迅速下压上钢筋，挤出熔化金属和熔渣。

（4）接头焊毕，应停歇适当时间，才可回收焊剂和卸下焊接夹具，敲去渣壳，四周焊包应较均匀，凸出钢筋表面的高度至少为4mm，从而确保焊接质量，如图6-29所示。

（5）当不同直径钢筋焊接时，上、下钢筋轴线应在同一直线上。

## 6.6.5　焊接质量检验

### 6.6.5.1　电渣压力焊接头的质量检验

电渣压力焊接头的质量检验，应当分批进行外观检查和力学性能检验，并应当按下列规定作为一个检验批。

在现浇钢筋混凝土结构中，应当以300个同牌号钢筋接头作为一批；在房屋结构中，应当以不超过两层楼层的300个同牌号钢筋接头作为一批；当

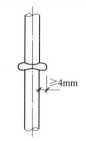

图6-29　钢筋电渣
压力焊接头

不足 300 个接头时，仍应作为一批。每批随机切取 3 个接头做拉伸试验。

## 6.6.5.2　电渣压力焊接头外观检查

电渣压力焊接头外观检查结果，应当符合下列要求。

（1）四周焊包凸出钢筋表面的高度不得小于 4mm。

（2）钢筋与电极接触处应当无烧伤缺陷。

（3）接头处的弯折角不得大于 $3°$。

（4）接头处的轴线偏移不得大于 $0.1d$（$d$ 为钢筋直径），且不得大于 2mm。

## 6.6.6　电渣压力焊接头焊接缺陷与防止措施

在钢筋电渣压力焊生产中，应当重视焊接全过程中的任何一个环节。接头部位应清理干净；钢筋安装应上下同心；夹具紧固，严防晃动；引弧过程，力求可靠；电弧过程，延时充分；电渣过程，短而稳定；挤压过程，压力适当。当出现异常现象时，应参照表 6-18 查找原因，及时清除。

表 6-18　钢筋电渣压力焊接头焊接缺陷与防止措施

| 焊 接 缺 陷 | 防 止 措 施 |
|---|---|
| 轴线偏移 | （1）矫直钢筋端部<br>（2）正确安装夹具和钢筋<br>（3）避免过大的挤压力<br>（4）及时修理或更换夹具 |
| 弯折 | （1）矫直钢筋端部<br>（2）注意安装与扶持上钢筋<br>（3）避免焊后过快卸夹具<br>（4）修理或更换夹具 |
| 焊包薄而大 | （1）减低顶压速度<br>（2）减小焊接电流<br>（3）减少焊接时间 |
| 咬边 | （1）减小焊接电流<br>（2）缩短焊接时间<br>（3）注意上钳口的起始点，确保上钢筋挤压到位 |
| 未焊合 | （1）增大焊接电流<br>（2）避免焊接时间过短<br>（3）检修夹具，确保上钢筋下送自如 |

| 焊 接 缺 陷 | 防 止 措 施 |
|---|---|
| 焊包不均匀 | (1)钢筋端面力求平整<br>(2)填装焊剂尽量均匀<br>(3)延长焊接时间,适当增加熔化量 |
| 气孔 | (1)按规定要求烘焙焊剂<br>(2)清除钢筋焊接部位的铁锈<br>(3)确保被焊处在焊剂中的埋入深度 |
| 烧伤 | (1)钢筋导电部位除净铁锈<br>(2)尽量夹紧钢筋 |
| 焊包下淌 | (1)彻底封堵焊剂罐的漏孔<br>(2)避免焊后过快回收焊剂 |

电渣压力焊可在负温条件下进行，但当环境温度低于$-20℃$时，则不应进行施焊。雨天、雪天不应进行施焊，必须施焊时，应当采取有效的遮蔽措施。焊后未冷却的接头，须避免碰到冰雪。

# 6.7 钢筋电阻点焊

## 6.7.1 电阻点焊的特点

混凝土结构中的钢筋焊接骨架和焊接网，宜采用电阻点焊制作。在钢筋骨架和钢筋网中，以电阻点焊代替绑扎，既可提高劳动生产率，提高骨架和网的刚度，也可提高钢筋（丝）的设计计算强度，所以宜积极推广应用。

## 6.7.2 电阻点焊的适用范围

电阻点焊适用于$\phi8\sim16mm$ HPB300 热轧光圆钢筋，$\phi6\sim16mm$ HRB335、HRB400 热轧带肋钢筋，$\phi4\sim12mm$ CRB550 冷轧带肋钢筋，$\phi3\sim5mm$ 冷拔低碳钢丝的焊接。

对于不同直径钢筋（丝）焊接的情况，指的是较小直径钢筋（丝），即焊接骨架、焊接网两根不同直径钢筋焊点中直径较小的钢筋。

## 6.7.3 交流弧焊电源

交流弧焊电源也称弧焊变压器，最常用的是交流弧焊机，具有材料省、成本低、效率高、使用可靠以及维修容易等优点。

弧焊变压器是一种特殊的降压变压器，具有陡降的外特性。为了确保外特性陡降及交流电弧稳定燃烧，在电源内部应有较大的感抗。获得感抗的方法，一般是借助增加变压器本身的漏磁或在漏磁变压器的次级回路中串联电抗器。为了能够调节焊接电流，变压器的感抗值是可调的（改变动铁心、动绕组的位置或者调节铁心的磁饱和程度）。

按照获得陡降外特性方法的不同，弧焊变压器可以分为两大类，即串联电抗器类和漏磁类。常用的有三个系列：BX1 系列、BX2 系列、BX3 系列。BX2 系列属于串联电抗器类，BX1 系列和 BX3 系列属于漏磁类。此外，还有 BX6 系列抽头式便携交流弧焊机等。

### 6.7.3.1　对弧焊电源的基本要求

电弧能否稳定地燃烧，是确保获得优质焊接接头的主要因素之一，为了使电弧稳定燃烧，对弧焊电源有以下基本要求。

（1）陡降的外特性（下降外特性）。焊接电弧具有将电能转变为热能的作用。电弧燃烧时，电弧两端的电压降与通过电弧的电流值不是固定成正比，其比值随电流大小的不同而变化，电压降与电流的关系可用电弧的静特性曲线来表示，电阻特性与电弧静特性的比较如图 6-30 所示。焊接时，电弧的静特性曲线随电弧长度变化而不同。在弧长一定的条件下，小电流时，电弧电压随电流的增加而急剧下降；当电流继续增加，大于 60A 时，则电弧电压趋于一个常

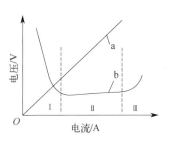

图 6-30　电阻特性与电弧
静特性的比较

a—电阻特性；b—电弧静特性
Ⅰ—降特性段；Ⅱ—平特性段；
Ⅲ—上升特性段

数。焊条电弧焊时，常用的电流范围在水平段，也就是焊条电弧焊时，可单独调节电流的大小，而保持电弧电压基本不变。

为了达到焊接电弧由引弧到稳定燃烧，并且短路时不会由于产生过大电流而将弧焊机烧毁，在引弧时，供给较高的电压及较小的电流；当电弧稳定燃烧时，电流增大，而电压应急剧降低；当焊条与工件短路时，短路电流不应太大，而应限制在一定范围内，一般弧焊机

的短路电流不超过焊接电流的 1.5 倍，能够满足这样要求的电源叫作具有陡降外特性或称下降外特性的电源。图 6-31 所示为焊接电源的陡降外特性曲线。

（2）适当的空载电压。目前我国生产的直流弧焊机的空载电压大多在 40～90V 之间；交流弧焊机的空载电压大多在 60～80V 之间。弧焊机的空载电压过低，不易引燃电弧；过高，在灭弧时易连弧。过低或过高均会给操作带来困难，空载电压过高，还对焊工安全不利。

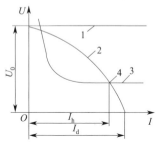

图 6-31　焊接电源的陡降
外特性曲线
1—普通照明电源平直外特性曲线；
2—焊接电源陡降外特性曲线；
3—电弧燃烧的静特性曲线；
4—电弧燃烧点；$U_0$—空载电压；
$I_h$—焊接电流；$I_d$—短路电流

（3）良好的动特性。焊接过程中，弧焊机的负荷总是在不断地变化。比如引弧时，先将焊条与工件短路，随后拉开焊条；焊接过程中，熔滴从焊条向熔池过渡时，可能发生短路，接着电弧又拉长等，都会导致弧焊机的负荷发生急剧的变化。由于在焊接回路中总有一定感抗存在，再加上某些弧焊机控制回路的影响，弧焊机的输出电流和电压不可能迅速地按照外特性曲线来变化，而要经过一定时间后才能在外特性曲线上的某一点稳定下来。弧焊机的结构不同，这个过程的长短也不同，这种性能叫作弧焊机的动特性。

弧焊机动特性良好时，其使用性能也好，引弧容易，电弧燃烧稳定，飞溅较少，施焊者明显地感到焊接过程很"平静"。

常用的弧焊变压器有四个系列：BX1 系列，动铁式；BX2 系列，同体式；BX3 系列，动圈式；BX6 系列，抽头式。

### 6.7.3.2　BX2-1000 型弧焊变压器

BX2 系列弧焊变压器有 BX2-500 型、BX2-700 型、BX2-1000 型以及 BX2-2000 型等多种型号。

BX2-1000 型弧焊变压器的结构属于同体组合电抗器式。弧焊变压器的空载电压为 69～78V，工作电压为 42V，电流调节范围是

400～1200A。此种弧焊变压器常用作预埋件钢筋埋弧压力焊的焊接电源。

（1）BX2-1000 型弧焊变压器结构。BX2-1000 型弧焊变压器是一台与普通变压器不同的同体式降压变压器。其变压器部分和电抗器部分是装在一起的，铁心形状是日字形，并在上部装有可动铁心，改变它与固定铁心的间隙大小就能够改变感抗的大小，达到调节电流的目的。

在变压器的铁心上绕有三个线圈：初级、次级及电抗线圈。初级线圈和次级线圈绕在铁心的下部，电抗线圈绕在铁心的上部，同次级线圈串联。在弧焊变压器的前后装有一块接线板，电流调节电动机和次级接线板在同一方向。

（2）工作原理。图 6-32 为 BX2-1000 型弧焊变压器原理。弧焊变压器的陡降外特性是借电抗线圈所产生的电压降来获得的。

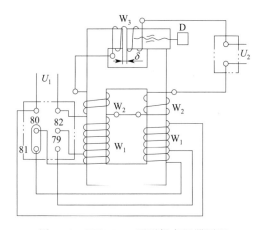

图 6-32　BX2-1000 型弧焊变压器原理
$W_1$—初级绕组；$W_2$—次级绕组；$W_3$—电抗器绕组；
$\delta$—空气隙；D—电流调节电动机

空载时，由于无焊接电流通过，电抗线圈不产生电压降。所以，空载电压基本上等于次级电压，便于引弧。

焊接时，因焊接电流通过，电抗线圈产生电压降，从而获得陡降的外特性。

短路时，大电流通过电抗线圈产生很大的电压降，使次级线圈的电压接近于零，限制了短路电流。

（3）焊接电流的调节。BX2-1000 型弧焊变压器只有一种调节电流的方法，就是借助移动可动铁心，改变它与固定铁心的间隙。当电动机顺时针方向转动时，使铁心间隙增大，电抗减小，焊接电流增加；反之，焊接电流则减小。

图 6-32 中，变压器的初级接线板上装有铜接片，当电网电压正常时，金属连接片 80、81 两点接通，使用较多的初级匝数，如果电网电压下降 10%，即 340V 以下时，应将连接片换至 79、82 两点接通，使初级匝数降低，使次级空载电压提高。

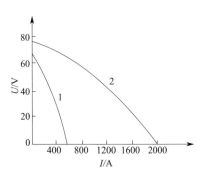

图 6-33 为 BX2-1000 型弧焊变压器外特性曲线。其中，曲线 1 为动铁心在最内位置，曲线 2 为动铁心在最外位置。

图 6-33　BX2-1000 型弧焊变压器外特性曲线

（4）BX2-1000 型弧焊变压器性能。表 6-19 为 BX2-1000 型弧焊变压器性能。

表 6-19　BX2-1000 型弧焊变压器性能

|  |  |  |
|---|---|---|
| 输出 | 额定工作电压/V | 42（40～46） |
|  | 额定负载持续率/% | 60 |
|  | 额定焊接电流/A | 1000 |
|  | 空载电压/V | 69～78 |
|  | 焊接电流调节范围/A | 400～1200 |
|  | 额定输出功率/kW | 42 |
| 输入 | 额定输入容量/kV·A | 76 |
|  | 初级电压/V | 220 或 380 |
|  | 频率/Hz | 50 |
| 效率/% |  | 90 |
| 功率因数（$\cos\psi$） |  | 0.62 |
| 质量/kg |  | 560 |

### 6.7.3.3　交流弧焊电源常见故障及消除方法

交流弧焊电源的常见故障及消除方法见表6-20。

**表 6-20　交流弧焊电源的常见故障及消除方法**

| 故障现象 | 产生原因 | 消除方法 |
|---|---|---|
| 变压器过热 | (1)变压器过载<br>(2)变压器绕组短路 | (1)降低焊接电流<br>(2)消除短路处 |
| 导线接线处过热 | 接线处接触电阻过大或接线螺栓松动 | 将接线松开,用砂纸或小刀将接触面清理出金属光泽,然后旋紧螺栓 |
| 手柄摇不动,次级绕组无法移动 | 次级绕组引出电缆卡住或挤在次级绕组中,螺套过紧 | 拨开引出电缆,使绕组能顺利移动;松开紧固螺母,适当调节螺套,再旋紧紧固螺母 |
| 可动铁心在焊接时发出响声 | 可动铁心的制动螺栓或弹簧太松 | 旋紧螺栓,调整弹簧 |
| 焊接电流忽大忽小 | 动铁心在焊接时位置不稳定 | 将动铁心调节手柄固定或将铁心固定 |
| 焊接电流过小 | (1)焊接导线过长、电阻大<br>(2)焊接导线成盘形,电感大<br>(3)电缆线接头或与工件接触不良 | (1)减短导线长度或加大线径<br>(2)将导线放开,不要成盘形<br>(3)使接头处接触良好 |

### 6.7.3.4　辅助设备和工具

(1) 自控远红外电焊条烘干炉（箱）。用于焊条脱水烘干,具有自动控温、定时报警的功能,分单门与双门两种。单门只具有脱水烘干功能,而双门具有脱水烘干及贮藏保温的功能。一般工程选用每次能烘干 20kg 焊条的烘干炉已足够。

(2) 焊条保温筒。把烘干的焊条装入筒内,带到工地,接到电弧焊机上,通过电弧焊机次级电流加热,使筒内始终保持在 $135℃ ± 15℃$,避免焊条再次受潮。

(3) 钳形电流表。用来测量焊接时次级电流值,其量程应大于使用的最大焊接电流。

(4) 焊接电缆。焊接电缆为特制多股橡皮套软电缆,焊条电弧焊时,其导线截面积一般为 $50mm^2$；电渣压力焊时,其导线截面积一般为 $75mm^2$。

(5) 面罩及护目玻璃。面罩及护目玻璃均为防护用具,以保护焊工面部及眼睛不受弧光灼伤，面罩上的护目玻璃有减弱电弧光及过滤红外线、紫外线的作用。它有各种色泽，以墨绿色及橙色为多。

护目玻璃的色号，应依据焊工年龄和视力情况选择；装在面罩上的护目玻璃外加白玻璃，以防金属飞溅脏污护目玻璃。

（6）清理工具。清理工具包括錾子、钢丝刷、锉刀、锯条以及榔头等。这些工具用于修理焊缝，清除飞溅物，挖除缺陷。

### 6.7.4 直流弧焊电源

直流弧焊电源包括直流弧焊发电机与弧焊整流器。弧焊整流器包括硅弧焊整流器、晶闸管弧焊整流器以及逆变弧焊整流器。

### 6.7.4.1 直流弧焊发电机

直流弧焊发电机坚固耐用，不易出故障，工作电流稳定，深受施工单位的欢迎。但它效率低、电能消耗多、磁极材料消耗多、噪声大，因此由电动机驱动的弧焊发电机现已很少生产，并且逐渐被淘汰，但内燃机驱动的弧焊发电机是野外施工常用焊机。

直流弧焊发电机按照结构的不同，有差复激式弧焊发电机、裂极式弧焊发电机以及换向极去磁式弧焊发电机三种，其中，以前两种弧焊发电机应用较多。

（1）AX-320 型直流弧焊发电机。此种焊机属裂极式，空载电压 50～80V、工作电压 30V、电流调节范围 45～320A。它有 4 个磁极，水平方向的磁极称为主极，垂直方向的磁极叫作交极，南北极不是互相交替，而是两个北极、两个南极相邻配置，主极与交极仿佛由一个电极分裂而成，所以叫作裂极式。

（2）AX-250 型差复激式弧焊发电机。如图 6-34 所示为差复激式弧焊发电机原理。负载时它的工作磁通是他激磁通 $\Phi_i$ 与串激去磁磁通 $\Phi_s$ 之差，因此名为差复激式。负载电压 $U = K(\Phi_i - \Phi_s)$，$\Phi_i$ 恒定，$\Phi_s$ 与负载电流成正比，所以增加则 $U$ 下降，输出为下降特性。

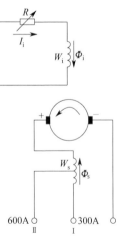

图 6-34 差复激式弧焊发电机原理

# 6　钢筋焊接连接

AX-250 型焊机的额定焊接电流 250A，电流调节范围 50～300A，空载电压 50～70V，工作电压 22～32V。

这种焊机与电子控制的弧焊电源比较，存在其可调的焊接工艺参数少，调节不够灵活、不够精确，并受网路电压波动影响较大等缺点。所以，已逐步被晶闸管（可控硅）弧焊电源所代替。

### 6.7.4.2　硅弧焊整流器

硅弧焊整流器是弧焊整流器的基本形式之一，它以硅二极管作为弧焊整流器的元件，因此叫作硅弧焊整流器或硅整流焊机。

硅弧焊整流器是将 50/60Hz 的单相或者三相交流网路电压，利用降压变压器 T 降为几十伏的电压，经硅整流器 Z 整流和输出电抗器 $L_{de}$ 滤波，从而获得直流电，对电弧供电，如图 6-35（a）所示。此外，还有外特性调节机构，用以获得所需的外特性和进行焊接电压和电流的调节，通常有机械调节与电磁调节两种，在机械调节中，其所采用的动铁式、动圈式的主变压器与弧焊变压器基本相同；在电磁调节中，通过接在降压变压器和硅整流器之间的磁饱和电抗器（磁放大器）以获得所需要的外特性。

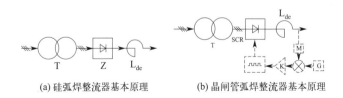

(a) 硅弧焊整流器基本原理　　　　(b) 晶闸管弧焊整流器基本原理

图 6-35　弧焊整流器基本原理示意

### 6.7.4.3　ZX5-400 型晶闸管弧焊整流器

晶闸管弧焊整流器是利用晶闸管桥来整流，可以获得所需要的外特性以及调节电压和电流，而且完全用电子电路来实现控制功能。如图 6-35（b）所示，T 为降压变压器，SCR 为晶闸管桥，$L_{de}$ 为滤波用电抗器，M 为电流、电压反馈检测电路，G 为给定电压电路，K 为运算放大器电路。

ZX5 系列晶闸管弧焊整流器有 ZX5-250、ZX5-400、ZX5-630 等多种型号。

#### 6.7.4.4　逆变弧焊整流器

逆变弧焊整流器是弧焊电源的最新发展，它是采用单相或三相 $50/60\mathrm{Hz}$（$f_1$）的交流网路电压经输入整流器 $Z_1$ 整流和电抗器滤波，通过大功率电子开关的交替开关作用，又将直流变换成几千至几万赫兹的中高频（$f_2$）交流电，再分别经中频变压器 T、整流器 $Z_2$ 和电抗器 $L_{de}$ 的降压、整流以及滤波，就得到所需要的焊接电压和电流，即：AC→DC→AC→DC。图 6-36 所示为逆变弧焊整流器基本原理。

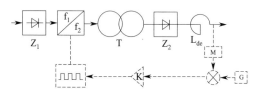

图 6-36　逆变弧焊整流器基本原理示意

该种焊机的优点是高效节能、体积小、质量轻、动特性良好、调节速度快，故应用越来越广泛。

#### 6.7.4.5　直流弧焊电源常见故障及消除方法

直流弧焊发电机常见故障及消除方法见表 6-21。

表 6-21　直流弧焊发电机的常见故障及消除方法

| 故障现象 | 产生原因 | 消除方法 |
|---|---|---|
| 电动机反转 | 三相电动机与电源网路接线错误 | 三相中任意两相调换 |
| 焊接过程中电流忽大忽小 | (1)电缆线与工件接触不良<br>(2)网路电压不稳<br>(3)电流调节器可动部分松动<br>(4)电刷与铜头接触不良 | (1)使电缆线与工件接触良好<br>(2)使网路电压稳定<br>(3)固定好电流调节器的松动部分<br>(4)使电刷与铜头接触良好 |
| 焊机过热 | (1)焊机过载<br>(2)电枢线圈短路<br>(3)换向器短路<br>(4)换向器脏污 | (1)减小焊接电流<br>(2)消除短路处<br>(3)消除短路处<br>(4)清理换向器，去除污垢 |
| 电动机不启动并发出响声 | (1)三相熔断丝中有某一相烧断<br>(2)电动机定子线圈烧断 | (1)更换新熔断丝<br>(2)消除断路处 |
| 导线接触处过热 | 接线处接触电阻过大或接线处螺栓松动 | 将接线松开，用砂纸或小刀将接触面清理出金属光泽 |

弧焊整流器的使用和维护同交流弧焊机相似，不同的是它装有整流部分。所以，必须根据弧焊机整流和控制部分的特点进行使用及维护。当硅整流器损坏时，要查明原因，排除故障后，才能更换新的硅整流器。弧焊整流器的常见故障及消除方法见表 6-22。

表 6-22　弧焊整流器的常见故障及消除方法

| 故障现象 | 产生原因 | 消除方法 |
|---|---|---|
| 机壳漏电 | (1)电源接线误碰机壳<br>(2)变压器、电抗器、风扇及控制线圈元件等碰机壳 | (1)消除碰处<br>(2)消除碰处 |
| 空载电压过低 | (1)电源电压过低<br>(2)变压器绕组短路<br>(3)硅元件或晶闸管损坏 | (1)调高电源电压<br>(2)消除短路<br>(3)更换硅元件或晶闸管 |
| 电流调节失灵 | (1)控制绕组短路<br>(2)控制回路接触不良<br>(3)控制整流器回路元件击穿<br>(4)印刷线路板损坏 | (1)消除短路<br>(2)使接触良好<br>(3)更换元件<br>(4)更换印刷线路板 |
| 焊接电流不稳定 | (1)主回路接触器抖动<br>(2)风压开关抖动<br>(3)控制回路接触不良、工作失常 | (1)消除抖动<br>(2)消除抖动<br>(3)检修控制回路 |
| 工作中焊接电压突然降低 | (1)主回路部分或全部短路<br>(2)整流元件或晶闸管击穿或短路<br>(3)控制回路断路 | (1)消除短路<br>(2)更换元件<br>(3)检修控制整流回路 |
| 电表无指示 | (1)电表或相应接线短路<br>(2)主回路出故障<br>(3)饱和电抗器和交流绕组断线 | (1)修复电表或接线短路处<br>(2)排除故障<br>(3)消除断路处 |
| 风扇电机不动 | (1)熔断器熔断<br>(2)电动机引线或绕组断线<br>(3)开关接触不良 | (1)更换熔断器<br>(2)接好或修复断线<br>(3)使接触良好 |

## 6.7.5　焊条

### 6.7.5.1　焊条的组成材料及其作用

（1）焊芯。焊芯是焊条中的钢芯。焊芯在电弧高温作用下同母材熔化在一起，形成焊缝，焊芯的成分对焊缝质量有很大影响。

焊芯的牌号用"H"表示，后面的数字表示含碳量。其他合金元素含量的表示方法和钢号大致相同。质量水平不同的焊芯在最后标以一定符号以示区别。比如 H08 表示含碳量为 0.08%～0.10% 的低碳钢焊芯；H08A 中的"A"表示优质钢，其硫、磷含量均不超过 0.03%；含硅量不超过 0.03%；含锰量 0.30%～0.55%。

熔敷金属的合金成分主要从焊芯中过渡，也可利用焊条药皮来过渡合金成分。

常用焊芯的直径为 $\phi2.0mm$、$\phi2.5mm$、$\phi3.2mm$、$\phi4.0mm$、$\phi5.0mm$、$\phi5.8mm$。焊条的规格一般用焊芯的直径来表示。焊条长度取决于焊芯的直径、材料、焊条药皮类型等。随着直径的增加，焊条长度也相应增加。

（2）焊条药皮。药皮的作用见 1.2.6 节表 1-12。

药皮的组成：焊条的药皮成分比较复杂，详见 1.2.6 节表 1-13。

### 6.7.5.2　焊条的保管与使用

焊条的保管与使用在 1.2.6 节已有详细介绍，此处不再赘述。

### 6.7.5.3　焊条的质量检验

首先进行外观质量检验，之后进行实际施焊，评定焊条的工艺性能，然后焊接试板，进行各项力学性能检验。

## 6.7.6　焊条电弧焊工艺

### 6.7.6.1　点焊工艺

电阻点焊的工艺过程中，应包括预压、通电以及锻压三个阶段，点焊过程如图 6-37 所示。

（1）预压阶段。在压力作用下，两钢筋接触点的原子开始靠近，逐步消除一部分表面的不平及氧化膜，形成物理接触点。

（2）通电阶段。通电阶段包括两个过程：在通电开始一段时间内，接触点面积扩大，固态金属因加热而膨胀，在焊接压力作用下，焊接处金属产生塑性变形，并挤向钢筋间缝隙中；继续加热后，开始出现熔化点，并逐渐扩大成所要求

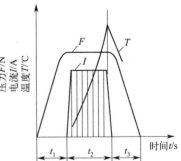

图 6-37　点焊过程示意

$t_1$—预压时间；$t_2$—通电时间；

$t_3$—锻压时间

的核心尺寸时切断电流。

若加热过急，容易发生飞溅，要注意调整焊接参数，飞溅使核心液态金属减少，表面形成深度压坑，影响美观，降低力学性能；当产生飞溅时，应适当提高电极压力，降低加热速度。

（3）锻压阶段。锻压阶段由减小或切断电流开始，直到熔核完全冷却凝固后结束。

在锻压阶段中，熔核在封闭塑性环中结晶，其加热集中，温度分布陡，加热与冷却速度极快，所以当参数选用不当时，会出现裂纹、缩孔等缺陷。点焊的裂纹有核心内部裂纹，结合线裂纹及热影响区裂纹。当熔核内部裂纹穿透到工件表面时，也成为表面裂纹，点焊裂纹通常都属于热裂纹。当液态金属结晶而收缩时，若冷却过快，锻压力不足，塑性区的变形来不及补充，则会形成缩孔，这时就要调整参数。

### 6.7.6.2 点焊参数

点焊质量与焊机性能、焊接工艺参数有很大关系。焊接工艺参数指的是组成焊接循环过程及决定点焊工艺特点的参数，主要有焊接电流 $I_w$、焊接压力（电极压力）$F_w$、焊接通电时间 $t_w$、电极工作端面几何形状与尺寸等。

当 $I_w$ 很小时，焊接处不能充分加热，始终不能达到熔化温度，增大 $I_w$ 后出现熔化核心，但是尺寸过小，仍属未焊透。当达到规定的最小直径及压入深度时，接头有一定强度。随着 $I_w$ 增加，核心尺寸比较大时，电流密度降低，加热速度变缓。当 $F_w$ 增加过大时，加热急剧，就出现飞溅，产生缩孔等缺陷。

改变电流通电时间 $t_w$，同改变 $I_w$ 的影响基本相似，随着 $t_w$ 的增加，焊点尺寸不断增加，当达到一定值时，熔核尺寸比较稳定。

电极压力 $F_w$ 对焊点形成有双重作用。从热的观点看，$F_w$ 决定工件间接触面各接点变形程度，因而决定了电流场的分布，影响着热源 $R_c$ 及 $R_j$ 的变化：$F_w$ 增大时，工件与电极间接触改善，散热加强，所以总热量减少，熔核尺寸减小。从力的观点看，$F_w$ 决定了焊接区周围塑性环变形程度，所以，对形成裂纹、缩孔也有很大关系。

不同的 $I_w$ 与 $F_w$ 可匹配成以加热速度快慢为主要特点的两种不同参数：强参数与弱参数。钢筋点焊时温度分布如图 6-38 所示。

（1）强参数。电流大、时间短、加热速度很快、焊接区温度分布陡、表面质量好、加热区窄、接头过热组织少、接头综合性能好、生产率高。只要参数控制较精确，并且焊机容量足够（包括电与机械两个方面），便可采用。但由于加热速度快，如果控制不当，易出现飞溅等缺陷，所以必须相应提高电极压力 $F_w$，以防出现缺陷，并获得较稳定的接头质量。

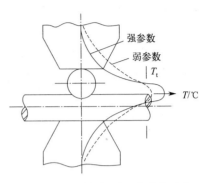

图 6-38　钢筋点焊时温度分布示意
$T_t$—熔化温度

（2）弱参数。当焊机容量不足，钢筋直径大、变形困难或者塑性温度区过窄，并有淬火组织时，可以采用加热时间较长、电流较小的弱参数。弱参数温度分布平缓，塑性区宽，在压力作用下易变形，能够消除缩孔，降低内应力。

采用 DN3-75 型点焊机焊接 HPB300 钢筋和冷拔低碳钢丝时，焊接通电时间与电极压力分别见表 6-23 和表 6-24。

**表 6-23　采用 DN3-75 型点焊机焊接通电时间**　　　单位：s

| 变压器级数 | 较小钢筋直径/mm | | | | | | | |
|---|---|---|---|---|---|---|---|---|
| | 3 | 4 | 5 | 6 | 8 | 10 | 12 | 14 |
| 1 | 0.08 | 0.10 | 0.12 | — | — | — | — | — |
| 2 | 0.05 | 0.06 | 0.07 | — | — | — | — | — |
| 3 | — | — | — | 0.22 | 0.70 | 1.50 | — | — |
| 4 | — | — | — | 0.20 | 0.60 | 1.25 | 2.50 | 4.00 |
| 5 | — | — | — | — | 0.50 | 1.00 | 2.00 | 3.50 |
| 6 | — | — | — | — | 0.40 | 0.75 | 1.50 | 3.00 |
| 7 | — | — | — | — | — | 0.50 | 1.20 | 2.50 |

注：点焊 HRB335、HRB400 钢筋或冷轧带肋钢筋时，焊接通电时间延长 20%～25%。

表 6-24　钢筋点焊时的电极压力　　　　单位：N

| 较小钢筋直径/mm | HPB300 钢筋、冷拔低碳钢丝 | HRB335、HRB400 钢筋、冷轧带肋钢筋 |
|---|---|---|
| 3 | 980～1470 | — |
| 4 | 980～1470 | 1470～1960 |
| 5 | 1470～1960 | 1960～2450 |
| 6 | 1960～2450 | 2450～2940 |
| 8 | 2450～2940 | 3940～3430 |
| 10 | 2940～3920 | 3430～3920 |
| 12 | 3430～4410 | 4410～4900 |
| 14 | 3920～4900 | 4900～5880 |

### 6.7.6.3　压入深度

一个好的焊点，从外观上，要求表面压坑浅、平滑，呈均匀过渡，表面没有裂纹及黏附的铜合金。从内部看，熔核形状应规则、均匀，熔核尺寸应符合结构和强度的要求；熔核内部无贯穿性或超越规定值的裂纹；熔核周围没有严重过热组织及不允许的焊接缺陷。

如果焊点没有缺陷，或缺陷在规定的限值之内，那么，决定接头强度与质量的就是熔核的形状与尺寸。钢筋熔核直径难以测量，但可通过压入深度 $d_y$ 来表示。所谓压入深度就是两钢筋（丝）相互压入的深度，如图 6-39 所示，其计算式如下：

$$d_y = (d_1 + d_2) - h \tag{6-2}$$

式中　$d_1$——较小钢筋直径；

　　　$d_2$——较大钢筋直径；

　　　$h$——焊点钢筋高度。

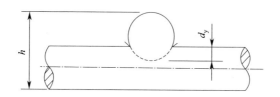

图 6-39　压入深度

$d_y$—压入深度；$h$—焊点钢筋高度

以 $\phi6\text{mm}+\phi6\text{mm}$ 钢筋焊点为例，当压入深度是 0 时，焊点钢筋

高度为 12mm，熔核直径 $d_r$ 为零。当压入深度为较小钢筋直径的 20％时，焊点钢筋高度为 10.8mm，计算熔核直径 $d_r$ 为 4.6mm，如图 6-40(a) 所示。当压入深度为较小钢筋直径的 30％时，焊点钢筋高度为 10.2mm，计算熔核直径 $d_r$ 为 5.4mm，如图 6-40(b) 所示。

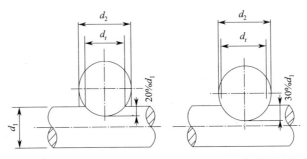

(a) 压入深度为较小钢筋直径的20%　　　(b) 压入深度为较小钢筋直径的30%

图 6-40　钢筋电阻点焊的熔核直径

$d_r$—熔核直径

《钢筋焊接及验收规程》（JGJ 18—2012）规定焊点压入深度应为较小钢筋直径的 18％～25％。

规定钢筋电阻焊点压入深度的最小比值，是为了确保焊点的抗剪强度。规定最大比值，对冷拔低碳钢丝和冷轧带肋钢筋，是为了确保焊点的抗拉强度；对热轧钢筋，是为了防止焊点压塌。

### 6.7.6.4　表面准备与分流

焊件表面状态对焊接质量有很大影响。点焊时，电流大、阻抗小，因此次级电压低，一般不大于 10V。这样，工件上的油污、氧化皮等都属不良导体。在电极压力作用下，氧化膜等局部破碎，导电时改变了焊件上电流场的分布，使个别部位电流线密集，热量过于集中，易导致焊件表面烧伤或沿焊点外缘烧伤。清理良好的表面将使焊接区接触良好，熔核周围金属压紧范围也将扩大，在同样参数下焊接时塑性环较宽，从而提高了抗剪力。

点焊时不经过焊接区，未参加形成焊点的那部分电流叫作分流电流，简称分流。图 6-41 所示为钢筋点焊时的分流现象。

钢筋网片焊点点距是影响分流大小的主要因素。已形成的焊点与焊接处中心距离越小，分流电阻 $R_f$ 就越小，分流电流 $I_f$ 增加，使熔核直径 $d_r$ 减小，抗剪力降低。所以在焊接生产中，要注意分流的影响。

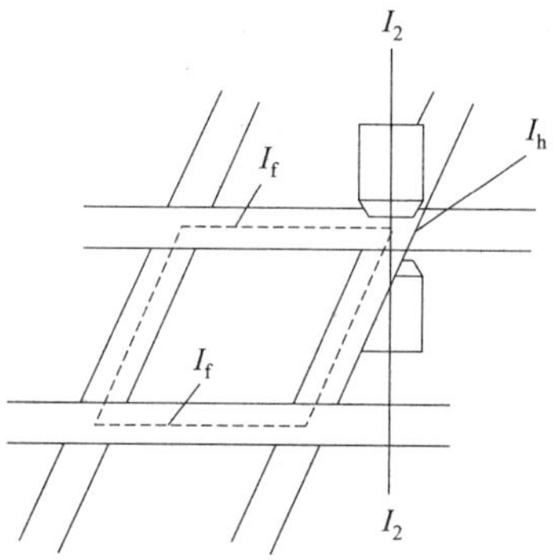

### 6.7.6.5　钢筋多点焊

在钢筋焊接网生产中，宜采用钢筋多点焊机。这时要依据网的纵筋间距调整好点焊机电极的间距，注意检查各个电极的电极压力、焊接电流以及焊接通电时间等各项参数的一致，以保持各个焊点质量的稳定性。

### 6.7.6.6　电极直径

由于电极决定着电流场分布和

图 6-41　钢筋点焊时的分流现象

$I_2$—次级电流；$I_h$—流经焊点焊接电流；$I_f$—分流电流

40％以上热量的散失，因此电极材料、形状、冷却条件及工作端面的尺寸都直接影响着焊点强度。在焊接生产时，要按照钢筋直径选用合适的电极端面尺寸，见表 6-25，并要经常保持电极和钢筋之间接触表面的清洁平整。如果电极使用变形，应及时修整。安装时，上下电极的轴线必须呈一直线，不得偏斜和漏水。

表 6-25　电极直径

| 较小钢筋直径/mm | 电极直径/mm |
| --- | --- |
| 3～10 | 30 |
| 12～14 | 40 |

### 6.7.6.7　点焊制品焊接缺陷及消除措施

在钢筋点焊生产中，如果发现焊接制品有外观缺陷，应及时查找原因，并且采取措施予以防止和消除，见表 6-26。

表 6-26　点焊制品焊接缺陷及消除措施

| 缺陷种类 | 产生原因 | 消除措施 |
| --- | --- | --- |
| 焊点过烧 | (1)变压器级数过高<br>(2)通电时间太长<br>(3)上下电极不对中心<br>(4)继电器接触失灵 | (1)降低变压器级数<br>(2)缩短通电时间<br>(3)切断电源、校正电极<br>(4)清理触点、调节间隙 |

| 缺陷种类 | 产生原因 | 消除措施 |
|---|---|---|
| 焊点脱落 | (1)电流过小<br>(2)压力不够<br>(3)压入深度不足<br>(4)通电时间太短 | (1)提高变压器级数<br>(2)加大弹簧压力或调大气压<br>(3)调整两电极间距离,符合压入深度要求<br>(4)延长通电时间 |
| 钢筋表面烧伤 | (1)钢筋和电极接触表面太脏<br>(2)焊接时没有预压过程或预压力过小<br>(3)电流过大<br>(4)电极变形 | (1)清刷电极与钢筋表面的铁锈和油污<br>(2)保证预压过程和适当的预压力<br>(3)降低变压器级数<br>(4)修理或更换电极 |

### 6.7.6.8　悬挂式点焊钳的应用

使用悬挂式点焊钳进行焊接有很大的优越性，由于点焊钳挂在轨道上，而各操作按钮均在点焊钳面板上，可随意灵活移动，适合于焊接各种几何形状的钢筋网片和钢筋骨架。

焊接工艺参数根据钢筋牌号、直径选用，和采用气压式点焊机时相同，焊点压入深度一般为较小钢筋（丝）的 25%。焊点质量检验做抗剪试验和拉伸试验，应全部合格。

使用该种点焊钳，工作面宽、灵活、适用性强，既能减轻焊工劳动强度，又可提高生产率。

# 6.8　预埋件钢筋埋弧压力焊和埋弧螺柱焊

## 6.8.1　埋弧压力焊

### 6.8.1.1　埋弧压力焊的基本原理

埋弧压力焊是用于焊接预埋铁件钢筋的一种焊接方法。埋弧压力焊是将钢筋与钢板安放成 T 形，借助焊接电流在焊剂层下产生电弧形成熔池，加压完成焊接的一种压焊方法。

在埋弧压力焊时，钢筋与钢板之间引燃电弧之后，由于电弧作用使局部母材以及部分焊剂熔化及蒸发，金属与焊剂的蒸发气体及焊剂受热熔化所产生的气体形成一个空腔。空腔被熔化的焊剂形成的熔渣所包围，焊接电弧在这个空腔内燃烧。在焊接电弧热的作用下，熔化的钢筋端部及钢板金属形成焊接熔池。当钢筋整个截面均匀加热到一定温度，将钢筋向下顶压，立即切断焊接电源，冷却凝固后形成焊接接头。

### 6.8.1.2　埋弧压力焊的特点

预埋件钢筋埋弧压力焊的优点是质量好、生产效率高，适合于各种预埋件 T 形接头钢筋与钢板的焊接，预制厂大批量生产时经济效益尤为显著。

（1）热效率高。在通常的自动埋弧焊中，由于焊剂及熔渣的隔热作用，电弧基本上无热的辐射损失，飞溅造成的热量损失也很小。虽用于熔化焊剂的热量有所增加，但是总的热效率要比焊条电弧焊高很多。在预埋件埋弧压力焊中，用于熔化钢筋、钢板的热量约占总热量的 72%，是相当高的。

（2）熔深大。由于焊接电流大，电弧吹力强，所以接头的熔深较大。

（3）焊缝质量好。采用一般的埋弧焊时，电弧区受到焊剂、熔渣、气腔的保护，基本上同空气隔绝，保护效果好，CO 是电弧区的主要成分。一般埋弧自动焊时焊缝金属的含氮量很低，含氧量也较低，焊缝金属力学性能良好。焊接接头中无气孔、夹渣等焊接缺陷。

（4）焊工劳动条件好。没有弧光辐射，放出的烟尘也较少。

（5）效率高。劳动生产率比焊条电弧焊要高 3～4 倍。

### 6.8.1.3　埋弧压力焊的适用范围

预埋件钢筋埋弧压力焊适合于热轧中 $\phi6\sim25mm$ HPB300、HRB335、HRB400 钢筋的焊接。在需要时，可用于 $\phi28mm$、$\phi32mm$ 钢筋的焊接。钢板为普通碳素钢 Q300A，厚度为 $6\sim20mm$，与钢筋直径相匹配，如钢筋直径粗、钢板薄，易将钢板过烧甚至烧穿。

### 6.8.1.4　埋弧压力焊的工艺

整个焊接过程为：引弧→电弧→电渣→顶压。

（1）焊剂。在预埋件钢筋埋弧压力焊中，可采用 HJ 431 焊剂。

（2）焊接操作。埋弧压力焊时，先将钢板放平，同铜板电极接触良好；将锚固钢筋于夹钳内夹牢；放好挡圈，注满焊剂；将高频引弧装置和焊接电源接通后，立即将钢筋上提 2.5～4mm，引燃电弧。若钢筋直径较细，适当延时，使电弧稳定燃烧；如果钢筋直径较粗，则继续缓慢提升 3～4mm，再渐渐下送，使钢筋端部及钢板熔化，待达到一定时间后迅速顶压。顶压时不要用力过猛，避免钢筋插入钢板表面之下，形成凹陷。敲去渣壳，四周焊包应较均匀，凸出钢筋表面的高度至少 4mm，如图 6-42 所示。

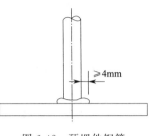

图 6-42　预埋件钢筋
埋弧压力焊接头

（3）钢筋位移。在采用手工埋弧压力焊机，或者采用电磁式自动焊机且钢筋直径较细时，钢筋的位移如图 6-43(a) 所示；当钢筋直径较粗时，钢筋的位移如图 6-43(b) 所示。

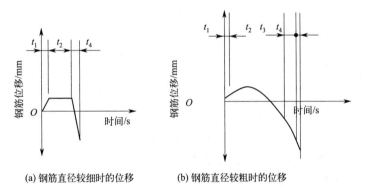

(a) 钢筋直径较细时的位移　　　(b) 钢筋直径较粗时的位移

图 6-43　预埋件钢筋埋弧压力焊钢筋位移图解
$t_1$—引弧过程；$t_2$—电弧过程；$t_3$—电渣过程；$t_4$—顶压过程

（4）埋弧压力焊参数。埋弧压力焊的主要焊接参数包括引弧提升高度、电弧电压、焊接电流以及焊接通电时间，表 6-27 为埋弧压力焊焊接参数。

在生产中，如果有 1000 型弧焊变压器，可采用大电流、短时间的强参数焊接法，以提高劳动生产率。例如：焊接 $\phi$10mm 钢筋时，采用焊接电流 550～650A，焊接通电时间 4s；焊接 $\phi$16mm 钢筋时，650～800A，11s；焊接 $\phi$25mm 钢筋时，650～800A，23s。

表 6-27 埋弧压力焊焊接参数

| 钢筋牌号 | 钢筋直径 /mm | 引弧提升 高度/mm | 电弧电压 /V | 焊接电流 /A | 焊接通电 时间/s |
|---|---|---|---|---|---|
| HPB300 HRB335 HRB400 | 6 | 2.5 | 30～35 | 500～650 | 2 |
| | 8 | 2.5 | 30～35 | 500～650 | 3 |
| | 10 | 2.5 | 30～35 | 500～650 | 5 |
| | 12 | 3.0 | 30～35 | 500～650 | 8 |
| | 14 | 3.0 | 30～35 | 500～650 | 15 |
| | 16 | 3.5 | 30～40 | 500～650 | 22 |
| | 18 | 3.5 | 30～40 | 500～650 | 30 |
| | 20 | 3.5 | 30～40 | 500～650 | 33 |
| | 22 | 4.0 | 30～40 | 500～650 | 36 |
| | 25 | 4.0 | 30～40 | 500～650 | 40 |

（5）埋弧压力焊工艺应符合的规定

① 钢板应放平，并应和铜板电极接触紧密。

② 将锚固钢筋夹于夹钳内，应夹牢；应放好挡圈，注满焊剂。

③ 将高频引弧装置和焊接电源接通后，应立即将钢筋上提，引燃电弧，使电弧稳定燃烧，再渐渐下送。

④ 顶压时，用力应适度。

⑤ 敲去渣壳，四周焊包凸出钢筋表面的高度，当钢筋直径为18mm 及以下时，不得小于 3mm；当钢筋直径为 20mm 及以上时，不得小于 4mm。

（6）焊接缺陷及消除措施。在埋弧压力焊生产中，引弧、燃弧（钢筋维持原位或缓慢下送）以及顶压等环节应密切配合；焊接地线应同铜板电极接触良好，并对称接地；及时消除电极钳口的铁锈和污物，修理电极钳口的形状等，以确保焊接质量。

焊工应认真自检，若发现焊接缺陷时，应参照表 6-28 查找原因并及时消除。

表 6-28 预埋件钢筋埋弧压力焊接头焊接缺陷及消除措施

| 焊接缺陷 | 产生原因 | 消除措施 |
|---|---|---|
| 钢筋咬边 | (1)焊接电流太大或焊接时间过长 (2)顶压力不足 | (1)减小焊接电流或缩短焊接时间 (2)增大压力 |
| 气孔 | (1)焊剂受潮 (2)钢筋或钢板上有锈、油污 | (1)烘焙焊剂 (2)消除钢板和钢筋上的铁锈、油污 |

| 焊接缺陷 | 产生原因 | 消除措施 |
| --- | --- | --- |
| 夹渣 | (1)焊剂中混入杂物<br>(2)过早切断焊接电流<br>(3)顶压太慢 | (1)清除焊剂中熔渣等杂物<br>(2)避免过早断焊接电流<br>(3)加快顶压速度 |
| 未焊合 | (1)焊接电流太小,通电时间太短<br>(2)顶压力不足 | (1)增大焊接电流,增加熔化时间<br>(2)适当加大压力 |
| 焊包不均匀 | (1)焊接地线接触不良<br>(2)未对称接地 | (1)保证焊接地线的接触良好<br>(2)使焊接处对称导电 |
| 钢板焊穿 | (1)焊接电流太大或焊接时间过长<br>(2)钢板局部悬空 | (1)减小焊接电流或减少焊接通电时间<br>(2)在焊接时避免钢板呈局部悬空状态 |
| 钢筋淬硬脆断 | (1)焊接电流太大,焊接时间太短<br>(2)钢筋化学成分超标 | (1)减小焊接电流,延长焊接时间<br>(2)检查钢筋化学成分 |
| 钢板凹陷 | (1)焊接电流太大,焊接时间太短<br>(2)顶压力太大,压入量过大 | (1)减小焊接电流,延长焊接时间<br>(2)减小顶压力,减小压入量 |

## 6.8.2 埋弧螺柱焊

### 6.8.2.1 概述

埋弧螺柱焊采用螺柱焊焊枪的夹头将钢筋夹紧,垂直顶压在钢筋上,注满焊剂,利用螺柱焊主机输出强电流,通过钢筋与钢板触点的瞬间上提钢筋,引燃电弧,经瞬时燃烧,融化钢筋端部和钢板表面,形成熔池,按照设置的焊接电流及焊接时间,使钢筋端部插入熔池,断电,停歇数秒钟,去掉渣壳,露出光泽焊包,焊接结束。

### 6.8.2.2 埋弧螺柱焊工艺

套上焊剂盒,顶紧钢筋,注满焊剂,接通电源,钢筋上提,引燃电弧,电弧燃烧,钢筋插入熔池,自动断电,打掉渣壳,焊接完成,如图6-44所示。

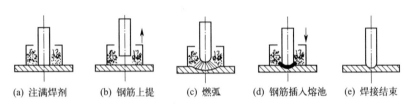

(a) 注满焊剂　　(b) 钢筋上提　　(c) 燃弧　　(d) 钢筋插入熔池　　(e) 焊接结束

图6-44 预埋件钢筋埋弧螺柱焊工艺过程

## 6.9 钢筋负温焊接

### 6.9.1 概述

在环境温度低于−5℃的条件下，进行钢筋闪光对焊、电弧焊、电渣压力焊及气压焊时，称为钢筋负温焊接。

负温焊接时，除了遵守常温焊接的有关规定外，应调整焊接参数，使焊缝和热影响区缓慢冷却。当雨、雪天必须施焊时，应有防雨、防雪和挡风措施。焊后未冷却的接头不得碰到冰雪。

当环境温度低于−15℃时，应对接头采取预热和保温缓冷措施。

当环境温度低于−20℃时，不得进行施焊。

钢筋负温焊接与常温焊接相比，主要是因为负温引起的冷却速度加快的问题，所以其接头构造与焊接工艺除了必须遵守常温焊接的规定外，还必须在焊接工艺参数上做一些调整。调整方法是采用弱参数焊接，使焊缝和热影响区缓慢冷却，避免产生淬硬组织。

### 6.9.2 钢筋负温焊接

#### 6.9.2.1 负温闪光对焊焊接

在负温条件下，进行闪光对焊时，应采用预热闪光焊或闪光-预热-闪光焊工艺，焊接参数的选择与常温焊接相比，可以进行以下调整。

（1）增加调伸长度。

（2）采用较低焊接变压器级数。

（3）增加预热次数和间歇时间。

#### 6.9.2.2 负温电弧焊焊接

（1）在负温条件下，进行帮条电弧焊或搭接电弧焊时，从中部引弧，对两端就起到了预热的作用。平焊时，应从中间向两端施焊；而立焊时，应先从中间向上端施焊，再从下端向中间施焊。

（2）当采用多层施焊时（坡口焊的焊缝余高应分两层控温施焊），层间温度应控制在150～350℃之间，使接头热影响区附近的冷却速度减慢1～2倍左右，从而减弱了淬硬倾向，改善了接头的综合性能。

（3）如果采用预热与缓冷两种工艺，还不能保证焊接质量时，则应采用"回火焊道施焊法"；HPB300和HRB335钢筋多层施焊时，焊后可以采用回火焊道施焊，其回火焊道的长度宜比前一焊道在两端后缩 4～6mm，如图 6-45 所示。

回火焊道施焊的作用主要是对原来的热影响区起到回火的效果，回火温度为 500℃ 左右；如果一旦产生淬硬组织，经回火后将产生回火马氏体、回火索氏体组织，从而改善接头的综合性能。

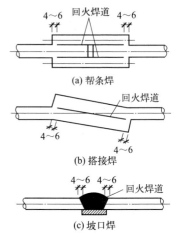

图 6-45　钢筋负温电弧焊回火焊道示意（单位：mm）

### 6.9.3　防寒措施

在负温条件下，进行闪光对焊、电弧焊、电渣压力焊时，应对焊接设备采取防寒措施，并防止冷却水管冻裂。

## 6.10　钢筋焊接连接常见问题与解决方法

### 6.10.1　钢筋焊接通病

（1）钢筋焊接问题的主要表现。钢筋焊接常见问题的主要表现为：焊接不到位；焊渣未敲掉；焊接后钢筋错位；漏焊。

（2）产生原因。施工人员操作不规范，导致焊接接头质量不合格。对于不合格的接头，应当全部返工，重新焊接。

（3）解决方法。在实际施工中，钢筋的对接焊是出现质量问题较多的地方，应当充分引起施工人员的重视。常见的质量通病包括以下几个方面。

① 钢筋闪光对焊未焊透

a. 现象。焊口局部区域未能相互结晶，焊合不良，接头镦粗变形量很小，挤出的金属毛刺很不均匀，多集中于焊口，并产生严重的胀开现象；从断口上可以看到如同有氧化膜的黏合面存在。

b. 防治措施

Ⅰ. 适当限制连续闪光焊工艺的使用范围。

Ⅱ. 重视预热作用，掌握预热要领，力求扩大沿焊件纵向的加热区域，减小温度梯度。

Ⅲ．采用正常的烧化过程，使焊件获得符合要求的温度分布，尽量产生平整的端面及比较均匀的熔化金属层，为提高接头质量创造良好条件。具体做法如下。

第一，选择合适的烧化留量，确保烧化过程有足够的延续时间。当采用闪光-预热-闪光焊工艺时，一次烧化留量等于钢筋端部不平度加上断料时刀口严重压伤区段，二次烧化留量宜不小于8mm。当采取连续闪光焊工艺时，其烧化留量相当于上述两次烧化留量之和。

第二，采取变化的烧化速度，保证烧化过程具有"慢—快—更快"的非线性加速度方式，平均烧化速度通常可取为2mm/s。当钢筋直径大于25mm时，由于沿焊件截面加热的均衡性减慢，烧化速度应当略微降低。

Ⅳ．避免采用过高的变压器级数施焊，以提高加热效果。

c. 处理。对于不符合要求的全部返工重焊。

② 钢筋闪光对焊接头弯折或偏心

a. 现象。接头处产生弯折，折角超过规定或接头处偏心，轴线偏移大于 $0.1d$（$d$ 为钢筋直径）或2mm。

b. 防治措施

Ⅰ．钢筋端头弯曲时，焊前应当予以矫直或是切除。

Ⅱ．保持电极的正常外形，变形较大时应当及时修理或更新，在安装时应力求位置准确。

Ⅲ．夹具如因磨损晃动较大，应当及时维修。

Ⅳ．接头焊毕，稍冷却后再小心移动钢筋。

c. 处理。对于不符合要求的全部返工重焊。

③ 电渣压力焊接头出现偏心和倾斜

a. 现象。弯折角度大于40°，轴线偏移大于 $0.1d$（$d$ 为钢筋直径）或2mm。

b. 防治措施

Ⅰ．钢筋端部歪扭和不直部分应当事先矫正或切除，端部歪扭的钢筋不得焊接。

Ⅱ．两钢筋夹持于夹具内，上下应同心，焊接过程中，上钢筋应当保持垂直和稳定。

Ⅲ．夹具的滑杆和导管之间如有较大间隙，造成夹具上下不同心时，应当修理后再用。

Ⅳ. 钢筋下送加压时，顶压力要恰当。

Ⅴ. 焊接完成之后，不能立即卸下夹具，应当在停焊约 2min 后再卸夹具，以免钢筋倾斜。

c. 处理。对超过标准要求的应当全数返工重焊。

④ 电渣压力焊钢筋咬边

a. 现象。上钢筋与焊包交接处出现缺口。

b. 防治措施

Ⅰ. 严格按照钢筋直径确定焊接电流。

Ⅱ. 端部熔化到一定程度后，上钢筋迅速下送，适当加大顶压量，以便使钢筋端头在熔池中压入一定程度，保持上下钢筋在熔池中有良好的结合。

Ⅲ. 焊接通电时间与钢筋直径大小有关，如焊接 25mm 钢筋，通电时间电弧过程为 21s、电渣过程为 6s。焊接通电时间不能过长，应当根据所需熔化量适当控制。

c. 处理。出现缺口悉数割除重焊。

⑤ 电渣压力焊钢筋未熔合

a. 现象。上下钢筋在接合面处没有很好地熔合在一起。

b. 防治措施

Ⅰ. 在引弧的过程中应当精心操作，防止操纵杆提得太快和过高，避免间隙太大发生断路灭弧；但也应防止操纵杆提得太慢，以免钢筋短路。

Ⅱ. 适当增大焊接电流和延长焊接通电时间，使钢筋端部得到适宜的熔化量。

Ⅲ. 及时修理焊接设备，确保正常使用。

c. 处理。发现未熔合缺陷时，应当切除重新焊接。

⑥ 电渣压力焊焊包成形不良

a. 现象。焊包上翻、下流。

b. 防治措施

Ⅰ. 为了防止焊包上翻，应当适当减小焊接电流或加长通电时间，加压时用力适当，不能过猛。

Ⅱ. 焊剂盒的下口及其间隙用石棉垫封塞好，防止焊剂泄漏。

c. 处理。对于不符合电渣压力焊验收规范要求的应切除重焊。

⑦ 钢筋表面烧伤

a. 现象。钢筋夹持处产生许多烧伤斑点或小弧坑，HPB300 级钢筋表面烧伤后在受力时容易发生脆断现象。

b. 防治措施

Ⅰ. 焊前应将钢筋端部 120mm 范围内的铁锈和油污清除干净。

Ⅱ. 夹具电极上黏附的熔渣及氧化物清除干净。

Ⅲ. 焊前应当将钢筋夹紧。

c. 处理。对烧伤严重的钢筋应切除，更换钢筋后重焊；对不影响整体质量的允许同规格钢筋绑扎，长度为上下各 $40d$（$d$ 为钢筋直径）。

## 6.10.2 钢筋闪光对焊出现的问题

（1）钢筋闪光对焊问题的主要表现。钢筋闪光对焊问题的主要表现为焊接后钢筋断裂（图 6-46）、焊接不到位、焊接工艺错误。

（2）产生原因。闪光对焊产生质量缺陷主要包括两个方面的原因：一是钢筋未完全熔透；二是焊包高度不够。处理办法就是在接头部位搭接一根同等规格的钢筋，但是要符合锚固长度，而且要在混凝土浇筑之前搭接。如果只有一根的话，其他闪光对焊质量可以，那么应该不会出现太大问题，因为搭接接头都是错开的，不过，这种情况的出

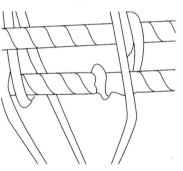

图 6-46　焊接后钢筋断裂

现要对现场操作人员进行教育、培训，以免将来出现更大的问题。

现场闪光对焊出现问题最多的是连续闪光焊，主要包括两个方面的原因。

① 焊接工艺方法应用不当。例如，对断面较大的钢筋理应采取预热闪光焊工艺施焊，但采用了连续闪光焊工艺。

② 焊接参数选择不合适。特别是烧化留量太小、变压器级数过高以及烧化速度太快等，造成焊件端面加热不足，也不均匀，未能形成比较均匀的熔化金属层，致使顶锻过程生硬，焊合面不完整。

（3）解决方法。适当限制连续闪光焊工艺的使用范围。钢筋对焊焊接工艺方法宜按照以下规定选择。

① 当钢筋直径≤25mm，钢筋级别不大于 HRB400 级，采用连续闪光焊。

② 当钢筋直径＞25mm，级别大于 HRB400 级，且钢筋端面较平整，宜采用预热闪光焊，预热温度约 1450℃，预热频率宜用 2～4 次/s。

③ 当钢筋端面不平整，应当采用"闪光-预热-闪光焊"。

连续闪光焊所能焊接的钢筋范围，应当根据焊机容量、钢筋级别等具体情况而定，并应当符合表 6-29 的规定。

表 6-29 连续闪光焊钢筋上限直径

| 焊机容量/kV·A | 钢筋牌号 | 钢筋直径/mm |
|---|---|---|
| 160(150) | HRB300 | 20 |
| | HRB335 | 22 |
| | HRB400 | 20 |
| | RRB400 | 20 |
| 100 | HRB300 | 20 |
| | HRB335 | 18 |
| | HRB400 | 16 |
| | RRB400 | 16 |
| 80(75) | HRB300 | 16 |
| | HRB335 | 14 |
| | HRB400 | 12 |
| | RRB400 | 12 |
| 40 | HRB300 | |
| | Q235 | |
| | HRB335 | 10 |
| | HRB400 | |
| | RRB400 | |

## 6.10.3 电渣压力焊接不合格

（1）电渣压力焊接不合格的主要表现。电渣压力焊接不合格的主要表现为焊包不饱满、钢筋对接偏心、焊包偏心。

（2）产生原因。现场实际操作工人没有经过系统的培训、对其施工工艺不了解；为了加快施工的速度，没有及时检查造成质量不合格。

（3）解决方法。工程建设中电渣压力焊的运用较为广泛，在施工时一定要严格按照要求进行操作。

① 电渣压力焊的特点与应用

a. 电渣压力焊适用于现浇钢筋混凝土结构中竖向或斜向（倾斜度在 4：1 范围内）钢筋的连接。

b. 电渣压力焊焊机容量应根据所焊钢筋直径选定。

c. 焊接夹具应具有足够刚度，在最大允许荷载下应移动灵活、操作便利，电压表、时间显示器应配备齐全。

d. 电渣压力焊工艺过程应符合下列要求。

Ⅰ. 焊接夹具的上下钳口应夹紧于上、下钢筋上；钢筋一经夹紧，不得晃动。

Ⅱ. 引弧可采用直接引弧法，或钢丝圈（焊条芯）引弧法。

Ⅲ. 引燃电弧后，应先进行电弧过程，然后加快上钢筋下送速度，使钢筋端面与液态渣池接触，转变为电渣过程，最后在断电的同时，迅速下压上钢筋，挤出熔化金属和熔渣。

Ⅳ. 接头焊毕，应稍作停歇，方可收焊剂和卸下焊接夹具；敲去渣壳后，四周焊包凸出钢筋表面的高度不得小于 4mm。

e. 电渣压力焊焊接参数应包括焊接电流、焊接电压和通电时间，采用 HJ431 焊剂时，宜符合表 6-30 的规定。采用专用焊剂或自动电渣压力焊机时，应根据焊剂或焊机使用说明书中推荐数据，通过试验确定。不同直径钢筋焊接时，上下两钢筋轴线应在同一直线上。

表 6-30  电渣压力焊焊接参数

| 钢筋直径/mm | 焊接电流/A | 焊接电压/V | | 焊接通电时间/s | |
|---|---|---|---|---|---|
| | | 电弧过程 $U_{2.1}$ | 电渣过程 $U_{2.2}$ | 电弧过程 $t_1$ | 电渣过程 $t_2$ |
| 14 | 200～220 | | | 12 | 3 |
| 16 | 200～250 | | | 14 | 4 |
| 18 | 250～300 | | | 15 | 5 |
| 20 | 300～350 | 35～45 | 18～22 | 17 | 5 |
| 22 | 350～400 | | | 18 | 6 |
| 25 | 400～450 | | | 21 | 6 |
| 27 | 500～550 | | | 24 | 6 |
| 32 | 600～650 | | | 27 | 7 |

f. 在焊接生产中焊工应进行自检，当发现偏心、弯折、烧伤等焊

接缺陷时，应查找原因和采取措施，及时消除。

② 电渣压力焊质量检验

a. 电渣压力焊接接头的质量检验，应分批进行外观检查和力学性能检验，并应按表 6-31 的规定进行验收。

表 6-31　电渣压力焊焊接接头尺寸偏差及缺陷允许值

| 名称 | | 单位 | 接头形式 | | |
|---|---|---|---|---|---|
| | | | 帮条焊 | 搭接焊、钢筋与钢板搭接焊 | 坡口焊、窄间隙焊与熔槽帮条焊 |
| 棒体沿接头中心线的纵向偏移 | | mm | 0.3d | — | — |
| 接头处弯折角 | | (°) | 3 | 3 | 3 |
| 接头处钢筋轴线的位移 | | mm | 0.1d | 0.1d | 0.1d |
| 焊缝厚度 | | mm | +0.05d<br>0 | +0.05d<br>0 | — |
| 焊缝宽度 | | mm | +0.1d<br>0 | +0.1d<br>0 | — |
| 焊缝长度 | | mm | −0.3d | −0.3d | — |
| 横向咬边深度 | | mm | 0.5 | 0.5 | −0.5 |
| 在长 2d 焊缝表面上的气孔及夹渣 | 数量 | 个 | 2 | 2 | — |
| | 面积 | mm² | 6 | 6 | — |
| 在全部焊缝表面上的气孔及夹渣 | 数量 | 个 | — | — | 2 |
| | 面积 | mm² | — | — | 6 |

注：d 为钢筋直径，mm。

在现浇钢筋混凝土结构中，应以 300 个同牌号钢筋接头作为一批；在房屋结构中，应在不超过两层楼中 300 个同牌号钢筋接头作为一批；当不足 300 个接头时，仍应作为一批。每批随机切取 3 个接头做拉伸试验。

b. 电渣压力焊接头外观检查结果，应符合下列要求。

Ⅰ. 四周焊包凸出钢筋表面的高度不得小于 4mm。

Ⅱ. 钢筋与电极接触处，应无烧伤缺陷。

Ⅲ. 接头处的弯折角不得大于 3°。

Ⅳ. 接头处的轴线偏移不得大于钢筋直径的 0.1 倍，且不得大于 2mm。

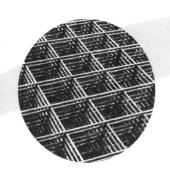

# 7

# 钢筋连接施工安全技术

## 7.1 钢筋绑扎与安装操作安全管理

（1）在高处（2m或2m以上）、深坑绑扎钢筋和安装钢筋骨架，必须搭设脚手架或操作平台，临边应搭设防护栏杆。圆盘展开、拉直、剪断时，应脚踩两端剪断，以免断筋弹起伤人。

（2）绑扎立柱、墙体钢筋和安装骨架时，不得站在骨架上和墙体上安装或攀登骨架上下。柱筋在4m内，质量不大，可在地面或楼面上进行绑扎，整体竖起；柱筋高于4m以上应搭设工作台。安装人员宜站在建筑物的内侧，严禁操作人员背朝外侧和攀在柱筋上操作。

（3）绑扎建筑施工工程的圈梁、挑檐、挑梁、外墙和边柱等钢筋时，应站在脚手架或操作平台上作业。无脚手架时，必须搭设水平安全网。悬空大梁钢筋的绑扎，必须站在满铺脚手板或操作平台上操作。在2m以上无牢固立脚点和大于45°的斜屋面、陡坡安装钢筋时，应系好安全带。

（4）在绑扎基础钢筋时，应设钢筋支架或马凳，深基础或夜间施工应使用低压照明灯具。

（5）钢筋骨架在安装时，下方严禁站人，必须待骨架降落至楼、地面1m以内方准靠近，就位支撑好，方可摘钩。

（6）绑扎和安装钢筋，不允许将工具、箍筋或短钢筋随意放在脚手架或模板上。

（7）在高处楼层上拉钢筋或钢筋调向时，必须事先观察运行上方或周围附近是否有高压线，严防碰触。

（8）在高处安装钢筋时，应避免在高处修整及扳弯粗钢筋，如必须操作，则应巡视周边环境是否安全，并系好安全带，操作时人要站稳，手应抓紧扳手或采取防止扳手脱落的措施，防止扳手脱落伤人。

（9）安装钢筋，周边不得存在电气设备及线路。需要弯曲和调头时，应巡视周边环境情况，严禁钢筋碰撞电气设备。

## 7.2 钢筋焊接与切割安全要求

### 7.2.1 钢筋焊接与切割施工相关人员的安全责任

#### 7.2.1.1 管理者的安全责任

（1）管理者必须对实施焊接及切割操作的人员及监督人员进行必要的安全培训。培训内容包括设备的安全操作、工艺的安全执行及应急措施等。

（2）管理者有责任将焊接、切割可能引起的危害及后果以适当的方式（如安全培训教育、口头或书面说明、警告标识等）通告给实施操作的人员。

（3）管理者必须标明允许进行焊接、切割的区域，并建立必要的安全措施。

（4）管理者必须明确在每个区域内单独的焊接及切割操作规则，并确保每个有关人员对所涉及的危害有清醒的认识并且了解相应的预防措施。

（5）管理者必须保证只使用经过认可并检查合格的设备（如焊割机具、调节器、调压阀、焊机、焊钳及人员防护装置）。

#### 7.2.1.2 现场管理与安全监督人员的安全责任

焊接或切割现场应设置现场管理和安全监督人员。这些监督人员必须对设备的安全管理及工艺的安全执行负责。在实施监督职责的同时，他们还可担负其他职责，如现场管理、技术指导、操作协作等。

监督者必须提供以下保证。

（1）各类防护用品得到合理使用。

（2）在现场适当地配置防火及灭火设备。

（3）指派火灾警戒人员。

（4）所要求的热作业规程得到遵循。

在不需要火灾警戒人员的场合，监督者必须在热工作业完成后做最终检查并组织消灭可能存在的火灾隐患。

### 7.2.1.3 操作者的安全责任

操作者必须具备对特种作业人员所要求的基本条件，并懂得将要实施操作时可能产生的危害以及适用于控制危害条件的程序。操作者必须安全地使用设备，使之不会对生命及财产构成危害。

操作者只有在规定的安全条件得到满足，并得到现场管理及监督者准许的前提下，才可实施焊接或切割操作。在获得准许的条件没有变化时，操作者可以连续地实施焊接或切割。

## 7.2.2 钢筋焊接与切割工作区域及人员的安全防护

### 7.2.2.1 工作区域防护

（1）设备。焊接设备、焊机、切割机具、钢瓶、电缆及其他器具必须放置稳妥并保持良好的秩序，使之不会对附近的作业或过往人员构成妨碍。

（2）警告标志。焊接和切割区域必须予以明确标明，并且应有必要的警告标志。

（3）防护屏板。为了防止作业人员或邻近区域的其他人员受到焊接及切割电弧的辐射及飞溅伤害，应用不可燃或耐火屏板（或屏罩）加以隔离保护。

（4）焊接隔间。在准许操作的地方、焊接场所，必要时可用不可燃屏板或屏罩隔开形成焊接隔间。

### 7.2.2.2 人身防护

（1）眼睛及面部防护。作业人员在观察电弧时，必须使用带有滤光镜的头罩或手持面罩，或戴安全镜、护目镜或其他合适的眼镜。辅助人员也应戴类似的眼保护装置。

对于大面积观察（如培训、展示、演示及一些自动焊操作），可以使用一个大面积的滤光窗、滤光幕而不必使用单个的面罩、手提罩或护目镜。窗或幕材料必须对观察者提供可靠的保护效果，使其免受弧光、碎渣飞溅的伤害。

（2）身体保护

① 防护服。防护服应根据具体的焊接和切割操作特点选择。

② 手套。所有焊工和切割工必须佩戴耐火的防护手套。

③ 围裙。当身体前部需要对火花和辐射做附加保护时，必须使用经久耐火的皮制或其他材质的围裙。

④ 护腿。需要对腿做附加保护时，必须使用耐火的护腿或其他等效的用具。

⑤ 披肩、斗篷及套袖。在进行仰焊、切割或其他操作过程中，必须佩戴皮制或其他耐火材质的套袖或披肩罩，也可在头罩下佩戴耐火质地的斗篷以防头部灼伤。

⑥ 其他防护服。当噪声无法控制在允许声级范围内时，必须采用保护装置如耳套、耳塞或用其他适当的方式保护。

（3）呼吸保护设备。利用通风手段无法将作业区域内的空气污染降至允许限值或这类控制手段无法实施时，必须使用呼吸保护装置，如长管面具、防毒面具等。

## 7.2.3　钢筋焊接与切割封闭空间内的安全要求

封闭空间是指一种相对狭窄或受限制的空间，如箱体、锅炉、容器、舱室等。"封闭"意味着由于结构、尺寸、形状而导致通风条件恶劣。在封闭空间内作业时要求采取特殊的措施。

### 7.2.3.1　封闭空间内通风要求

（1）人员的进入。封闭空间内在未进行良好的通风之前禁止人员进入。如要进入，必须佩戴合适的供气呼吸设备并由佩戴有类似设备的他人监护。

必要时，在进入之前，应对封闭空间进行毒气、可燃气、有害气、氧量等的测试，确认无害后方可进入。

（2）邻近的人员。封闭空间内适宜的通风不仅必须确保焊工或切割工自身的安全，还要确保区域内所有人员的安全。

（3）使用的空气。通风所使用的空气，其数量和质量必须保证封闭空间内的有害物质污染浓度低于规定值。

供给呼吸器或呼吸设备的压缩空气必须满足正常的呼吸要求。呼吸器的压缩空气管必须是专用管线，不得与其他管路相连接。除了空气之外，氧气、其他气体或混合气不得用于通风。

在对生命和健康有直接危害的区域内，实施焊接、切割或相关工艺作业时，必须采用强制通风、供气呼吸设备或其他合适的方式。

#### 7.2.3.2 使用设备安置要求

（1）气瓶及焊接电源。在封闭空间内实施焊接及切割时，气瓶及焊接电源必须放置在封闭空间的外面。

（2）通风管。用于焊接、切割或相关工艺局部抽气通风的管道必须由不可燃材料制成。这些管道必须根据需要进行定期检查以保证其功能稳定，其内表面不得有可燃残留物。

#### 7.2.3.3 其他要求

（1）相邻区域。在封闭空间邻近处实施焊接或切割而使得封闭空间内存在危险时，必须使人们知道封闭空间内的危险后果，在缺乏必要的保护措施条件下严禁进入这样的封闭空间。

（2）紧急信号。当作业人员从人孔或其他开口处进入封闭空间时，必须具备向外部人员提供救援信号的手段。

（3）封闭空间的监护人员。在封闭空间内作业时，如存在着严重危害生命安全的气体，封闭空间外面必须设置监护人员。

监护人员必须具有在紧急状态下迅速救出或保护里面作业人员的救护措施，具备实施救援行动的能力。他们必须随时监护里面作业人员的状态并与他们保持联络，准备好救护设备。

### 7.2.4 钢筋焊接与切割消防的安全措施

#### 7.2.4.1 防火职责

必须明确焊接操作人员、监督人员及管理人员的防火职责，并建立切实可行的安全防火管理制度。

#### 7.2.4.2 指定操作区域

焊接及切割应在为减少火灾隐患而设计、建造（或特殊指定）的区域内进行。因特殊原因需要在非指定的区域内进行焊接或切割操作时，必须经检查、核准。

#### 7.2.4.3 放有易燃物区域的热作业条件

焊接或切割作业只能在无火灾隐患的条件下实施。

（1）转移工件。有条件时，首先要将工件移至指定的安全区进行焊接。

（2）转移火源。工件不可移时，应将火灾隐患周围所有可移动物移至安全位置。

（3）工件及火源无法转移。工件及火源无法转移时，要采取措施限制火源以免发生火灾。

① 易燃地板要清扫干净，并以洒水、铺盖湿沙、金属薄板或类似物品的方法加以保护。

② 地板上的所有开口或裂缝应覆盖或封好，或者采取其他措施以防地板下面的易燃物与可能由开口处落下的火花接触。对墙壁上的裂缝或开口，敞开或损坏的门、窗亦要采取类似的措施。

### 7.2.4.4　灭火设备及消防人员设置

（1）配置灭火器及喷水器。在进行焊接及切割操作的地方必须配置足够的灭火设备。其配置取决于现场易燃物品的性质和数量，可以是水池、沙箱、水龙带、消防栓或手提灭火器。在有喷水器的地方，在焊接或切割过程中，喷水器必须处于可使用状态。如果焊接地点距自动喷水头很近，可根据需要用不可燃的薄材或潮湿的棉布将喷头临时遮蔽，而且这种临时遮蔽要便于迅速拆除。

（2）设置火灾警戒人员。在下列焊接或切割的作业点及可能引发火灾的地点，应设置火灾警戒人员。

① 靠近易燃物之处、建筑结构或材料中的易燃物距作业点 10m 以内。

② 开口在墙壁或地板有开口的 10m 半径范围内（包括墙壁或地板内的隐蔽空间）放有外露的易燃物。

③ 金属墙壁。靠近金属间壁、墙壁、天花板、屋顶等处另一侧易受传热或辐射而引燃的易燃物。

④ 船上作业。在油箱、甲板、顶架和舱壁进行船上作业时，焊接时透过的火花、热传导可能导致隔壁舱室起火。

（3）火灾警戒职责。火灾警戒人员必须经必要的消防训练，并熟知消防紧急处理程序。火灾警戒人员的职责是监视作业区域内的火灾情况；在焊接或切割完成后检查并消灭可能存在的残火。火灾警戒人员可以同时承担其他职责，但不得对其火灾警戒任务有干扰。

### 7.2.4.5　装有易燃物容器的焊接或切割

当焊接或切割装有易燃物的容器时，必须采取特殊的安全措施并经严格检查批准方可作业，否则严禁开始工作。

# 7.3 钢筋焊接安全操作技术

## 7.3.1 钢筋电焊安全操作技术

（1）电焊机外壳，必须接地良好，其电源的装拆应由电工进行。

（2）电焊机要设单独的开关，开关应放在防雨的闸箱内，拉合时应戴手套侧向操作。

（3）焊钳与把线必须绝缘良好，连接牢固，更换焊条应戴手套；在潮湿地点工作，应站在绝缘胶板或木板上。

（4）严禁在带压力的容器或管道上施焊，焊接带电的设备必须先切断电源。

（5）焊接储存过易燃、易爆、有毒物品的容器或管道时，必须将其清洗干净，并将所有孔口打开。

（6）在密闭金属容器内施焊时，容器必须可靠接地，通风良好，并应有人监护。严禁向容器内输入氧气。

（7）焊接顶热工件时，应有石棉面或挡板等隔热措施。

（8）把线、地线禁止与钢丝绳接触，更不得用钢丝绳或机电设备代替零线；有地线接头，且必须连接牢固。

（9）更换场地移动把线时，应切断电源，并不得手持把线爬梯登高。

（10）清除焊渣、采用电弧气刨清根时，应戴防护眼镜或面罩，防止铁渣飞溅伤人。

（11）多台焊机在一起集中施焊时，焊接平台或焊件必须接地，并应有隔光板。

（12）钍钨极要放置在密闭铅盒内，磨削钍钨极时，必须戴手套、口罩，并将粉尘及时排除。

（13）二氧化碳气体顶热器的外壳应绝缘，端电压不应大于 3.6V。

（14）雷雨时，应停止露天焊接作业。

（15）施焊场地周围应清除易燃易爆物品，或进行覆盖、隔离。

（16）必须在易燃易爆的气体或液体扩散区施焊时，应经有关部门检验许可后，方可施焊。

（17）工作结束应切断焊机电源，并检查操作地点确认无起火危险后，方可离开。

### 7.3.2 直流电焊机安全操作技术

（1）电焊机的工作环境必须符合制造厂使用说明中的要求。

（2）电焊机在搬运中，要尽可能地避免振动和碰撞，以免影响其性能。

（3）使用前需先打开风扇电机，观察电压表指针位置是否正确，仔细查听是否有不正常的声音。

（4）应经常清洁硅整流器及其他部件，以延长其使用寿命。

（5）电焊机的饱和电抗器切勿振动，更不应敲击，否则将影响焊机性能。

（6）电焊机在安装前，应检查硅整流元件与散热片的连接是否牢固，如有松动，必须拧紧，以防接触不良而烧毁硅整流元件。

（7）严禁用摇表测试电焊机主变压器的次级线圈和控制变压器的次级线圈。

（8）进线处需有防护罩。

### 7.3.3 交流电焊机安全操作技术

（1）合闸前，必须详细检查其接线螺母、螺栓和其他部件是否有松动或损坏。

（2）在调节变压器时，必须使用手柄，移动电焊机时不得用电缆拖拉。

（3）接母线时要注意初次级线，不要接错，转入电压必须符合电焊的额定电压。

（4）严禁接触初级线路的带电部分，以防触电伤人。

（5）电焊机次级开关板的接线铜片，必须旋紧，以保证接触良好，否则接触处会发热而烧毁电焊接线线圈，亦会烧毁接线螺栓和螺母。

### 7.3.4 气瓶的管理与使用

#### 7.3.4.1 气瓶的储存

（1）气瓶必须储存在不会遭受物理损坏或不会使气瓶内储存物的

温度超过 40℃的地方。

（2）气瓶一定要储放在远离电梯、楼梯或过道，不会被经过或倾倒的物体碰翻或损坏的指定地点。储存时，气瓶应稳固，以防翻倒。

（3）气瓶在储存时，必须与可燃物、易燃液体隔离，并远离容易引燃的材料（如木材、纸张、包装材料与油脂等）应至少 6m 以上，或用至少 1.6m 高的不可燃隔板隔离。

#### 7.3.4.2　气瓶在现场的安放、搬运与使用

（1）气瓶在使用时一定要稳固竖立或装在专用车（架）或固定装置上。

（2）气瓶不应置于受阳光曝晒、热源辐射以及可能受到电击的地方。气瓶一定要距离实际焊接或切割作业点足够远（一般为 5m 以上），以防接触火花、热渣或火焰，否则需提供耐火屏障。

（3）气瓶不能置于可能使其本身成为电路一部分的区域。防止与电动机车轨道、无轨电车电线等接触。气瓶一定要远离散热器、管路系统、电路排线等，及可能供接地（如电焊机）的物体。严禁用电极敲击气瓶，在气瓶上引弧。

（4）搬运气瓶时，应当注意以下事项。

① 关紧气瓶阀，而且不能提拉气瓶上的阀门保护帽。

② 用起重机运送气瓶时，需使用吊架或合适的台架，不应使用吊钩、钢索或电磁吸盘。

③ 防止可能损伤瓶体、瓶阀或安全装置的剧烈碰撞。

（5）气瓶不能作为滚动支座或支撑重物的托架。

（6）气瓶需配置手轮或专用扳手启闭瓶阀。气瓶在使用后不能放空，一定要留有不小于 98～196kPa 表压的余气。

（7）当气瓶冻住时，不能在阀门或阀门保护帽下面用撬杠撬动气瓶松动。要使用 40℃以下的温水解冻。

#### 7.3.4.3　乙炔气瓶的开启

开启乙炔气瓶的瓶阀时必须缓慢，禁止开至超过 1.5 圈，通常只开至 3/4 圈以内，以便在紧急情况下能迅速关闭气瓶。

### 7.3.5　钢筋气焊安全操作技术

（1）焊接前，必须严格检查气焊所用的设备和工具是否符合安全

要求；氧气表、减压阀是否正常。

（2）装上氧气表时，应先检查瓶嘴是否有油，如有油必须把油擦干净，并打开氧气瓶阀门喷除瓶口的污物。

（3）严禁油污接触气焊工具。

（4）禁止使用浮筒式乙炔发生器及移动式乙炔发生器。

（5）焊枪或割枪装接胶管时，乙炔和氧气皮管不要装错，并不得互换使用，使用完毕后应关闭乙炔阀，然后关氧气阀；发生回火时应立即关氧气阀，再关乙炔阀，如来不及关闭时，可将乙炔皮管拔掉。焊枪或割枪的火嘴外套要严密，以免发生回火，火嘴过热而需浸水时，应先关闭乙炔阀再关闭氧气阀后，再浸水。

（6）工作前，先把氧气瓶略加开启吹除灰尘，然后装上减压阀和氧气表，人身和面部不得对正阀口。

（7）点燃时，应先开焊枪的乙炔阀点火，然后开氧气阀调整火焰，点燃后的焊枪不能离手放下，如果必须放下时，则一定要先关闭乙炔阀，再关闭氧气阀，使火焰熄灭后再行放下。

（8）在焊接过程中，当焊枪发生爆炸声或手感到有振动时，应立即关闭乙炔阀，然后关闭氧气阀；待其冷却后方可再行点燃继续工作。

（9）冬季露天施工，如胶皮管或保险壶冻结时，可用热水、蒸汽或在暖气设备下化冻，但严禁用火烤。

（10）焊枪、割枪和氧压表不能任意乱放，更不得放在泥上或沙堆上，以防堵塞枪口，造成事故；带有乙炔、氧气的焊枪不准放在金属的管、槽、缸、箱内，以防发生燃烧事故。

（11）每天下班后，应将胶管盘起，并用绳子捆好挂在室内干燥的地方，减压阀和氧压表应放在工具箱内。

（12）氧气瓶内的压力降到 0.05MPa 时，不得继续使用；乙炔瓶内的压力不应超过 0.15MPa。

## 7.3.6　点焊机安全操作技术

（1）焊机应设在干燥的地方，平稳牢固，要有可靠的接地装置，导线绝缘良好。

（2）焊接前，应根据钢筋截面调整电压；发现焊头漏电，应立即更换，禁止使用。

（3）操作时，应戴防护眼镜和手套，并站在橡胶板或木板上。工作棚要用防火材料搭设；棚内严禁堆放易燃、易爆物品，并备有灭火器材。

（4）焊机断路器的接触点、电极（铜头），要定期检查修理。冷却水管保持畅通，不得漏水，不得超过规定温度。

## 7.3.7　对焊机安全操作技术

（1）对焊机应安装在室内，并有可靠的接地；如多台对焊机并列安装时，两台焊机间距至少要有 3m，并应分别接在相应电源上；每台焊机均有各自的闸刀开关；闸刀开关与焊机之间的导线应用套管加以保护。

（2）操作前，应检查对焊机的压力机构是否灵活，夹具是否牢固；用气压或液压传动的夹具，应检查其系统是否正常，经过试验没有问题后，方可进行焊接。

（3）焊接车间内不应堆放易燃物品，并应备有消防设备，操作人员必须戴防护眼镜、手套，脚下垫木板或绝缘材料方可操作。

（4）焊接前，应根据所焊钢筋截面，调整二次电压，禁止焊接超过对焊机规定直径的钢筋，放冷却水后，方可实施。

（5）冬季下班，应放尽冷却水。

（6）断路器的接触点每隔 2～3 天应用砂纸擦净，电极触头应定期用锉刀锉光，二次电路全部连接螺栓应定期紧固，避免发生过热现象，冷却水温度不得超过 40℃。

（7）焊接较长钢筋时，应设置活动支架，配合搬运钢筋的操作人员；焊接时应防止火花烫伤；已焊接好的钢筋应按其规格、长度堆放整齐，不得靠近易燃物品。

（8）冬季施工时，室内温度不得低于 8℃。

（9）工作完毕后，必须切断电源，收拾好夹具和工具，清扫车间或工场，并对设备进行清洁和保养。

## 参考文献

[1] 钢筋机械连接技术规程：JGJ 107—2016[S].

[2] 钢筋机械连接用套筒：JG/T 163—2013[S].

[3] 带肋钢筋挤压连接技术及验收规程：YB 9250—1993[S].

[4] 钢筋焊接及验收规程：JGJ 18—2012[S].

[5] 钢筋焊接接头试验方法标准：JGJ/T 27—2014[S].

[6] 工程结构通用规范：GB 55001—2021[S].

[7] 混凝土结构施工图平面整体表示方法制图规则和构造详图（现浇混凝土框架、剪力墙、梁、板）：22G101-1[S].

[8] 高少霞.钢筋连接方法与实例[M].北京:中国建筑工业出版社,2017.

[9] 吴成材,杨熊川,徐有邻,等.钢筋连接技术手册[M].3版.北京:中国建筑工业出版社,2010.

[10] 张系舜.钢筋工工长手册[M].北京:中国建筑工业出版社,2010.

[11] 建筑与市政地基基础通用规范：GB 55003—2021[S].

[12] 混凝土结构通用规范：GB 55008—2021[S].

[13] 热轧带肋钢筋：GB/T 1499.2—2018[S].

[14] 球墨铸铁件：GB/T 1348—2019[S].

[15] 桥梁缆索用热镀锌或锌铝合金钢丝：GB/T 17101—2019[S].

[16] 热强钢焊条：GB/T 5118—2012[S].

[17] 普通螺纹　公差：GB/T 197—2018[S].